ISBN 978-0-656-65039-2
PIBN 10462753

This book is a reproduction of an important historical work. Forgotten Books uses
state-of-the-art technology to digitally reconstruct the work, preserving the original format
whilst repairing imperfections present in the aged copy. In rare cases, an imperfection in
the original, such as a blemish or missing page, may be replicated in our edition. We do,
however, repair the vast majority of imperfections successfully; any imperfections that
remain are intentionally left to preserve the state of such historical works.

Zentral-Organ

des

Internationalen Entomologischen Vereins E. V.

zu Frankfurt am Main

~~~~~~~~~~~~~~~~~~~~~~

XXXI. Jahrgang
1917/18

~~~~~~~~~~~~~~~~~~~~~~

Im Selbstverlage des Vereins

Druck: Aug. Weisbrod, Frankfurt am Main, Buchgasse 12.

Inhalts=Verzeichnis.

I. Original-Arbeiten.

Aue, A. U. E., Ueber die Leuchtfähigkeit von Arctia Caia 85.
Aue, A. U. E., Zwei neue Formen von Arctia Caia 73.
Bachmann, Max, Biologische Beobachtungen über die Käsefliege 93, 99, 101.
Bachmann, Max, Von unsern wilden Bienen 41, 47, 49, 55.
Bandermann, F., Atropos 13.
Bandermann, F., Vier seltene Aberrationen des Wolfsmilchschwärmers Deilephila euphorbiae 48.
Bandermann, F., Zuchtergebnisse mit der Pappelglucke Gastropacha populifolia 25.
Boin, Julius, Die Farbe des Schmetterlingsnetzes 8.
Boin, Julius, Eine praktische Köderlaterne 23.
Calmbach, Victor, Aufstellung über die in Württemberg, Baden und Hohenzollern vorkommenden Arten der Groß-Schmetterlinge 58.
Calmbach, Victor, Einfache Zucht von Lemonia dumi aus dem Ei 29.
Escherich, Prof. Dr., Der Krieg und die Insektenkunde 9.
Finke, Carl, Häufiges Vorkommen von abnormen Grundfärbungen von Raupen 77.
Fritzsche, R. A., Vanessa prorsa, Vanessa levana, beide von derselben Mutter stammend 23, 26.
Fruhstorfer, Neue palaearktische Rhopaloceren 77, 81.
Gillmer, Prof. M., Amphidasys betularius ab. carbonaria Jord. auch bei Cöthen (Anh.) 51.
Gillmer, Prof. M., Autoren zu ändern 81.
Gillmer, Prof. M., Cymatophora or ab. costinigrata 98.
Gillmer, Prof. M., Erwiderung auf den Artikel Atropos 17.
Hauder, Franz, Acrolepia betulella ab. unicolorella n. aberr. 38.
Hauder, Franz, Einige Kleinschmetterlings-Aberrationen 97, 102.
Heinrich, R., Adjektiv-Geschlechtsform bei Aberrationsnamen 43.
Hoffmann, Emil, Lepidopterisches Sammelergebnis aus dem Tännen- und Pongau in Salzburg im Jahre 1916. 65, 72, 74, 78, 83, 85, 90, 103.
Lahn, Gustav, Dendrolimus pini 18, 21.
Locher, Trudpert, Eine II. Generation von Syntomis phegea L. 74.
Loewenstein, S., Arctia Caia ab. 73.
Lüttkemeyer, Abnorme Raupenfärbung 68.
Lutz, Ludwig, Abnorme Raupenfärbung 90.
Meißner, Otto, Beobachtungen an gefangenen Sattelschrecken 37.
Meißner, Otto, Die Ruhestellung der Stubenfliege 62.
Meißner, Otto, Weiteres über die Zucht von Bacillus Rossii 46.
Pfaff, Dr., Aporia crataegi in Rumänien 33.
Pfaff, Dr., Aus Rumänien 54.
Pfeiffer, L., Bemerkungen über einige von Herrn A. Fassl in Columbien gefangene Castnia-, Urania- und Homidiana-Arten 2, 7, 11.
Pfeiffer, L., Eigenartige (pathologische) Zeichnungsabänderung bei Dasychira pudibunda 51.
Pfeiffer, L., 100 Jahre Senckenbergische Naturforschende Gesellschaft 68.
Pfeiffer, L., Ueber Urania var. „intermedia" (in lit.) sowie Beschreibung einer neuen Art 68.
Rautmann, A., Eine Arctia Caia ab. badia 65.
Reum, Walter, Entomologie und Mikroskopie 38.
Rudow, Prof. Dr., Die Ichneumonidengattung Amblyteles und ihre Wirte 25, 31, 33.
Rudow, Prof. Dr., Braconiden und ihre Wirte 86, 91, 95, 104.
Rudow, Prof. Dr., Ichneumoniden und ihre Wirte 58, 61, 66, 71.
Rudow, Prof. Dr., Die Gattung Microgaster und ihre Wirte 5, 10, 13, 19, 21.
Rudow, Prof. Dr., Die Gattung Torymus nebst Verwandten und ihre Wirte 39.
Rüter, Heinrich, Eine praktische Köderlaterne 32.
Schille, Friedrich, Cacoecia Costana ab. fuliginosa ab. nov. 57.
Schuster, Wilhelm, Fleckfell und gebänderte Schwebfliege 1, 6, 14.
Seiler, Prof. Dr., Anregungen zu neuen Aufgaben auf dem Gebiete der Psychidenbiologie 89, 94.
Seydel, Ch., Häufiges Vorkommen von abnormen Grundfärbungen der Raupen 98.
Strand, Embrik, Kritische Bemerkungen zu H. Marschners 1914 erschienenem Aufsatz über Lygris populata 74.
Strand, Embrik, Psocidengespinste 67.
Tetzner, Robert, Eine interessante Zucht im Winter 54.
Thurner, Josef, Kärntner Berge. V. Die Matschacheralpe in den Karawanken und der Kossiak 45, 50.
Vaternahm, Theo, Ueber die Wirkung starker Lichtquellen auf Coccinella 53.
Vaternahm, Theo, Zur Kenntnis der männlichen Copulationsorgane der Anisotomiden (Gattung Anisotoma) 30, 35.
Zelezny, Zdenko, Adjektiv-Geschlechtsform bei Art-, Unterart- und Aberrationsnamen 57.

II. Sachregister.

Acaenitis 62, 66.
Acalla rufana ab. wolfschlägeriana 97.
Acantopsyche opacella 45.
Acherontia atropos 13, 17.
Acrolepia betulella 48, ab. unicolorella 38, 39.
Adopaea lineola 45.
Agathis 96.
Aglia tau 44, 45, 103.
Agriotypus 67.
Alomyia 67.
Alysia 95, 96.
Amblyteles 25, aetnensis — quadrimaculatus 26, repentinus — zonatus 31.
Ameisenlöwe 68.
Amphidasys betularius ab. carbonaria 51, 52.
Anaitis plagiata 50, praeformata 50.
Andrena albicans 49.
Anisobas 66, 67.
Anisotoma humeralis 35, var. globosa 35, Castanea 35, glabra 36, axillaris 36.
Anisotomiden 8, 30, 35.
Anomalon 31, 33, 34.
Apatura iris 45.
Anomalon circumflexum 19.
Aphantopus hyperanthus 86.
Aphidius 96, urticae 104.
Aporia crataegi 33, 54, 78.
Arachnia prorsa, levana 23, 24, 26, 27.
Arctia Caia 85, 73, 85, ab. badia 65, ab. eiffingeri 73, ab. margarethae 73, villica 50.
Argynnis adippe 45, 83, aglaia 83, amathusia 45, euphrosyne 83, latonia 83, niobe v. eris 45, pales 46, paphia 45, ab. valesina 45, 46.
Atragene alpina 46.
Augiades comma 45, 103, sylvanus 103.

Autogymnus 39.
Automalus 31, 62.

Bacillus Rossii 46,
Banchus 34.
Biston alpinus 50.
Bombus terrestris 14.
Brachygaster 35.
Bracon aphidiformis — initiatellus 86, iniator — vitripennis 87.
Brahmaea iaponica 54.
Brephos parthenias 64.

Cacoecia costana ab. fuliginosana 57.
Calandra granaria 75.
Callimome s. Torymus.
Callophrys rubi 91.
Calosoma sycophanta 19, inquisitor 19.
Campoplex 67.
Carabus auratus 19.
Carausius morosus 46.
Cardiochiles 87.
Casinaria 67.
Castnia extensa 3, pellonia 3.
Catadelphus 31.
Cerostoma radiatellum ab. nigrovittella 102, ab. bilineella 102.
Cetura bifida 50, 77.
Chalcidiae 34.
Chalcis 35.
Chalicodoma muraria 56.
Chasmodes 31, 62.
Chelonus annularis — elegans 92, erythrogaster — Wesmaeli 95.
Chrysophanus dorilis 91, hippothoë 91, phlaeas 91.
Clystopyga 62.
Coccinella septempunctata 53, variabilis 53.
Coenonympha pamphilus 90, satyrion v. epiphilea 86, typhon 91.
Coleocentrus 31.
Colias caliginosa 81, edusa 45, hyale 45, 78, Ilsae 81, intermedia 81, myrmidone 45, ab. alba .45, nigrovenata 81, Orcus 81, pseudo-balcanica 81, pseudo-Rebeli 81.
Coronidia s. Homidiana 4.
Crambus margaritellus ab. gilveolella 102, chrysonuchellus, ab. lintensis 102.
Crypturus 66.
Cteniscus 59.
Ctenopelma 67.
Cyaniris argiolus 103.
Cym. or ab. costinigrata 98.

Dasychira pudibunda 51, 103.
Deilephila euphorbiae, ab. annellata 48, cuspidata 90, demaculata 48, Elliana 48, Görmeri 48, Grentzenbergi 48, helioscopiae 48, Lafitolei 48, latefasciata 48, mediofasciata 48, rubescens 48.
Demetrius atricapillus 72.
Dendrolimus pini 18, 21, ab. albofasciata 21, atra 22, bilineata 22, brunnea 21, confluens 22, duplolineata 22, externofasciata 21, fusca 21, grisescens 21. ianthina 21, impunctata 22, obscura 21, Pernederi 22, pseudo-montana 22, unicolor 21.
Depressaria applana ab. badiana 103.
Diacrisio sano 45.
Diomorus 39.
Drepana falcataria 77.
Dysauxes ancilla 51.

Entedon 39.
Epiblema brunnichianum ab. ochreana 102, hepaticanum ab. tristana 98, tetraquetranum ab. opacana 102, ab. ochreana 102.
Epinephele iurtina 86, lycaon ab. Schlosseri 50.
Ephialtes 34.
Ephippigera vitium moguntiaca. 37.
Ephyra pendularia 46, punctaria 46.
Erebia aethiops 86, ab. leucotera 45, afer bardines 82, afer dalmata 82, afer fidena 82, afer hyrcana 82, afer zyxuta 82, epistygne 77, erinnys 46, euryale 86, eurycleia 78, evias venaissina 77, 78, goanthe homole 81, 82, g. montana 82, gorge 46, ab. impunctata 46, lappona 46, letincia 78, manto 81, nerine ab. Cassiope 46, aeme 83, pronoë 46, 50, 85, v. abmangiviae 46, stygne 77, tyndarus 46.
Eubadizon 96.
Euchloe Cardamines 78.
Euceros 67.
Evania 35.
Evanidae 34.
Exenterus 59.
Exephanes 31.
Exetastes 34.

Fleckfell 1, 6.
Foenus 35.
Fumea casta 45.
Furchenbienen 47, 48.

Gastropacha populifolia 25.
Gelechia petasitis ab. albella 102, ab. rosella 102.
Glupta 62.
Glyphomerus 39.
Gnophos dilucidaria 46, 50, sordidaria v. mendicaria 46.

Halticella 35.
Helcon 87.
Hellwigia 58.
Hemaris scabiosae 103.
Hepiopelmus 67.
Hesperia alveus 103, malvae 45, 103, serratulae 45.
Holaspis 39.
Homidiana aeola 11, Canace 12, var. pautina 12, ducatrix 4, echenais 4, evenus 4, 6, Fassli 7, interlineata 4, 6, Leachii 4, liriope 4, meticulosa 6, subpicta 4, tangens 12.
Hylophila prasinana 51.

Ichneumoniden 58.
Ichnoceros 62.
Incurvaria rupella ab. abnormella 103, ab. reductella 103.
Ino statices 45.
Iphiaulax 87.
Ischnus 67.

Käsefliege 93, 99, 101, 102.

Lampronota 62.
Larentia alaudaria 46. albicillata 46, albulata 46, 50, autumnata 66, caesiata 50, dotata 50, minorata 50, v. monticola 50, procellata 46, scripturata 46, turbata 50, verberata 50.
Lasiocampa quercus 45.
Lemonia dumi 29.
Leptidia sinapis 78.
Leucaspis 34.
Limenitis sybilla 45.
Limerodes 31.
Limneria 67, 71.
Linoceras 67.
Lissonota 62.
Lithosia complana 45, sororcula 45.
Lochentedon s. Entedon.
Lochites 39.
Lycaena argus 45, argyrognomon 45, astrarche 91, bellargus 45, 103, chiron 91, corydon 45, 103, eumedon 91, euphemus 51, icarus 45, 91, idas 91, medon 91, minima 45, orion 103.
Lygris populata 50, 74.
Lymantria dispar 90, iaponica 90.

Macrocentrus 92.
Macroglossa stellatarum 50.
Malacosoma neustria 103.
Mamestra dentina 50, marmorosa v. microdon 50.
Mania 12.
Manidia 12.
Maniola evias 104.
Mauerbiene 49.
Megastigmus 39.
Melitaea athalia 45, autinia 83, dictynna 83, didyma v. alpina 51.
Meniscus 31.
Mesochorus 71.
Mesoleius 58, 59.
Meteorus abdominalis — ruficeps 104.
Metopius 58.
Microdus 91, 96.
Microgaster abdominalis — albipennis 5, amenticola — butalidis 6, Caiae — fulvipes 10, fuliginosus — globatus 11, glomeratus — hoplites 13, heterocera — nigricans 14, novicius — rubripes 19, ruficornis — smerinthi 20, solitarius — vitripennis 22, Wezmaeli — zygaenarum 23.
Mohnwurzelrüsselkäfer 76.
Monodontomerus 39.
Musca domestica 62.

Natropygus 62.
Nemeobius lucina 46, 91.
Neptis lucilla 45.
Numeria capreolaria 50, pulveraria 46.

Inhalts-Verzeichnis

Ohrwurm 48.
Olethreutes lacunana ab. pallidana 37.
Oligosthenus 39.
Ophion 34.
Osmia bicornis 55, .papaveris 50.
Osmien 49.

Pachychirus 39.
Pachytelia unicolor 45.
Palmon 39.
Pamphila palaemon 103.
Paniscus 31.
Pappelglucke 25.
Papilio machaon 66, podalirius 45.
Pararge achine 45, egeria, v. egerides 86, hiera 86, maera 45, 86.
Parnassius apollo 50, 66, 72, 74, 75, mnemosyne ab. Habichi 75, melaina 75.
Phanerotoma 96.
Phasganophora 35.
Phylacter 91.
Phytodictus 62.
Pieris napi 78, ab. bryoniae 46, flavescens 45, flavometa 45, lutescens 45, meta 45; napaea 45, radiata 45, rapae 78, sulphurea 45.
Pimpla alternans — angeus 59, Bernuthi — robusta 61, resinanae — vesperarum 62.
Pimplarier 34.
Platyptilia gonodactyla ab. obfuscana 97.
Plusia gamma 51, Hochenwarthi 50.
Podagrion 39.
Polyblastus 59.
Polygonia c. album 78.
Polysphincta 62.
Probolus 67.
Proterops 87.
Psilophorus 39.
Pyrameis atalanta 78, cardui 78.
Pyrocoris aptera 71.

Rhaptithelus 39.
Rhoptocnemis 39.
Rhyssa 34.
Rhytigaster 96.
Rogas bicolor — geniculator 91, limbator — unicolor 92.

Sandbienen 41, 42.
Saturnia pavonia 45.
Schwebfliege, gebänderte 1, 6, 14.
Scioptera Schiffermilleri 50.
Scolobates 34, 67.
Sematura Lunus 12.
Sigaritis 67.
Smerinthus populi 77, 81, 90, 98.
Smicra 35.
Solenobia pineti 95, triquetrella 94.
Spathius 87, 91.
Sphinctus 58.
Sphinx pinastri 22.
Stenopsocus stigmaticus 67.
Stylops 42.
Syntomaspis 39.
Syntomis phegea 45, 74.
Syrphus pyrastri 1, 6, 14, 15, 16.

Talaeporia tubulosa 95.
Termes bellicosus 43.
Thanaos tages 45, 103.
Theronia 62.
Torymus 39.
Totenkopf 13, 17.
Tragocarpus 40.
Trigona Duckei 55.
Trigonalys 35.
Trogus 31.
Tryphon 34.

Urania curvata 70, 71, fulgens 3, 69, leilus 70, var. intermedia 69.

Vanessa io 78.
Vipio 87.
Volucella bombylans 14, pellucens 1, 6, 14.

Wilde Bienen 41.

Xestonothus 40.
Xorides 31, 34.
Xylonomus 34.

Zygaena betulae 91, carniolica 45, ab. hedysaria 45, berolinensis 45, filipendulae 45, lonicerae 45, meliloti 45, transalpina 45.

III. Neubeschreibungen.

Acalla rufana ab. wolfschlägeriana 97.
Acrolepia betulella ab. unicolorella 38.
Arctia caia ab. badia 65.
Cacoecia costana ab. fuliginosana 57.
Castnia pellonia extensa 3.
Cerostoma radiatellum ab. nigrovittella 102.
Cerostoma ab. bilineella 102.
Crambus chrysonuchellus ab. lintensis 102.
Crambus margaritellus ab. gilveolella 102.
Deilephila euphorbiae Elliana 48.
Dentrolimus pini ab. atra 22.
Dendrolimus pini ab confluens 22.
Depresaria applana ab. badiana 103.
Epiblema hepaticanum ab. tristana 98.
Epiblema tetraquetranum ab. opacana 102.
Epiplema tetraquetranum ab. ochreana 102.
Epiblema brunnichianum ab. ochreana 102.
Erebia afer bardines 82.
Erebia afer fidena 82.
Erebia afer zyxuta 82.
Erebia evias venaissina 77.
Erebia goante homole 81.
Gelechia petasitis ab. albella 102.
Gelechia cytisella ab. roseella 102.
Homidiana Fassli 7, 11.
Homidiana meticulosa 7.
Incurvaria rupella ab. abnormella 103.
Incurvaria rupella ab. reductella 103.
Olethreutes lacunana ab. pallidana 97.
Platyptilia gonodactyla ab. obfuscana 97.
Urania Curvata, 70.
Zwei neue Formen von Arctia Caia ab. eiffingeri, margarethae 73.

IV. Abbildungen.

Arctia Caia ab. badia 65.
Castnia pellonia catenigera 2.
Castnia pellonia extensa 3.
Copulationsorgane einiger Anisotoma 35.
Homidiana Fassli 11.
Homidiana meticulosa 7.
Syrphus pyrastri 15.
Urania Curvata n. sp. 70.
Urania fulgens 4.
Volucella pellucens 1.

V. Kleine Mitteilungen.

Aasgeier im Insektenreich 84.
Acrolepia betulella 48.
Aglia tau-Weibchen erst nach zweimaliger Begattung befruchtet 44.
Ameisen als Entlauser 24.
Ameise als Gärtnergehilfe 56.
Ameisen als Raupenvertilger 87.
Bekämpfung eines Kornschädlings 75.
Bekämpfung des Mohnwurzelrüsselkäfers 76.
Brephos parthenias als stark duftender Falter 64.
Eigenheiten der chinesischen Bienen 87.
Ein neuer Schädling des Kartoffelkrautes 79.
Einkreisungspolitik im Bienenstaat 28.
Ernte des Sonnentaus 80.
Feind der Tabakschädlinge 75.
Fliegenplage auf Gallipoli 20.
Fügners Schmetterlingssammlung 88.
Fünf-Milliardenarbeit der Insekten 100.
Kraftleistungen der Kerbtiere 44.
Lassen sich die Schmetterlingsfarben willkürlich beeinflussen ? 12.
Lebendes Licht 52.
Libellen auf der Wanderschaft 60.
Musterstaat im Tierreich 43.
Nachahmenswertes Vermächtnis 4.
Neue Untersuchungen über das Bienengift 83.
Ohrwurm 48.
Raupenplage in der Schweiz 76.
Riechen die Bienen den Blumenduft 79.
Seltenes Schauspiel 44.
Trommelnde Spinnen 40.
Vertilgung von Küchenschaben 80.
Verwendung von Borax für die Bekämpfung der Fliegenvermehrung in den Ställen 79.
Volkstümliche Insektensammlung 32.
Zugentgleisung durch Raupen 68.
Zur Erscheinungszeit von Maniola evias 104.
Zur Kohlweißlingsplage 59.

VI. Fundorte.

Abtenau 83.
Andermatt 82.
Arolla 82.
Bischofshofen 78, 83.
Caucatal und Westcordillere 3.
Chamounix 82.
Cöthen 52.
Columbien, Ost- 7.
Courmayeur 82.
Denau 25.
Digne 82.
Engadin 82.
Espirito Santo 70.
Fornazzatal 82.
Glärnisch 82.
Goldegg 78, 86, 91.
Golling 103.
Grünwaldalpe 86.
Hochgründeck 83, 90, 91, 103.
Hochschober 74.
Kalcherau 66, 83, 86, 91.
Kirchdorf 39.
Koglalm 78.
Koglerau 102.
Kossiak 50.
Krim 82.
Linz 97, 102.
Macugnaza 82.
Maderanertal 82.
Magadino 74.
Matschacheralpe 45, 50.
Micheldorf 97, 102, 103.
Muzo 12.
Ofenlochrinne 74, 83, 86, 91.
Ogrisalpe 50.
Ortler 82.
Pitschenbergalpe 83, 104.
Pralognan 82.
Prebichl 103.
Reichenstein 98.
Rio AguaCatal 7, 11.
Rio Negro 3.
Saratow 82.
Scheffau 83, 103.
Scheffenbichkogel 66, 103.
Simplon 82.
Strubberg 103.
Sulzau 78, 83, 91, 103.
Tänneck 91, 103.
Tännengebirge 66.
Trattenbach 38, 103.
Val Blenio 82.
Val Cristallina 82.
Val Maggia 82.
Val Mesocco 82.

Ventoux 77.
Villavivencio 12.
Werfen 103.
Wimm 78.
Zermatt 82.

VII. Literatur.

Aisch, Johannes. Bienenbuch für Anfänger 92.
Bölsche, Wilh. Stammbaum der Insekten 4.
Calwers Käferbuch. 6. Auflage von Camillo Schaufuß 100.
Demoll, R. Die Sinnesorgane der Arthropoden, ihr Bau und ihre Funktion 88.
Doflein, Franz. Der Ameisenlöwe 68.
Flugschriften der Deutschen Gesellschaft für angewandte Entomologie. Zeitgemäße Bienenzucht. Heft 1. Bienenwohnung und Bienenpflege. Heft 2. Zucht und Pflege der Königin 60.
Gäfgen, Hans. Faltermärchen 104.
Günther, Hans. Das Mikroskop und seine Nebenapparate 40.
Heß, Dr. Rich. Der Forstschutz 28.
Hoffmann, Fritz und Klos, Rudolf. Die Schmetterlinge Steiermarks I—IV. Teil 80.
Illig, Carl Gottwalt. Duftorgane der männlichen Schmetterlinge 36.
Knortz, Prof. Dr. Carl. Die Insekten in Sagen, Sitte und Literatur 20.
Krancher, Dr. Oskar. Entomologisches Jahrbuch. 27. Jahrgang 96.
v. Linden, Prof. Dr. Gräfin. Parasitismus im Tierreich 76.
Schille, Fryderyk. Motyle drobne Galicyi (Microlepidoptera Haliciae) 64.
Schuster, Wilhelm. Die Tierwelt im Weltkrieg 32.
Schwabe. Der große Kiefernfraß in der Oberförsterei Jagdschloß 1905—1908, 8.
Skala, H. Studien zur Zusammensetzung der Lepidopterenfauna der österreich-ungarischen Monarchie 12.
Ulmer. Aus Seen und Bächen 84.
Weißwange. Der Kampf gegen die Nonne 8.
Wolff, Dr. Max. Der Kiefernspanner (Bupalus piniarius) 16.

VIII. Auskunftsstelle.

Anfrage: Angerona prunaria 92.
Antwort: Angerona prunaria 96.
Anfrage: Daphnis nerii 78.
  ,,   Geometriden zur Copula zu bringen 8.
  ,,   Pieretes matronula-Raupen zum Verspinnen zu bringen 12.
  ,,   Spinnen präparieren 56, 84.
  ,,   Ueberwinterung von Zygaenenraupen.

IX. Verschiedenes

Bandermann F. Berichtigung 90.

Frankfurt a. M., 14. April 1917.   Nr. 1.   XXXI. Jahrgang.

ENTOMOLOGISCHE ZEITSCHRIFT

Central-Organ des Internationalen Entomologischen Vereins E. V.

mit Fauna exotica.

Herausgegeben unter Mitwirkung hervorragender Entomologen und Naturforscher.

Abonnements: Vierteljährlich durch Post oder Buchhandel M. 3.— Jahresabonnement bei direkter Zustellung unter Kreuzband nach Deutschland und Oesterreich M. 8.—, Ausland M. 10.—. Mitglieder des Intern. Entom. Vereins zahlen jährlich M. 7.— (Ausland [ohne Oester- reich-Ungarn] M. 2.50 Portozuschlag).

Anzeigen: Insertionspreis pro dreigespaltene Petitzeile oder deren Raum 30 Pfg. Anzeigen von Naturalien-Handlungen und -Fabriken pro dreigespaltene Petitzeile oder deren Raum 20 Pfg. — Mitglieder haben in entomologischen Angelegenheiten in jedem Vereinsjahr 100 Zeilen oder deren Raum frei, die Ueberzeile kostet 10 Pfg.

Schluß der Inseraten-Annahme für die nächste Nummer am 28. April 1917
Dienstag, den 24. April, abends 7 Uhr.

Inhalt: Fleckfell und gebänderte Schwebfliege. Von Wilhelm Schuster, Pfarrer a. D., Heilbronn. — Bemerkungen über einige von Herrn A. H. Fassl in Columbien gefangene Castnia-, Urania- und Homidiana-Arten. Von L. Pfeiffer, Frankfurt a. M. — Kleine Mitteilungen. — Literatur. —

Fleckfell und gebänderte Schwebfliege.

(Volucella pellucens L. Syrphus pyrastri L.)

Von *Wilhelm Schuster*, Pfarrer a. D., Heilbronn.

Wie ich in dieser Zeitschrift im vorigen Jahre den Libellen eine Abhandlung gewidmet habe, so möchte ich hiermit den Schwebfliegen die Aufmerksamkeit ihres Forschers zuwenden. Zwei der schönsten wähle ich aus, Volucella pellucens und Syrphus pyrastri.

Zunächst möchte ich mein Herz durch einen Stoßseufzer erleichtern. Wo gibt es heute in Deutschland Fliegenkenner, Fliegenforscher? Wo existiert ein Fliegenbuch, ein Handbuch mit bunten Tafeln und erschöpfendem Text, wie wir es für die Libellen von Tümpel haben? Nimmt sich vielleicht der gleiche Verlag (Friedrich Emil Perthes-Gotha) der Sache an? Das Gebiet der Fliegen ist ein dankbares Feld!

Der 23. Juni 1916 war so recht ein „Fliegentag", wenigstens in Süddeutschland. Nach vorausgegangener Regenperiode kam ein äußerst warmer Tag. Die Puppen hatten genügend atmosphärische Feuchtigkeit an sich gesogen, um bei der ersten heißen Sommerstimmung ihre Hülle zu sprengen und die Fliegen freizugeben. Besonders „zahlreich", wenn man so sagen darf, natürlich immer im Verhältnis geredet, waren an diesem Tage die Schwebfliegen (Syrphidae) vertreten am oberen Rand der Heilbronner Weinberge, und zwar da, wo sie an den Eichenjungwald des Galgenbergs stoßen bis oberhalb des Tunnels der Eisenbahn Heilbronn-Weinsberg. Das Terrain ist hier eigenartig. Heilbronn liegt in einem vulkanartigen Kessel; die Kesselwände bildet der graurote abbröckelnde Mergel des Keupers, der „Nährboden der Weinrebe"; bis auf die Hügelkuppe steigen die Wingerte, und nur oben die schmale Platte des Galgenbergs bedeckt ein junger Laubwald, Eichen vornehmlich. Die Grenzscheide zwischen Wein und Wald ist die beliebteste Flugstraße der Syrphiden; die „Leitung" ist von selbst gegeben.

Den Weinbauern, die einen großen Teil ihres Lebens in den Weingärten zubringen, den Gipsmergel des Erdbodens oder die Reben bearbeitend, ist natürlich auch die charakteristische große Fliege Volucella pellucens aufgefallen. Sie nennen sie Fleckfell. Diese Bezeichnung ist äußerst kennzeichnend, denn der gefleckte Gesamthabitus („Fell"), namentlich der fettig glänzende fleckige Leib (schwarz und weiß), ist das Auffallende (siehe Bild). Ich habe also keine Veranlassung, das Tier anders zu nennen, zumal der Neue Brehm (Tierleben IV. Auflage) leider nur den lateinischen Namen gebraucht, während die III. Aufl. ganz mit Recht den deutschen Namen „Durchscheinende Flatterfliege" angab, der auch zutreffend ist, weil ja tatsächlich der wasserhelle vordere Teil des Hinterleibs durchsichtig ist. Deutsche Namen müssen alle bekannteren Insekten unbedingt haben, namentlich aber in einem populären Werk; der deutsche Name erst macht das Tier volkstümlich, man beschäftigt sich von vornherein lieber mit ihm.[1]

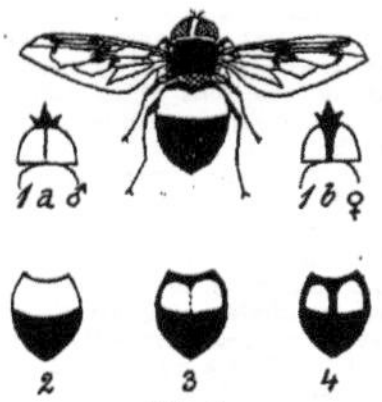

Ich lasse nun die Naturgeschichte der beiden genannten Flatterfliegen nach dem Schema, welches seinerzeit Johann Friedrich Naumann in seiner Naturgeschichte der deutschen Vögel angewandt hat, folgen.

Fig. 1.
Volucella pellucens

[1] Der Insektenband des Neuen Brehm, Tierleben IV. Aufl., ist dem Fliegenforscher wertvoll, trotzdem die Fliegen immer noch stiefmütterlich behandelt sind. Sie haben auch einiges eingebüßt gegen die III. Auflage. Die Fliegen im einzelnen sind auf dem Buntbild „Herrschaft der Fliegen" (III. Aufl.) gewiß deutlicher und reiner im Ton wiedergegeben als auf dem Buntbild „Blütenbesuchende Fliegen" (IV. Aufl.), wiewohl letzteres praktischer zum Gebrauch eingerichtet ist, weil die einzelnen Tiere genau mit Namen bezeichnet sind (der schöne Hinter-

I. Volucella pellucens L. Fleckfell.

(Durchscheinende Flatterfliege.)

Vorbemerkung. Die Fleckfell-Larve lebt nicht allein von Wespenlarven, wie in den Handbüchern angegeben ist, sondern nach meiner Feststellung auch von Larven der Hornisse. Dies und ein anderer Umstand erklären mir ihr stärkeres Auftreten in der Neuzeit. Es ist eine feststehende Tatsache, daß sich neuerdings die Hornisse bequemen, die für Vögel ausgehängten Nistkästen, namentlich spechthöhlenähnlichem Berlepschschen Systems, Besitz zu ergreifen und so ihre Anzahl reichlich zu vermehren. Festgestellt wurde dies zuerst in den Jahresheften der Zoologischen Sektion in Westfalen (Münster) von eifrig und geschickt beobachtenden westfälischen Naturforschern, z. B. dem jüngst verstorbenen Sektionsdirektor Dr. Herm. Reeker, einem Manne gesegneten Angedenkens; und auch ich konnte einen Beitrag dazu liefern, weil von mir selbst oft genug beobachtet. Die Hornissennester vermehren sich also. Dadurch ist den Volucellen vermehrte Gelegenheit gegeben, sich fortzupflanzen. Es ist doch wunderbar: Der moderne Mensch hängt Nistkästen aus, Vespa crabro macht sich die Gelegenheit zunutze, bezieht die Kästen, verstärkt ihren Artbestand, und — pellucens ist ihrerseits „nicht faul", schlägt auch Gewinn aus der Sache und vermehrt „ihren Samen" nach dem Rezept Abrahams: „wie den Sand am Meere". Wir Naturforscher, die wir ja heutzutage den Schwerpunkt auf die Bionomie (gesetzmäßige Lebensweise der Individuen) und die Biologie (Lehre vom Leben der Organismen) legen und die Systematik nicht mehr als Endziel, sondern als Ausgangspunkt der Naturbeobachtung setzen, sehen auch hier wieder in der Natur das glänzend akkomodierte Gewebe: Anpassung an die jeweiligen Verhältnisse.[1]

(Fortsetzung folgt.)

grund aber hätte nicht mit die Hauptsache bilden sollen). Daß die Fußdetails beim Bild der Stubenfliege (III. Aufl.) in der Neuherausgabe fehlen (warum?), ist ungeschickt. Die Larven sind, was Zeichnungen angeht, in der IV. Aufl. entschieden zu kurz gekommen. Warum fehlen hier die Abbildungen der Nasenbreme des Schafes und die Magenbreme des Pferdes samt Larven, Puppen u. dergl. Sie interessieren den Landwirt ganz besonders. Dagegen ist die IV. Aufl. natürlich reichhaltig mit anderweitigen Illustrationen ausgestattet; so ist z. B. sehr instruktiv das Bild eines Stückes Magenwand vom Pferd mit den dicht gedrängt nebeneinander sitzenden Dassellarven. — „Fleckfell" ist kein theoretisch gebildeter Name, wie etwa „Durchscheinende Flatterfliege" als Uebersetzung der lateinischen Linnéschen Benennung, sondern Volksname, auf urwüchsigem Boden gewachsen, nicht gemacht. Im „Tierreich" von Heck benennt Staby die Volucellen auch mit: Federflieger. — So gänzlich den alten Brehm umzuarbeiten, wie es bei den Schwebfliegen geschehen ist, wäre nicht nötig gewesen; es ist ja schließlich garnicht mehr Brehms Buch; ich stimme da mit meinem Freund Bölsche überein: Den alten Text möglichst unangetastet, den neuen in Klammern.

[1] Die auf Hummeln angewiesene Hummelschwebfliege ist seltener wie V. pellucens, weil sich auch die Hummeln, ihre Nährtiere, nicht sonderlich vermehrt haben. — Wie sehr sich gerade die Insekten in die gegebenen Verhältnisse zu schicken wissen, weist Dr. Hundshagen in der „Zeitschrift für angewandte Chemie" nach (merkwürdige Anpassung von Insekten an die Nahrungsmittelindustrie). Er stützt sich dabei auf eigene Beobachtung seiner Laboratoriumstätigkeit. In einem Fall konnte er bei einer Kaseinsendung (Milcheiweiß) eine ganz merkwürdige Anpassung der Motte an den Molkereibetrieb beobachten. Noch interessanter ist ein zweiter Fall. In Originalpackungen enthaltene Schokoladenwaren hatte ein Ladengeschäft mehrfach zurückgenommen mit der Beschwerde, die Ware wimmle von Insekten und enthalte Würmer. Die Beschwerde war begründet, denn der Inhalt solcher zurückerhaltenen Kisten und Schachteln, mit farbig lackierten Stanniolblättern eingewickelte Schokoladenpralinen, lagenweise zwischen weißen Papierstreifen, wimmelte

---

Bemerkungen über einige von Herrn A. H. Fassl in Columbien gefangene Castnia-, Urania- und Homidiana-Arten.

Von *L. Pfeiffer*, Frankfurt a. M.

(Fortsetzung).

Von C. Buckleyi Druce unterscheidet sich die Art durch die ganz schwarzbraunen Hinterflügel, die nur am Costalrand orangerote Flecken tragen, während umgekehrt bei Buckleyi Druce nur der Analwinkel schwarz ist. Im Vorderflügel sind beim ♂ ein, beim ♀ zwei feine, strichförmige gelbe Sublimbalflecken im Analfeld.

Bei dem ♀ sind alle hellen Zeichnungselemente im Vorderflügel auf Kosten der dunkelbraunen vergrößert, der Punkt am Ende der Zelle kleiner, die Fortsetzung der braunen Längsbinde jenseits der Zelle bis auf eine feine Linie erloschen. In der Mitte der Hinterflügel sind zwei rotbraune Punkte schwach angedeutet.

Die Unterseite entspricht bei beiden Geschlechtern der Oberseite, die schwarzen Zeichnungselemente sind noch mehr zurückgedrängt, die Grundfarbe ist heller. Beim ♀ ist im Mittelfeld der Hinterflügel ein rotbrauner, auf den Adern wurzel- und saumwärts ausgezahnter Flecken mit schwacher Andeutung einer gelblichen Querbinde.

Fig. 2
Castnia pellonia catenigera
subsp. nov.

Die Fransen der Vorderflügel sind dunkelbraun, die der Hinterflügel graulich. Die Zeichnung des Körpers und der Antennen entspricht beim ♀ der Stammform, beim ♂ ist die Unterseite des Hinterleibes schwarz bis auf die beiden vorletzten Segmente, die orangerot sind. Beine schwarz, wie bei der Stammform. Die beim ♂ auffallend starke, hellgelbe Behaarung an der Innenseite der Tibia fehlt beim ♀ vollständig.

buchstäblich von kleinen sehr beweglichen und flüchtigen und lichtscheuen Insekten, die man im ersten Augenblick für Milben halten konnte. Inzwischen zeigte sich außerdem an einer Anzahl von Pralinen, deren Stanniolhüllen durchnagt waren, eine wurmähnliche Larve. Die letztere stammte von dem sogenannten Brotkäfer. Die weißen lebhaften Insekten wurden als eine zur flügellosen Gattung Atropos gehörende Art von Holzläusen, also nahen Verwandten der Bücherlaus, bestimmt. In freier Natur von abgestorbenen Pflanzenteilen lebend, hatten sich diese Holzläuse den Pralinenpackungen in der Weise angepaßt, daß sie lediglich von dem farbigen Lack der Stanniolhülle lebten, während sie die Schokolade ganz verschmähten. Je nachdem die einzelnen Läuse gerade roten oder gelben, grünen oder violetten Lack verzehrt hatten, leuchtete der Darminhalt in derselben Farbe durch die Körperwandung. Es zeigt sich also, daß diese Holzläuse sich ganz den gegebenen Verhältnissen angepaßt hatten.

Flügelspannung beim ♂: 85 mm, beim ♀: 90 mm. Vorderflügellänge beim ♂: 42 mm, beim ♀: 45 mm. Typen: 1 ♂ in meiner Sammlung, 1 ♀ in Sammlung Fassl.

Vaterland: Ost-Columbien, oberer Rio Negro, 800 m ü. M.

Eine weitere ♀-Form aus derselben Gegend scheint mir ebenfalls der Beschreibung wert zu sein. Sie weicht im Vorderflügel von der eben beschriebenen Form ab durch die Vergrößerung des dunkelbraunen Fleckens am Zellende, der nach der Spitze zu verbreitert und strahlig zerteilt ist. Zwischen diesem Flecken und dem Innenwinkel sind zwei weitere längliche braune Wische. Von den braunen Längsbinden ist die obere mehrfach geknickt, schmal, die untere sensenförmig, die scharfe Spitze erreicht den Rand. Beide sind durch die ockergelbe Grundfarbe breit voneinander getrennt.

Fig. 3
Castnia pellonia extensa subsp. nov.

Im Hinterflügel ist, ähnlich der Form songata Strand (Seitz, Großschmetterlinge d. Erde, Fauna americana S. 15, t. 8b), eine orangerote Querbinde und wieder die vollständige Reihe hellgelber Sublimbalflecken, die für alle Gazera-Formen dieser Gegend eigentümlich zu sein scheint. Die Bemerkung des Herrn Prof. Dr. Seitz über die Neigung einiger Gegenden Südamerikas, ihre Bewohner zu uniformieren, scheint hier gut zu stimmen!

Die Unterseite ist wie die Oberseite, jedoch die schwarzen Partien wie bei allen Formen der pellonia-Gruppe reduziert. Körper und Fühler wie bei der Stammform, die Fransen sind kaum vorhanden, scheinen aber im Vorderflügel dunkelbraun, im Hinterflügel grau zu sein.

Flügelspannung 100 mm, Vorderflügellänge 50 mm. Ich schlage für die schöne Subspecies den Namen extensa subsp. nov. vor.

Type: 1 ♀ aus Ost-Columbien, oberer Rio Negro, in Sammlung Fassl (vgl. Abb. 3).

Von Uraniiden erwähnt Fassl in „Eine Sammeltour nach dem Choco-Gebiet in West-Columbien" (Entomolog. Zeitschrift XXIII Fol. 186) das Vorkommen der bekannten Urania fulgens Boisd. Von dieser jedem Exoten-Sammler bekannten Art sind in Herrn Fassls Sammlung zwei prächtige Stücke, die beide aus dem heißen Muzo stammen. Bei dem einen Exemplar ist die smaragdgrüne Farbe der Binden und Flecken durch ein feuriges Kupferrot ersetzt. Diese Färbung scheint ab und zu

vorzukommen, wenigstens besitze ich ebenfalls ein (leider nicht ganz frisches) Exemplar; Fundortangabe: „Columbien" von der gleichen Kupferfarbe.

Auch bei zwei weiteren von Herrn Fassl aus Muzo mitgebrachten Exemplaren meiner Sammlung ist die kupferrote Färbung zu bemerken, wenn auch nicht so feurig wie bei dem Exemplar aus Fassls Sammlung.

Es ist bekannt, daß bei Urania (und anderen Uraniiden-Gattungen) oft die Zeichnung des rechten und des linken Flügelpaares etwas voneinander abweicht. Bei dem hier abgebildeten Exemplar aus Muzo (Sammlung Fassl) Abb. 4 ist diese Eigentümlichkeit in so außerordentlicher Weise ausgebildet, daß man im ersten Augenblick zu den gewagtesten Hypothesen greift, um die Ungleichheit zu erklären.

Fig. 4
Urania fulgens Boisd.

Die linke Hälfte ist eine fast normale fulgens mit in der ganzen Länge geteilten Querbinde. Die rechte Hälfte ist kleiner, der Flügelschnitt gestreckter, schmäler, auf dem Vorderflügel sind die grünen Binden im Basalteil stark reduziert und unregelmäßig, die sehr breite Querbinde ist nur im ersten Drittel durch drei schwarze Einschnitte getrennt und macht einen verwischten Eindruck. Im Hinterflügel sind umgekehrt die schwarzen Zeichnungselemente zurückgedrängt, das Grün bildet eine fast geschlossene, nur feine schwarze Linien und Flecken aufweisende Binde, der schwarze Saum ist sehr schmal und der ganze Flügel reich mit grünen Schuppen überstreut. Aehnliche Verhältnisse zeigt die Unterseite. Auch hier macht besonders das rechte Flügelpaar den Eindruck einer ganz anderen Art. Ob es sich vielleicht doch um einen Zwitter handelt, wage ich nicht zu entscheiden, zumal der Körper bis auf die Rückenzeichnung keine Zweiteilung erkennen läßt und der linke Fühler geklebt ist, so daß dessen Zugehörigkeit nicht einwandfrei feststeht. Einseitige Wachstumsstörung scheint nicht die Ursache der ungleichen Zeichnung zu sein, denn der Verlauf der Adern auf beiden Flügelhälften ist normal.

Von der Gattung Homidiana Strand (Coronidia Westw.) erwähnt Fassl in „Tropische Reisen V, Das obere Caucatal und die Westkordillere" (Entomol. Rundschau XXXI Nr. 7—10): H. (C.) Leachii Latr., evenus Blanch., subpicta Wlk., liriope Weym. (spec. nov.), interlineata Wlk. und echenais Hopff. Diese Arten und einige weitere aus anderen Gegenden Kolumbiens liegen mir vor und ich erlaube mir einige Mitteilungen darüber zu machen.

Leachii Latr. (1 ♂) und evenus Blanch. (2 ♂♂) gleichen den Exemplaren aus anderen Gegenden. Ein mit subpicta Wlk. bezeichnetes Exemplar (♀) ist japet Blanch., bei dem aber die Mittelbinde der Vorderflügel sehr breit (6 mm) und stark verdunkelt ist (Farbe wie bei Leachii Latr.). Die gelbe Hinterflügelbinde ist sehr dunkelgelb, schmäler und etwas weniger saumwärts gewinkelt wie bei der Stammform. Ob eine Lokalrasse (eventuell Höhenform) vorliegt, wage ich auf Grund des einen Stückes nicht zu entscheiden, da die Art leicht zu variieren scheint. — Auf diese Form paßt übrigens die Beschreibung der mir in natura unbekannten C. (H.) ducatrix Schaufuß, nur mit dem Unterschied, daß auch auf der Unterseite der Vorderflügel eine weiße Querbinde vorhanden ist. Fundort: Rio Aguacatal, West-Kordillere, Col. 2000 m.

Ebenfalls von dort stammt ein prächtiges ♀ von H. echenais Hoppfer. In „Tropische Reisen V" (l. c. pag. 51) und in einem kleinen Artikel in der „Zeitschrift für wissenschaftliche Insektenbiologie" Bd. VI (1910), pag. 355, über „Die Raupe einer Uranide" beschreibt Herr Fassl die Raupe dieser Art. (Fortsetzung folgt.)

Kleine Mitteilungen.

Nachahmenswertes Vermächtnis. Die in dem Spulerschen Werke oft genannte und in weitesten Kreisen rühmlichst bekannte kostbare Lepidopteren-Sammlung des Herrn Architekten M. Daub in Karlsruhe i. B. wird durch den hochherzigen Entschluß ihres Besitzers nach dessen Ableben durch Schenkung in den Besitz der zoologischen Sammlungen des Großherzoglich Badischen Naturalienkabinetts in Karlsruhe übergehen. Die Sammlung enthält ca. 56000 Falter von mustergültiger Beschaffenheit und in wohlgepflegter exakter Anordnung und dürfte wohl eine der größten sein, welche sich in Privatbesitz befinden. Der leider schon verstorbene Professor Dr. Standfuß in Zürich, ein vertrauter Freund des Herrn Daub, nannte die Sammlung einen „entomologischen Stern". Damit ist jedes weitere Urteil hinfällig! Herr Daub berücksichtigte als Sammelgebiet das rein paläarktische und zwar Europa, Asien mit Ausnahme des südlichen Teiles, China, Japan und Nordafrika bis zur Sahara. In großen Reihen angeordnet, weisen die Falter oft Uebergänge auf von der reinsten typischen Form bis zur seltensten, scharf abweichenden Aberration. Die meisten aberrativen Stücke sind Freilandtiere und deshalb doppelt wertvoll, daneben erfreuen das Auge interessante Zwitter, oft in Anzahl bald in Rechts- bald in Linkszwitterung, sich ergänzend. Großen Wert legte der Besitzer auf Fundortfeststellung, wozu er sich weder Zeit noch Kosten verdrießen ließ, übersichtlich und genau ist alles bis ins kleinste dokumentiert und in Faszikeln wohl geordnet. Daneben schmücken die Sammlung herrliche, durch Temperatureinwirkung erzeugte Stücke, sowie wunderbare Hybriden, viele aus der Hand von Professor Standfuß, dessen Seltenheit seinem Freunde zu Ehren die Bezeichnung „daubi" zulegte.

Der Sammlung angegliedert ist eine Bibliothek von einer Reichhaltigkeit und selten vollendeten Beschaffenheit, wie sie kaum noch anderwärts aufweisbar sein wird. Auch diese ist in die Schenkung mit inbegriffen und wird später, mit der Sammlung zusammen, in einem besonderen Zimmer des Museums untergebracht, ein Schmuck und Anziehungspunkt für alle Liebhaber werden, denen unter gewissen Sicherheitsmaßnahmen der Zutritt gewährt wird.

Herr Daub, noch überaus rüstig, feierte im Februar seinen 70. Geburtstag. Mit jugendlicher Frische und nie ermüdendem Eifer hegt und pflegt er heute noch seine Sammlung, dabei ist er stets freundlich und gefällig gegen jeden Sammelkollegen und hilfsbereit, wenn es gilt, an Hand seines reichhaltigen Materials über die Schwierigkeit einer Bestimmung hinwegzuhelfen. Trotz seiner Schenkung bereichert und ergänzt er noch da und dort durch den Erwerb weiterer kostbarer Stücke — ein charakteristischer Zug seines offenen, biederen Wesens!

Möge der edle Spender sich noch lange Jahre in Gesundheit der Freude an seiner wunderbaren Sammlung hingeben dürfen, die man als ein Stück seines Lebens bezeichnen darf, deren Zusammentragung in 61 Jahren ihm neben seinen Berufspflichten nach des Tages Mühe und Lasten wohltuende Erholung und Zerstreuung gewährte.

Durch seine selbstlose Verfügung wird der Wissenschaft und allen Naturfreunden, insbesondere den Lepidopterologen, ein kostbarer Schatz dauernd erhalten und teilt nicht das Schicksal mancher anderen Sammlung, durch Händler aufgeteilt und zerrissen zu werden. F. G.

Literatur.

Stammbaum der Insekten. Von Wilhelm Bölsche. Mit Abbildungen nach Zeichnungen von Prof. Heinrich Harder und Rud. Oeffinger. Preis geh. Mk. 1.—, gebund. Mk. 1.80. Stuttgart, Kosmos, Gesellschaft der Naturfreunde, Geschäftsstelle Franckh'sche Verlagsbuchlung.

Wilhelm Bölsche, der bekannte Naturforscher, hat soeben ein neues Bändchen im Verlag des Kosmos, Gesellschaft der Naturfreunde, Geschäftsstelle Franckh'sche Verlagshandlung in Stuttgart, erscheinen lassen. „Stammbaum der Insekten" ist es betitelt. Die Fragen: „Wer war zuerst: der Schmetterling oder der Käfer? Von wem gingen sie beide gemeinsam aus? Wie sah das Insekt der Urwelt aus? Kam das Insekt ursprünglich vom Wasser oder vom Lande? Wann und durch was für erdgeschichtliche Fügungen begann das ganze Geheimnis seiner Metamorphose? Wer ist sein jüngster, wer sein ältester Sproß? sucht Wilhelm Bölsche in seinem neuen Werkchen zu beantworten. Wenig ist aus den reichen Forschungsergebnissen, die sich hier im stillen gehäuft, noch in die weiteren Kreise gedrungen, und zum erstenmal wird von Wilhelm Bölsche versucht, das neu gewonnene Bild allgemein verständlich zusammenzufassen. In ernster Zeit versenkt sich der Blick gern in diese Mysterien der Natur, wo die große, heilige Gesetzmäßigkeit ihm zum ruhenden Pol wird in der Erscheinungen Flucht.

Für die Redaktion des wissenschaftlichen Teiles: Dr. F. Meyer, Saarbrücken, Bahnhofstraße 65. — Verlag der Entomologischen Zeitschrift Internationaler Entomologischer Verein E. V., Frankfurt a. M. — Für Inserate: Geschäftsstelle der Entomologischen Zeitschrift, Töngesgasse 22 (R. Block) — Druck von Aug. Weisbrod, Frankfurt a. M., Buchgasse 12.

Frankfurt a. M., 28. April 1917. Nr. 2. XXXI. Jahrgang.

ENTOMOLOGISCHE ZEITSCHRIFT

Central-Organ des
Internationalen Entomologischen
Vereins E. V.

mit
Fauna exotica.

Herausgegeben unter Mitwirkung hervorragender Entomologen und Naturforscher.

Abonnements: Vierteljährlich durch Post oder Buchhandel M. 3.— Jahresabonnement bei direkter Zustellung unter Kreuzband nach Deutschland und Oesterreich M. 8.—, Ausland M. 10.—. Mitglieder des Intern. Entom. Vereins zahlen jährlich M. 7.— (Ausland [ohne Oesterreich-Ungarn] M. 2.50 Portozuschlag).

Anzeigen: Insertionspreis pro dreigespaltene Petitzeile oder deren Raum 30 Pfg. Anzeigen von Naturalien-Handlungen und -Fabriken pro dreigespaltene Petitzeile oder deren Raum 90 Pfg. — Mitglieder haben in entomologischen Angelegenheiten in jedem Vereinsjahr 100 Zeilen oder deren Raum frei, die Ueberzeile kostet 10 Pfg.

Schluß der Inseraten-Annahme für die nächste Nummer am 12. Mai 1917
Dienstag, den 8. Mai, abends 7 Uhr.

Inhalt: Die Gattung Microgaster und ihre Wirte. Von Professor Dr. Rudow, Naumburg a. S. — Fleckfell und gebänderte Schwebfliege. Von Wilhelm Schuster, Pfarrer a. D., Heilbronn. — Bemerkungen über einige von Herrn A. H. Fassl in Columbien gefangene Castnia-, Urania- und Homidiana-Arten. Von L. Pfeiffer, Frankfurt a. M. — Die Farbe des Schmetterlingsnetzes. Von Julius Boin, Bielefeld. — Literatur.

Die Gattung Microgaster und ihre Wirte.

Von Professor Dr. *Rudow*, Naumburg a. S.

Die Braconidengattung Microgaster hat manche Eigentümlichkeiten aufzuweisen, welche ihr vor allen andern eine Ausnahmestellung einräumen. Die Arten leben schmarotzend in Larven verschiedener Insekten, auch als Schmarotzer in größeren anderen Ichneumoniden, selbst auch in gleichgroßen meist in größerer Anzahl. Bei der Reife zur Verpuppung verlassen sie das Wohntier und verpuppen sich außerhalb desselben. Die kleinen, weiß bis braun gefärbten länglichen Puppen lagern am Raupenleibe und werden oft von Nichtkennern für Eier gehalten.

Diese Puppen kleben entweder einzeln am Raupenbalge oder an benachbarten Pflanzenstengeln, oder sie stehen zu verschiedenen Figuren vereinigt dicht nebeneinander, oder sie hüllen die Raupe ganz oder teilweise ein oder bilden dichte rundliche Ballen mit feinem dichtem Gespinst umhüllt an der Raupe oder rings um einen dünnen Stengel herum, oder Eierballen der Spinnen ähnlich oder zu dicht schließenden Häufchen angeordnet ohne Gespinst. Einzelne Puppen werden auch an einem steifen Faden hängend befestigt. Die Oberfläche ist meist fein gerunzelt, selten ganz glatt, öfter oder tiefer gerillt oder gegittert. Manchmal schlüpfen aus einem Ballen mehrere Dutzend Wespen aus, vermischt mit anderen kleinen Schmarotzern, Pezomachus, Pteromalinen, Proctotrupiden und Verwandten. Ihr Nutzen zur Vertilgung von Schädlingen ist bemerkbar, denn in raupenreichen Jahren, z. B. v. Pieris und Pontia, kann man die von ihnen besetzten Raupen in Unzahl von Wänden, Staketen, Bäumen nahe der Felder und Gärten sammeln und Hunderte von Wespen erziehen. Die meisten Forscher haben sich nur mit der Systematik beschäftigt, nur wenige, wie Ratzeburg, Brischke und neuerdings Marshal haben auch die Wirte berücksichtigt.

Mir liegen über 200 Arten vor, meist allein gesammelt, am meisten unterstützt von meinem Freunde Herrn Fr. Hoffmann-Krieglach, der mir immer seine reiche Ausbeute zukommen ließ, während andere Züchter nur sehr vereinzelt ihre Zuchtergebnisse zur Verfügung stellten, trotz vieler Bitten um Berücksichtigung.

Ich habe die alphabetische Anordnung gewählt und die drei Unterabteilungen Apanteles, Microplitis, Microgaster mit 1., 2., 3. zur Unterscheidung bezeichnet, neue Arten noch nicht beschrieben, was einer späteren Abhandlung vorbehalten bleibt.

Die Größe ist schwankt zwischen 2 und 8 mm. Die Färbung ist fast immer eintönig schwarz, nur selten belebt durch rote Färbung einiger Hinterleibsringe oder der Beine, so daß feinere Kennzeichen zur Bestimmung dienen müssen. Als Unterscheidungsmerkmal der drei Unterabteilungen dient die kleine Mittel- oder Spiegelzelle. So wenig ins Auge fallend auch die Farbe und Körpergestalt der kleinen Wespen ist, so ist doch eine größere Zusammenstellung dem Auge erfreulich durch die verschiedene Bildung der Puppenhäufchen. Es erfordert Zeit und Mühe, eine einigermaßen ansehnliche Sammlung zustande zu bringen, aber die angewandte Mühe befriedigt schließlich. Die Angaben beruhen fast alle auf Belegstücken der Sammlung und sind nur der Vollständigkeit wegen ergänzt durch Erfahrungen anderer Forscher. Diese Arten sind durch * bezeichnet.

Microgaster abdominalis Ns. 3. Vanessa Atalanta. Puppe einzeln.

„ *affinis* Ns. 1. Cerura vinula. Cucullia artemisiae. Orthosia instabilis. Notodonta Dr. Harpygia bifida.

„ *albipennis* Ns. 1. Lioptilus microdactylus. Ephippioptera costipunctata. Eupoicoila ciliella. Coloptria aemulana. Conchylis Francillana. Lita tricoloriella. Ergatis trigella. Douglasia ocnerostomella. Gelechia. Kleine Ballen.

Microgaster alvearius Fbr. 3. Boarmia. Nematus septentrionalis. Puppe einzeln.
„ *amentorum* ·Rbg. 3. Tortrix immendana.
„ *amenticola* Rd. 1. Cecidomyia amentorum.
„ *analis* Ns. 1. . Melitaea maturna. Phoebe. Wollige, weiße Ballen.
„ *amentorum* Rbg. 1. Spinneneier.
„ *adjunctus* Ns. 1. Cerura bifida. Puppenhäufchen ohne Gespinst.
„ *ater* Ns. 1. Cheimatobia brumata. Einzelne Puppen.
„ *arundinaceus* Rd. 1. Cecidomyia inclusa. Puppe einzeln in Rohr.
„ *arctiae* Rd. 1. Arctia macularia. Puppen am Roupenbalge.
„ *aulicae* Rd. 3. Arctia aulica. Einzelne, große braune Puppen.
* „ *astrarches* Mrsh. 1. Lycaena astrarche.
„ *Bignelli* Mrsh. 1. Melitaea aurinia. Weiße Ballen mit losem Gespinst.
„ *berberidis* Rd. 1. Hylotoma berberidis. Cidaria berberidis. Ballen.
„ *bicolor* Ns. 1. Gnophos obscuraria. Tischeria complanella. Lithocolletis tantanella, vacciniella, cavella, pomifoliella, emberizipenella,spinicolella,Gracilaria tringipenella, semifascia, Psychoides Verhuellella. Calopteria aemulana. Naunodia Hermanella. Elachista taeniatella. Plutella porrectella. Ballen, stark wollig.
„ *boarmiae* Rd. 1. Boarmia maculata. Ballen.
„ *brumatae* Bs. 1. Cheimatobia brumata. Ballen.·
„ *bracteata* Rd. 1. Agrotis brunnea. Ballen.
„ *brunneae* Rd. 1. Agrotis brunnea. Gespinstballen.
* „ *Blankardellae* Bé. 1. Lithocolletis Blankardella.
* „ *breviventris* Rbg. 1. Andricus terminalis.
* „ *brevicörnis* Wsm. 1. Hesperia malvarum. Tortrix. Leucania.
* „ *butalidis* Mrsh. 1. Butalis fuscoaenea.

(Fortsetzung folgt.)

Fleckfell und gebänderte Schwebfliege.
(Volucella pellucens L. Syrphus pyrastri L.)

Von *Wilhelm Schuster*, Pfarrer a. D., Heilbronn.

(Fortsetzung.)

Im Grunde ist es aber noch ein ganz anderer Umstand, der gerade der Vermehrung des Fleckfells zu Hilfe kommt, ein Grund ganz allgemeiner Art. Es ist mein Nachweis wiederkehrender tertiärzeitähnlicher Tierlebensverhältnisse — wir sind in eine klimatisch günstigere Zeitperiode mit unserer nördlichen europäischen Erdhälfte eingetreten — der hier eine Rolle spielt. Pellucens profitiert von der Wärme, weil sie doch ein mehr südlich geartetes Tier ist; für den „Hornmeißel" als echten · Paläarktiker — wahrscheinlich Autochthone in unserem Faunengebiet — bleibt sich das günstigere Klimaverhältnis gleich. Eine interessante Tatsache!

Kennzeichen der Art. Beschreibung. Länge 14—16 mm. Schöne schwarze und milchigweiße Färbung. Die Augen sind glänzend braun, vor ihnen liegt der hellbraungelbe Clypeus mit dem Rüssel (Clypeus von der Farbe unserer gelben Lederschuhe), und von ihm geht beim Weib ein hellbraungelber Streif — „breite Stirn" — zwischen den Augen durch, diese teilend; vorn am· Clypeus stehen zwei

kurze bewimperte Fühler. Bei einem Teil der Exemplare, bei den Männchen, fehlt der Streif zwischen den Augen. Der Brustabschnitt ist schwarz mit bräunlichem Anflug, das Schild ist etwas bräunlicher. Der Hinterleib ist an der Basis und etwa zu einem Drittel dieses Körperteils milchig, fast etwas gelblichweiß, wie· Mattglas durchscheinend, wenn man ihn gegen das Fenster hält, wie leer erscheinend. Von Gestalt ist· der Hinterleib herzförmig, breit, stumpf, stark gewölbt. Er ist glatt und fettig glänzend, wie auch der übrige Körper, seitlich kurz behaart; etwas stärker behaart sind das viereckige, an den Ecken abgerundete Bruststück als das verhältnismäßig große Schildchen, von dem Borsten fächerförmig über den Hinterleib stehen. Die Beine sind schwarz. Die kurzen, nickenden Fühler· haben an der Wurzel ein· eiförmiges Endglied, das· mit einer herabhängenden langgefiederten Borste versehen ist. Der ziemlich weit vorstehende Rüssel endet in schmale haarige Saugflächen. Die Flügel haben etwa in der Mitte des Feldes einen schwarzen Fleck und sind auch nach der Spitze zu etwas schwärzlich im Aderwerk; die Adern sind an der Basis rötlichgelb geadert. Das ganze Tier ist eine recht schöne und stattliche Erscheinung. Unser Bild veranschaulicht Gestalt und Färbung deutlich.

Aufenthalt, Eigenschaften, Gebaren. Das Fleckfell hält sich am liebsten an· sonnigen, geschützten Waldrändern, mit Vorliebe hierzulande am Eichenwald, auf, desgleichen in Weinbergen, natürlich sonnige Lage vorausgesetzt. Nach Fliegenart sitzt es gern auf irgendeinem Blatte oder einer Blume, fliegt also nicht so viel umher wie die Hummeln, die zwar etwas langsamer fliegen als die ziemlich schnell fliegende Federfliege, also trägeren Fluges im Felde herumbummeln, aber viel mehr fliegen. Man könnte daraus zu schließen geneigt sein, weil sie ja auch gleichzeitig viel mehr Nahrung aufnehmen, sie brauchten zur Erhaltung des Körperaufbaues mehr Stoff als die Volucellen; aber ·dies ist es ja nicht, sondern bei den Hummeln spielt noch etwas ganz anderes eine Rolle: sie leben in einem Staat und müssen junge Brut versorgen; darum eben fliegen und sammeln sie fleißiger. Die den Junggesellen gleichende Flatterfliege kann bequem ausruhen. Im übrigen ist ihr Wesen friedfertig; man sieht sie selten im Streit mit einer· anderen ihrer Art oder einem fremden Insekt. Sitzt sie ausruhend auf irgendeinem Blatt, so fällt sie natürlich demjenigen, welcher Augen für Insekten·hat, stark·auf, schon wegen ihrer stattlichen Erscheinung, sodann wegen der Fleckung. Im Netz ·gefangen, gebärdet sie sich wild. Sie läßt dabei einen brummenden Ton hören, der von der Bewegung der Flügel stammen mag; ist sie aber zwischen den Netzfalten unbeweglich festgehalten, so stößt sie einen· leiseren singenden Ton aus: die Vokalmusik des Stimmapparats.[1]

[1]) Man merkt gleich, wenn man eine pellucens im Netz hat, daß man es mit einer wild stürmischen Tierart zu tun hat; der Charakter der fleischfressenden Larve offenbart sich· im Wesen der Imago, die ja zu einer harmlosen Vegetarianerin im übrigen geworden ist. Von ihren plötzlichen heftigen Schwenkungen, die sie in der Luft ausführen, ähnlich den Bremsen, bemerkt ·ja Brehm (in der III. Aufl.) ebenso naiv wie lieblich: „Ich möchte ihr Gebaren für wilde Tänze zur Feier ihrer Hochzeiten halten, welche sie an recht sonnigen Tagen veranstalten." Im übrigen sagt er zutreffend: „Diese Fliegen sind scheu und flüchtig. Ziemlich geräuschlos fliegen sie von Strauch zu Strauch, um deren Blüten auf ihren Honiggehalt zu erforschen." Mehr jedoch sitzen sie ruhig an einem Fleck, meist auf einem Blatt.

Nahrung. Die Federfliege braucht verhältnismäßig wenig Nahrung zum Leben. Sie nährt sich vom süßen Saft der Blüten, die sie anfliegt, also von Blütenhonig. Ob sie auch „Blütenstaub" aufnimmt, wie ein Handbuch angibt, steht dahin; ich bezweifle es. Den Honig saugt sie mit ihrem langen Rüssel. Sie exkrementiert nicht selten; kürzlich sah ich eine auf einem Blatt sitzen und einen langen dünnen Strahl aus dem Hinterleib spritzen. Von Blüten besucht sie mit Vorliebe die wilden Astern, Schmetterlingsblütler und dann vor allem die stark duftenden Liguster (Rainweide, Ligustrum vulgare); hier häufig mit dem Bock Strangatia armata zusammen.

Fortpflanzung. Die Flatterfliege legt ihre Eier in Wespennester. Die auskriechenden Larven machen sich über die junge Wespenbrut her und fressen sie auf. Von Farbe sind sie gelblichweiß, wie durchweg die Fliegenlarven, mit Stacheln bewehrt. Reichert erzählt in Brehms Tierleben, daß er einst eine halb erwachsene Volucella-Larve beobachtete, die geschickt durch verschiedene Zellen eines Wespennestes wanderte, jede untersuchend, bis sie an eine von einer fetten Larve besetzte Zelle kam. Hier drängte sie sich zwischen Larve und Zellwand ein, bis die überfallene Wespenlarve in ihrer Not einen Tropfen der zuletzt genossenen Nahrung von sich gab. (Fortsetzung folgt.)

Bemerkungen über einige von Herrn A.H. Fassl in Columbien gefangene Castnia-, Urania- und Homidiana=Arten.

Von L. Pfeiffer, Frankfurt a. M.

(Fortsetzung).

Das vorerwähnte ♀ ist eines der daraus gezogenen Exemplare. Es ist in der Färbung wesentlich dunkler als die Exemplare meiner Sammlung aus Peru und von Rio, die Vorderflügelbinde ist schmäler (nur 1—1½ mm), die Saumzeichnung der Vorderflügel und die Wellenlinien im Hinterflügel zwischen der gelben Binde und dem Saum, sowie die Saumzeichnung der Hinterflügel sind lebhaft rotbraun und zwar auf der Ober- und Unterseite sämtlicher Flügel. Auch die gelbe Hinterflügelbinde ist lebhafter, rötlichgelb (orangefarbig). Die Vorderflügel zeigen bei schräger Beleuchtung einen prächtigen violettblauen Schimmer.

Von H. (C.) interlineata Wlk. liegen mir zwei ♂♂ und ein ♀ vor. Eines der ♂♂, bez. Lino Panama, 800 m, ist sehr groß (49 mm Flügelspannung) und auffallend dunkel, das andere vom Rio Aguacatal, West-Col., wurde von Weymer als liriope nov. sp. bezeichnet und von Herrn Fassl l. c. pag. 51 aufgeführt. Das Exemplar ist ein etwas abgeflogenes, aber ganz typisches ♂ von interlineata. Das vorliegende ♀ dagegen ist, wenn nicht überhaupt neue Art, mindestens als gute Varietät zu betrachten (vgl. Abbildung 5). Der Vorderflügel ist gestreckter als bei der typischen interlineata Wlk., der Apex spitzer. Im Vorderflügel ist, wie aus der Abbildung zu ersehen, der Verlauf der Binden wesentlich anders als bei der Stammform. Alle Binden innen weiß eingefaßt, besonders breit ist diese weiße Einfassung bei der Postmedianbinde, die somit halb weiß und halb gelbbraun ist, aber nicht durch eine dunklere Längslinie geteilt wird. Die Saumbinde ist breiter wie bei der Stammform, zwischen den vier Zähnen

der Innenseite und dem Saum sind ebensoviele durch Anhäufung zerstreut stehender Schuppen hervorgerufene bläulichweiße Flecken. Die Postmedianbinde verläuft etwas gestreckter und näher dem Vorderrand, alle Zwischenräume zwischen den Binden sind tief dunkelbraun.

Im Hinterflügel ist das Innenfeld bis auf den Basalteil fast ganz mit orangegelben Querlinien, die durch einen ebenso gefärbten Längsbalken verbunden sind, ausgefüllt, die orangegelbe Querbinde ist schmäler, aber in der Gegend des Innenwinkels durch gelbgraue Färbung des Zwischenfeldes mit der Saumbinde verbunden. Die orangegelbe Färbung der Saumbinde am Apex ist viel breiter als bei der Stammform. Auch die Unterseite weicht von der Stammform wesentlich ab. Im Vorderflügel sind die Zähne der Saumbinde nicht so lang, die Postmedianbinde ist schmäler, im Hinterflügel sind die schwarzen Zeichnungen durch Anhäufung feiner roter Querlinien ersetzt. Antennen hellgelb, Thorax hellgrau, Schulterdecken braun, schwarz eingefaßt, Abdomen hellgrau mit dunkelbrauner Rückenlinie, Stigmen dunkelbraun.

Homidiana meticulosa ♀

Flügelspannung: 54 mm, Vorderflügellänge 29 mm, Körperlänge 23 mm.

Ich schlage für diese schöne ♀ Form den Namen meticulosa nov. subsp. (spec.?) vor. Type: 1 ♀ vom Rio Aguacatal, West-Columbia, 2000 m, in Sammlung Fassl.

Einer neuen Art gehört ein von Herrn Fassl erbeutetes Paar an, das ich ebenfalls abbilde und dem ich zu Ehren des Entdeckers den Namen Fassli nov. spec. gebe.

Homidiana fassli nov. spec. (Abb. 6, unten ♂, oben ♀.)

♂. Vorderflügel: Grundfarbe schwarz, durch zahlreiche dunkel-rötlichbraune Wellenlinien verdeckt. Die 1½ mm breite, undeutliche Antemedianbinde ist gekrümmt und aus drei je ¼ mm breiten Linien von der Farbe der vorerwähnten Wellenlinien zusammengesetzt. Die leicht S-förmig gekrümmte Mittelbinde (Postmedianbinde) ist im ersten Drittel ihrer Länge 1½ mm und nachher 1 mm breit, außen rötlichgelb, innen dunkler und gezahnt, durch eine feine Linie der Länge nach geteilt und trifft im Innenwinkel mit der Saumbinde zusammen. Die gewellte, rötlichbraune Saumbinde ist 2 mm breit und schließt eine schwarze, innen hellgesäumte Wellenlinie ein. Ein rötlichbrauner Viereckfleck im Apikalfeld zwischen Mittel- und Saumbinde ist an einer Ecke stärker abgerundet und an der Außenseite etwas eingedrückt (vergl. Abbildung). Auf der Costalseite des Fleckens tritt die abwechselnd schwarze und rotbräune Bänderung wieder auf.

Hinterflügel: Der ganze Hinterflügel ist bis auf den Saum und die Gegend des Innenwinkels gräubraun, das Innenrandfeld mit langen Haaren besetzt. Querbinde ist nicht vorhanden, aber das letzte Drittel des Flügels nach dem Innenwinkel zu mit feinen schwarzen und braunen gewellten Querlinien gezeichnet. Die Saumbinde ist sehr schmal und besteht aus einer feinen gelben inneren und ebensolchen äußeren Linie. Der Schwanz ist kurz mit schwarzem dunkelgelb gerändertem Augenfleck. Die Fortsetzung der Saumbinde bis zum Innenwinkel ist mit drei schwarzen Halbmonden versehen. Auf dem Innenrand, 5 mm von dem Innenwinkel, ist ein feiner schwarzer Punkt. Die Aderenden tragen kleine Pinsel aus längeren Schuppen.

Unterseite der Vorderflügel: Grundfarbe graubraun, im Apicalfeld mit dichten rötlichen Wellenlinien. Mittel- und Saumbinde 1 bezw. 2 mm breit, mattgelb, letztere im Vorderwinkel fast ganz erloschen. Am Ende der Zelle ein feiner dunkler Punkt.

Unterseite der Hinterflügel rötlichbraun bis auf die gelblichgraue Innenrandsfalte, mit feinen braunen Wellenlinien dicht überzogen. Eine feine helle scharfgezähnte Linie mit gelben Punkten auf den Adern kann als Querbinde angesehen werden, auch die Saumbinde ist durch hellere Farbe erkennbar.

Fransen: Vorderflügel: Oberseite dunkelbraun, an den Aderenden feine weiße Punkte. Unterseite schwarz, die Punkte an den Aderenden gelb. Hinterflügel: Oberseite braun, am Apex und dem Schwanz weiß. Unterseite rotbraun, am Apex, Schwanz und den Aderenden weiß. (Schluß folgt.)

Die Farbe des Schmetterlingsnetzes.

Von *Julius Boin*, Bielefeld.

In den Wintermonaten, wenn in Gottes freier Natur alles im Schlafe erstarrt ist, wenn Mutter Erde mit einer mehr oder weniger dicken Eis- und Schneekruste überzogen ist, beginnt die Arbeit des Samlers im Hause. Da werden die Raupenkasten ausgeräumt und für das kommende Jahr vorgerichtet, Puppen in besondere Schlüpfkasten gebracht. Spannbretter nachgesehen, um dann mit dem Resultat der Puppenkasten bevölkert zu werden. Den Fangutensilien widmet man besondere Aufmerksamkeit und vor allem dem Beutel des Netzes, der mehr oder weniger bei den herbstlichen Köder- und Heckenfängen durchlöchert und reparaturbedürftig geworden ist.

Da möchte ich die verehrten Vereins- und Sammelfreunde auf die Wahl der Farbe des Netzes aufmerksam machen. — Es läßt sich im Eifer der Jagd nicht immer vermeiden, daß man auch einmal auf verbotene Plätze, wie Wiesen, Schonungen etc., gerät und dabei die oft unliebsame Bekanntschaft des betreffenden Besitzers usw. macht. Es entstehen daraus meist große Aergernisse, ja Klagen und Strafmandate sind die Folgen. Andererseits verstehen viele Arten, z. B. Apatura, Vanessen etc., ganz vortrefflich, dem weißen Netze auszuweichen, sodaß man diesen Tieren oft weite Strecken nachlaufen muß, ehe man zum „Schlag" kommt. Libellen weichen fast stets aus und man kann sich glücklich preisen, wenn man überhaupt mal ein Tier ins Netz bekommt. In der Regel schlägt man vorbei. Da habe ich mir zunächst ein hellgrünes Netz gemacht. Das Resultat war etwas günstiger, doch ist es noch zu weit sichtbar, und so bin ich dann, nachdem andere Farben auch nicht besser wirkten, zur dunkelgrünen (Russischgrün) Farbe übergegangen. Mit dieser Farbe habe ich sehr gute Erfahrungen gemacht. Man ist gegen Sicht geschützt und fällt nicht auf, während das weiße Netz kilometerweit gesehen wird. Das Ausweichen der Tiere verminderte sich stark, ja, ich beobachtete es fast nie mehr. Meine Befürchtung, die Falter, besonders Lycaeniden, im Netze schlecht sehen zu können, traf nicht ein, sodaß ich diese Farbe jedem Sammler und in jeder Beziehung empfehlen kann.

Zum Färben benutze ich Blusenfarbe, die man überall in Drogen- etc. Geschäften für 10 oder 15 Pfg. kaufen kann. An Hand der auf jedem Päckchen gedruckten Gebrauchsanweisung macht das Färben fast keine Mühe und färbt nicht ab. Als Stoff benutze ich Mullgaze, die man vor dem Färben gut auswaschen muß.

Ich hoffe auch durch Vorstehendes Anregung zu neuem Schaffen und Wirken zu geben und wäre den verehrlichen Mitgliedern dankbar, wenn sie ihre Erfahrungen in dieser Sache demnächst an dieser Stelle veröffentlichten.

Literatur.

Weißwange: Der Kampf gegen die Nonne. Verlag von J. Neumann, Neudamm, 1914, geh. Mk. 3.—, geb. Mk. 3.50.

Schwabe: Der große Kiefernspinnerfraß in der Oberförsterei Jagdschloß 1905—1909. Verlag von J. Neumann, Neudamm 1910, geh. Mk. 1.—.

Obwohl die beiden oben angeführten Büchlein keinen eigentlich entomologischen Inhalt haben und somit der Systematiker nichts Neues bieten, will ich nicht verfehlen, denjenigen unserer Mitglieder, die an forstlichen Dingen Anteil nehmen oder die selbst Forstleute sind, das Studium derselben zu empfehlen. Die Menge der Beobachtungen und Erfahrungen, die über das Auftreten und die Bekämpfungsmaßregeln der beiden großen Waldfeinde Kiefernspinner und Nonne darin gesammelt sind und zur Kenntnis der Leser gebracht werden, sind von bleibendem Wert. Ich halte es für sehr wichtig und zweckmäßig, wenn sich die Sammler unserer Schmetterlinge, Käfer usw. mit der forstlichen Literatur bekannt machen, denn manche Frage und manches dem Forstmann unlösbare Rätsel ist vielleicht von Sammlern und Kennern unserer Insektenwelt längst beantwortet und gelöst, ohne daß der Betreffende sich der Wichtigkeit seines Wissens für die Allgemeinheit bewußt ist. Möge darum die Forstliteratur, soweit sie Insektenschädlinge betrifft, von unseren Mitgliedern mehr als seither berücksichtigt werden und Veranlassung geben, an der Bekämpfung dieser Waldverderber durch Bekanntgabe ihres Wissens mitzuwirken. L. P.

Auskunftstelle des Int. Entomol. Vereins.

Anfrage:

Welcher erfahrene Züchter hat die Freundlichkeit, darüber Mitteilung zu machen; wie man Geometriden in der Gefangenschaft in Kopula bringen kann? F. G.

Für die Redaktion des wissenschaftlichen Teiles: Dr. F. Meyer, Saarbrücken, Bahnhofstraße 65. — Verlag der Entomologischen Zeitschrift Internationaler Entomologischer Verein E. V., Frankfurt a. M. — Für Inserate: Geschäftsstelle der Entomologischen Zeitschrift, Töngesgasse 22 (R. Block) — Druck von Aug. Weisbrod, Frankfurt a. M., Buchgasse 12.

Frankfurt a. M., 12. Mai 1917. Nr. 3. XXXI. Jahrgang.

ENTOMOLOGISCHE ZEITSCHRIFT

Central-Organ des
Internationalen Entomologischen
Vereins E. V.

mit
Fauna exotica.

Herausgegeben unter Mitwirkung hervorragender Entomologen und Naturforscher.

Abonnements: Vierteljährlich durch Post oder Buchhandel M. 3.— Jahresabonnement bei direkter Zustellung unter Kreuzband nach Deutschland und Oesterreich M. 8.—, Ausland M. 10.—. Mitglieder des Intern. Entom. Vereins zahlen jährlich M. 7.— (Ausland [ohne Oesterreich-Ungarn] M. 2.50 Portozuschlag).

Anzeigen: Insertionspreis pro dreigespaltene Petitzeile oder deren Raum 30 Pfg. Anzeigen von Naturalien-Handlungen und -Fabriken pro dreigespaltene Petitzeile oder deren Raum 20 Pfg. — Mitglieder haben in entomologischen Angelegenheiten in jedem Vereinsjahr 100 Zeilen oder deren Raum frei, die Ueberzeile kostet 10 Pfg.

Schluß der Inseraten-Annahme für die nächste Nummer am 26. Mai 1917
Dienstag, den 22. Mai, abends 7 Uhr.

Inhalt: Der Krieg und die — Insektenkunde. Von Universitäts-Professor K. Escherich in München. — Die Gattung Microgaster und ihre Wirte. Von Professor Dr. Rudow, Naumburg a. S. — Bemerkungen über einige von Herrn A. H. Fassl in Columbien gefangene Castnia-, Urania- und Homidiana-Arten. Von L. Pfeiffer, Frankfurt a. M. — Kleine Mitteilungen. — Literatur. — Anfrage.

Der Krieg und die — Insektenkunde.

Von Universitäts-Professor *K. Escherich,* München.[*)]

Der angewandten „Entomologie", der die Erforschung und Bekämpfung aller Schadinsekten obliegt, sind in diesem Kriege große Aufgaben erstanden. Obenan steht ein Kleiderlausproblem, das geradezu ins riesenhafte gewachsen ist. Wer hätte vor drei Jahren geahnt, daß die Laus jemals eine solche Rolle in der Kriegsführung spielen sollte, und daß so riesige Summen, die gewiß 40 bis 50 Millionen erreichen, zur Bekämpfung dieser Schmarotzer erforderlich sein würden. Allerdings — das muß hier mit Nachdruck betont werden — hätten wir einen großen Teil dieser Gelder ersparen können, wenn wir nur einigermaßen vorbereitet gewesen wären. Wußten wir doch bei Beginn des Krieges so gut wie nichts über diese, doch auch im Frieden nicht zu den größten Seltenheiten gehörenden Tiere. Unsere zoologische Wissenschaft hatte kein Interesse an einem so „gewöhnlichen" Insekt; sie schwebte in höheren oder in tieferen Sphären, am Grunde des Meeres. Dort wußte sie genau Bescheid, als ob wir den Krieg am Boden des Meeres, viele Tausend Faden tief, zu führen gehabt, so hätten wir wohl kaum eine solche Ueberraschung erlebt, wie die Kleiderlaus uns gebracht hat.

Wir haben zwar während des Krieges große Fortschritte in der Lausbekämpfung gemacht, doch ist das Lausproblem heute noch keineswegs restlos gelöst, trotzdem in den zwei Jahren über 250 wissenschaftliche Abhandlungen darüber veröffentlicht wurden und trotzdem die Militärverwaltung in ihrer weitsichtigen Art sofort, als die Läuse anmarschierten, einen eigenen „Läuseprofessor" dem finsteren Heer entgegenschickte. Letzterer (Professor Hase aus Jena) hat große Taten vollbracht und unsere Kenntnisse ungemein gefördert; doch die Aufgabe ist so gewaltig —

*) Mit gütiger Erlaubnis des Herrn Autors der „Täglichen Rundschau" entlehnt. D. R.

jede neue Beobachtung weckt wieder zahlreiche neue Fragen — daß selbst ein zoologischer Herkules damit allein nicht fertig werden kann.

Als furchtbare Quälgeister sind mancherorts auch die Fliegen aufgetreten. Die Anhäufung von Pferdemist hat ihre Entwicklung ungemein begünstigt, und so sind Milliarden und abermals Milliarden Fliegen erstanden, die unseren Kriegern das Leben zur Hölle machten. Unsere Feldgrauen erzählen mit Entsetzen von diesem Kapitel, ja viele nennen die Läuseplage ein Vergnügen gegenüber der Fliegenplage, die jede Ruhe raubt, keinen Bissen Brot ohne Auflage von Dutzenden von Fliegen verzehren und keinen Lichtstrahl durch die Fenster in die Räume eintreten läßt. Machtlos standen wir auch diesem Feinde gegenüber; denn die Zoologie kannte die Stubenfliege so wenig wie die Kleiderlaus. Die Amerikaner haben dicke Bücher über die Stubenfliege geschrieben und studieren seit Jahrzehnten diese ständigen Begleiter des Menschen mit größtem Eifer. Wir sind bis jetzt an diesen Forschungen vorübergegangen, die wenigsten unserer Zoologen kennen überhaupt diese amerikanische Literatur, und in den wenigsten Bibliotheken findet man die betreffenden Werke, die längst in deutscher Bearbeitung vorliegen sollten.

Des weiteren kommt die Wanzen- und Flohplage hinzu, die, wie mir der „Läuseprofessor" dieser Tage erzählte, vielerorts unglaublichen Umfang angenommen haben. Bedecken doch die Wanzen mitunter die Wände so dicht, daß von der Wand selbst überhaupt nichts zu sehen ist. Endlich haben auch die Krätzmilben der Pferde, die die Räude erzeugen, viele Unannehmlichkeiten und Verluste verursacht.

Die angewandt-entomologischen Probleme werden die Militärbehörde auch nach dem Kriege noch längere Zeit beschäftigen. Ich möchte heute schon auf die Gefahren, die von seiten der woll-, leder- und pelzfressenden Insekten drohen, hinweisen. Die ungeheuren Mengen von Uniformstücken, Pelzen und Schuhen usw., die in Zukunft in den Magazinen lagern werden, werden unzweifelhaft eine ungeheure Vermehrung von Schadinsekten (Motten, Pelz- und Lederkäfer) zur Folge haben. Es wird sich daher empfehlen, schon jetzt mit der Vorbereitung zu der Bekämpfung zu beginnen. In dieser Hinsicht sollten doch einmal Versuche mit den Blausäuredämpfen, wie sie in Amerika seit Jahrzehnten mit größtem Erfolge im Gebrauch sind, gemacht werden. Wenn die Methode vorsichtig von erfahrenem Personal ausgeführt wird, besteht keine Gefahr für das Leben des Menschen. In Amerika werden jährlich 10—20 Mill. Mark für Blausäure-Bekämpfung ausgegeben, und noch nirgends ist ein Menschenleben zugrunde gegangen.

Der große Lehrmeister Krieg hat auch der breiteren Oeffentlichkeit die Augen geöffnet, wie viel wir in der angewandten Zoologie noch nachzuholen haben. Die theoretische Zoologie hat zahlreiche ausgezeichnete Institute und alle Hilfsmittel zur Verfügung. Die angewandte Zoologie, besonders Entomologie, dagegen besitzt gegenwärtig noch kaum ein einziges Institut in Deutschland, das den wissenschaftlichen Anforderungen genügte. Hier muß unbedingt schleunigst Wandel geschaffen werden. Wir werden in Zukunft vor allem denjenigen wissenschaftlichen Disziplinen besondere Aufmerksamkeit zuzuwenden haben, welche dazu dienen, den harten Konkurrenzkampf, den unser Vaterland zu bestehen haben wird, zu erleichtern und zu unterstützen. Dazu gehört in erster Linie die angewandte Entomologie. Hat sie doch außer den oben genannten Schädlingen auch alle die vielen Feinde, die unsere Land- und Forstwirtschaft ständig bedrohen und uns jährlich um einen großen Teil der Ernte bringen, zu erforschen und zu bekämpfen.

Die Gattung Microgaster und ihre Wirte.

Von Professor Dr. *Rudow*, Naumburg a. S.

(Fortsetzung.)

Microgaster caiae Bé. 1. Arctia caia, villica. Cucullia argentea. Wollige Ballen.
„ *calceatus* Hal. 3. Ocneria dispar. Thera variata. Lobophora carpinata. Dichte Häufchen an der Raupe.
„ *callidus* Hal. 1. Nemophila plantaginis. Trifaena orbona. Abraxas grossulariata. Weiße, lockere, wollige Ballen.
„ *collinae* Rd. 1. Agrotis collina. Dichte, weiße seidige Ballen.
„ *cingulatus* Ns. 1. Plusia. ain.
„ *cingulum* Rbg. 3. Acronycta psi. Häufchen ohne Gespinst.
„ *congestus* Rhd. 1. Orthosia instabilis. Catocala noctua. Cucullia Plusia. Zygaena. Vanessa urticae. Dichte Ballen am Stengel.
„ *connexus* Ns. 3. Porthesia similis. Spilosoma fuliginosum. Acronycta tridens.
„ *consularis* Hal. 3. Liparis auriflua. Acronycta trideus. Lophyrus pini. Puppen einzeln, groß, braun.
„ *carbonarius* Wsm. 1. Vanessa antiopa. Lose Puppen an Raupen.
„ *crataegi* Rbg. 3. Pontia (Aporia) crataegi. Einzeln oder kleine Ballen.
„ *conjugatus* Rbg. 3. Lasiocampa pruni. Einzelne Puppen.
* „ *cleoceridis* Mrsh. 1. Cleoceris viminalis.
* „ *cultrator* Mrsh. 1. Arctia.

* *Microgaster contaminatus* Hal. Fenusa.
* „ *coniferae* Hal. 1. Panolis piniperda.
* „ *chrysostictus* Mrsh. 1. Gracilaria. Lithocolletis vacciniella.
* „ *caberae* Mrsh. 1. Cabera pusaria. Jodislactearia. Selenia marginella. Lomaspilis marginata.
* „ *crassicornis* Rbg. 3. Eupithecia campanulata. Puppe einzeln, weiß wollig.
„ *deprimator* Ns. 3. Galleria melonella. Spinneneier. Ballen.
„ *difficilis* Ns. 1. Arctia. Leucoma. Diloba. Eucosmia. Zygaena filipendulae, trifolii, meliloti. Ephialtes. Smerinthus populi. Bombyx rubi. Lasiocampa ilicifoliu. Euchelia jacobaeae. Lophopteryx camelina. Notodonta dictaea. Acronycta euphorbiae. Miselia oxyacanthae. Aplecta tincta. Agrotis praecox. Hadena pisi. Amphiasys betularius, stratarius. Phigelia pedaria. Odontoptera bidentata. Spilosoma fuliginosum. Poecilocampa populi. Diloba coeruleocephala. Leucoma salicis. Eupithecia centaureata, pimpinellata, sobrinata. Melanippe galeata. Selenia bilunaria. Lockere Häufchen.
„ *dilectus* Hal. 1. Leucoma salicis. Puppen um die Raupe gelagert.
„ *dorsalis* Ns. 3. Glyphipteryx Schaefferella. Tortrix hercyniana. Einzelne große Puppen; braun.
* „ *decorus* Hal. 1. Conchylis dilucidana. Argyresthia Goedartella.
* „ *dilectus* Hal. 1. Gracilaria syringella. Leucoma salicis.
* „ *dolens* Mrsh. 2. Panolis piniperda.
* „ *dilutus* Rbg. 3. Bombyx auriflua.
„ *emarginatus* Ns. 1. Depressaria chaerophylli, nervosa, carduella. Conchylis dilucidana. Gracilaria rufipennella, fribergensis. Einzelne Puppen.
„ *ensiformis* Rbg. 1. Acrolepia pygmaeana. Einzelne Puppen.
„ *eremita* Rhd. 2. Lithocampa ramosa. Puppe einzeln
„ *evonymelli* Bé. 1. Hyponomenta evonymellus. In der Mottenpuppe.
„ *exilis* Hal. 1. Bombyx.
„ *extraversariae* Rd. Eupithecia extraversaria. Kleine wollige Ballen.
„ *fulvicornis* Wsm. = mediator.
„ *flavilabris* Rbg. 1. Tortrix hercyniana. Einzelne Puppen.
„ *flavipes* Hal. 3. Boarmia repandaria. Cleona angularia. Dicht gefügte Puppen.
„ *flaviventris* Rhd. 1. Choreutis Müllerana. Einzelne Puppen.
„ *formosus* Wsm. 1. Orgyia antiqua. Taeniocampa stabilis. Urapteryx sambucaria. Eierballen ohne Gespinst, oder einzeln an Faden.
„ *fraxini* Rd. 1. Cionus fraxini. 1 bis 3 große Puppen.
„ *fulvipes* Hal. 1. Vanessa Atalanta. Spilosoma fuliginosum. Lasiocampa pini. Porthesia similis. Ocneria dispar. Pygaera. Acronycta tridens. Noctua xanthographa Trifaena orbana, fimbria. Amphipyra pyramidea. Miselia oxyacanthae. Xylocampa

areola. Xylina ornithopus. Asteroscopus sphinx. Catocala nupta. Selenia bilunaria. Himera pennaria. Larentia viridaria. Melanippe galeata. Chesias spartiata u. a. Lose Puppen in Häufchen.

Microgaster fuliginosus Wlk. 1. Einzelne Puppen. Gracilaria syringella.

„ *fuliginosus* Wsm. 1. Gracilaria syringella. Puppen in seidenartigem Gespinst.

„ *fulvipennis* Rbg. 1. Mania serena. Puppen einzeln.

* „ *falcator* Rbg. 1. Cecidomyia rosaria. Tortrix.

* „ *falcatus* Ns. 1. Xylophasia monoglypha. Noctua.

* „ *ferrugineus* Rhd. 1. Chilo phragmitellus.

* „ *flavolimbatus* Rbg. 1. Panolis piniperda.

* „ *fumipennis* Rbg. 2. Emphytus succinctus. Schizocera geminata. Lasiocampa pini.

„ *Geryonis* Mrsh. 1. Procris Geryon. Wollige Gespinstballen.

„ *globustus* Rd. 1. Eupithecia absynthii. Weiße Gespinstballen.

„ *globatus* Ns. 3. Lithosia lurideola. Spilades verticalis. Sericoris euphorbiana. Conchylis Smeathmanniana. Tachyptilia populella. Platyptilia isodactyla. Eupithecia linariata, campanulata. Tortrx amentana. Phloeodes immundana. Peronea hastiana.

Bemerkungen über einige von Herrn A. H. Fassl in Columbien gefangene Castnia=, Urania= und Homidiana=Arten.

Von *L. Pfeiffer*, Frankfurt a. M.

(Schluß.)

Fühler rotbraun, sehr lang spindelförmig mit umgebogener Spitze. Palpen: erstes Glied sehr kurz, zweites Glied 2 mm lang, oben rotbraun mit gelber feiner Seitenlinie, unterseits mit langen abstehenden dunkelbraunen Haaren, drittes Glied 1 mm lang, rotbraun mit dunkelgelber Spitze. Stirn und Thorax stark behaart, dunkelbraun mit grauen Spitzen. Abdomen oben braun mit grau untermischt, mit gelben Querstreifen an den Enden der Ringe, unten rötlich; Afterhaarbusch gelb. Stigmen gelb, schwarz eingefaßt. Beine gelobraun, Gelenke schwarz geringelt, beim dritten Beinpaar in der Mitte des Femur ein schwarzer Ring, Ende des Femur und Tarsengelenke aller Beine gelb.

Flügelspannung 44 mm, Vorderflügellänge 25 mm, Körperlänge 25 mm.

♀: Grundfarbe schwarz, durch helle rötlichbraune scharfgezeichnete Wellenlinien fast ganz verdeckt. Die Antemedianbinde gekrümmt, leicht gewellt, durch eine feine Längslinie geteilt und nicht sehr deutlich. Die ganz schwach S-förmig gebogene Mittelbinde (Postmedianbinde) besteht aus einer 1¼ mm breiten, außen schwach gewellten bräunlichgelben äußeren und einer scharf gezähnten feinen dunkleren inneren Binde. Das letzte Stück zwischen Innenrand und Submedianader hat die Farbe der Saumbinde. Letztere ist hellbraun, oben 2 mm breit, wird nach unten durch Hinzutritt etlicher der oben genannten Wellenlinien breiter und erreicht die Mittelbinde im Innenwinkel. In der Saumbinde sieben feine schwarze Querstriche. Im Vorderrandfeld zwischen Quer- und Saumbinde ein nahezu viereckiger gelblichbrauner Flecken, dessen eine äußere Ecke etwas abgerundet

ist. Die Bänderung des Costalrandes wie beim ♂, nur entsprechend der Allgemeinfärbung heller.

Hinterflügel: Basalfeld bis zur Querbinde und Costalfeld bis auf den Saum graubraun. Die gezähnte Querbinde ist 2 mm breit und hat die gleiche Farbe wie die Mittelbinde der Vorderflügel. Sie beginnt erst in der zweiten Flügelhälfte und reicht etwas dunkler werdend bis zum Innenrand. An dieser Stelle, 4 mm vom Innenwinkel, ist auf dem Innenrand ein schwarzer Punkt. Die schmale hellgelbe Saumbinde ist der Länge nach durch eine feine schwarze Linie geteilt. Der mit Augenfleck versehene Schwanz ist nur ganz kurz, in der Saumbinde zwischen Schwanz und dem Innenwinkel sind die bekannten schwarzen Halbmonde. Das Feld zwischen Quer- und Saumbinde ist rötlichbraun mit dunkleren scharf gezähnten Querlinien.

Unterseite: Vorderflügel: Grundfarbe graubraun, im Apikalfeld rötlich. Die 1½ mm breite Mittel- und die Saumbinde hellgelb, letztere am Apex fast ganz in der rötlichen Färbung verschwindend. Am Ende der Zelle undeutlicher schwarzer Punkt.

Die Farbe der Hinterflügel ist rötlich bis auf die graubraune Flügelwurzel. Die 1½ mm breite Querbinde ist hellgelb, leicht rötlich überstäubt, aber etwas stärker rot, die Saumbinde. Im Raum zwischen Saum-

Homidiana fassli nov. spec.

und Querbinde sind vier bräunliche Wellenlinien, ähnliche weniger deutliche zwischen Querbinde und der Flügelwurzel.

Die Fransen der Vorderflügel sind dunkelbraun mit drei feinen weißen Punkten oberhalb des Innenwinkels, die der Hinterflügel am Vorderwinkel weiß, am Schwanz im Anschluß an einen gleichgefärbten Flecken unter dem Augenfleck hellgelb, sonst bräunlich. Haarpinsel an den Aderenden wie beim ♂. Innenrand grau behaart. Die Fühler sind hell rötlichbraun. Palpen: Erstes Glied sehr kurz, hellgelb mit wenig roten Haaren. Zweites Glied 2 mm lang, rotbraun mit gelber Seitenlinie, unten starke abstehende Haare, die außen schwarz, in der Mitte gelb und innen rot sind. Drittes Glied 1¼ mm lang, unbehaart, rot mit gelber Spitze. Stirn behaart, Thorax oben rötlichgrau, unten rötlichgrau, Abdomen ebenso gefärbt, Stigmen weiß, schwarz umrändert. Beine rötlichgelb, an den Gelenken gelb, Femur des dritten Beines in der Mitte schwarz geringelt.

Flügelspannung 37 mm, Vorderflügellänge 20 mm, Körperlänge 16 mm.

Fundort dieser neuen Art ist Rio Aguacatal, West-Cordillere, Columbien, 2000 m Höhe. Die Typen (1 ♂, 1 ♀) in Sammlung Fassl.

Von den Arten mit roten Hinterflügelbinden brachte Herr Fassl aus Columbien nur ein schönes ♀ von H. aeola Westw. mit, das in jeder Beziehung der Beschreibung und Abbildung bei Westw. (S. 535, Taf. 88, Fig. 1, 2) entspricht.

Fundort des Falters: Villavicencio, Ost-Columbia, 4000 m ü. M.

Dagegen erbeutete Herr Fassl in Bolivia (Rio Songo, 750 m ü. M.) von rotbindigen Homidianaarten die seltene H. tangens Strand (1 ♂). zwei prächtige, völlig reine ♂♂ von H. canace Hoppf und ein ♂ von var. paulina Westw.

Von dem Genus Sematura Dalm. (Mania Hübner, Manidia Westw.) ist S. Lunus L. aus Columbien nur in einem auffallend dunkelbraunen ♀ Exemplar vertreten, das in Muzo gefangen wurde. Zehn weitere mir vorliegende Exemplare aus verschiedenen Gegenden des südamerikanischen Kontinents und Westindiens, zum Teil von Herrn Fassl selbst, zum Teil von seinen Sammlern erbeutet, illustrieren aufs beste die große Variabilität dieser oft benannten Art. Nach diesen, sowie den Exemplaren meiner Sammlung zu urteilen, scheinen die dunkelsten Varietäten der Anden-Region, die hellsten dem Tiefland anzugehören, die Mitte nehmen die Tiere (bezw. Rassen) von Panama und den Inseln ein. Besonders schön sind in Collection Fassl 2 ♂♂ und 1 ♀ von Trinidad.

Kleine Mitteilungen.

Lassen sich die Schmetterlingsfarben willkürlich beeinflussen? Die Frage, ob die Farben der Schmetterlinge während der Puppenzeit beeinflußt werden können, hat B. Dürken durch Versuche zu lösen gesucht mit dem Ergebnis, daß die Frage zu bejahen ist. Er ließ Raupen des Kohlweißlings — so berichtet die „Naturwissenschaftliche Wochenschrift" —. sich auf Untergründen von verschiedener Färbung verpuppen und konnte dann feststellen, daß die Umgebungsfarbe die Puppenfärbung und -zeichnung erheblich beeinflußt. Unter den 219 Schmetterlingspuppen unterschied er fünf verschiedene Färbungsklassen; die eine umfaßt weiße Exemplare mit viel schwärzlicher Zeichnung, eine zweite rötliche Grundfarbe mit weniger Schwarz, eine dritte grünliche Grundfarbe mit wenig Schwarz und die vierte und fünfte stellen Steigerungen dieser dritten Klasse dar. Ist die Umgebung der Puppe braun, rot, blau oder violett, so äußert sich der Helligkeitswert dieser Umgebung dann, daß sich in den Puppen mehr Schwarz entwickelt; ist die Umgebung weiß, gelb oder grün, so tritt eine Aufhellung der Kohlweißlingspuppe ein. Wie der Helligkeitswert so äußert sich auch der Farbwert der Umgebung, und Weiß, Schwarz, Grau, Rot oder Violett haben die Wirkung, daß Puppen mit rötlicher Grundfarbe und wenig Schwarz entstehen; bei Braun, Gelb und Blau der Umgebung entwickeln sich Puppen mit wenig Schwarz und grünlicher Grundfarbe, bei grüner Umgebung ist dies in stärkerem Maße der Fall, und orangefarbene Umgebung ruft die Entwicklung grüner Grundfarbe am auffälligsten hervor. Die Augen der Raupe sind bei dem Zustandekommen der Färbung unbeteiligt und eine Farbenangleichung an die Umgebung kommt nicht zustande, wofür am deutlichsten das letztangeführte Beispiel spricht.

Literatur.

Skala, H., Studien zur Zusammensetzung der Lepidopterenfauna der österr.-ung. Monarchie.

Der Verfasser, welcher neben seiner ausführ-lichen „Lepidopterenfauna Mährens" bereits mehrere zoogeographische Arbeiten veröffentlichte, liefert durch seine „Studien" eine sehr gründliche, gewissenhaft und sorgfältig durchgeführte, daher wissenschaftlich wertvolle Arbeit. Unter Benützung der neuesten Literatur, zahlreicher Lokalfaunen und faunistischer Beiträge, die einer genauen, sachgemäßen Beurteilung unterzogen wurden, bespricht der Verfasser die bis jetzt in Oesterreich-Ungarn nachgewiesenen Arten in bezug auf ihr Vorkommen in den einzelnen Kronländern, ihre bereits wissenschaftlich nachgewiesene oder nur mutmaßliche Herkunft, wobei auch die Lokalrassen und Abarten, sowie die Flugzeiten der Falter vermerkt werden. Vorliegende Arbeit gibt daher wichtige Aufschlüsse über den Faunencharakter der Monarchie und wertvolle Einsicht in die stammesgeschichtliche Entwicklung der Arten. Hierbei wurden vom Verfasser auch die einschlägigen Arbeiten Rebels, Galvagnis und Zernys zu Vergleichszwecken herangezogen und die eigenen Anschauungen denen der genannten Forscher gegenübergestellt.

Wenn man die mannigfachen Schwierigkeiten, welche sich der Lösung tiergeographischer Fragen darbieten, berücksichtigt und die große Mühe, welche aufgewendet werden muß, um für jede bis jetzt in der Monarchie nachgewiesene Art die entsprechenden Daten zusammenzustellen, erwägt, erst dann ist man im Stande, den Wert der vorliegenden Arbeit ganz zu ermessen und den außerordentlich großen Fleiß des Verfassers zu bewundern.

Daß fast bei allen (1724) Arten auch deutsche Namen beigefügt wurden, gereicht der Arbeit gewiß nicht zum Nachteile, obwohl die meisten deutschen Namen wertlos sind, nachdem es z. B. niemandem beifallen dürfte, sich für Heliothis cardui Hb. (nach Bau) den Namen „Bitterkraut-Borstfuß Blasenstirneule" (nebstbei eine ganz nette Alliteration) dem Gedächtnisse einzuprägen. Da bei vielen, meist seltenen Arten auch auf das Vorkommen außerhalb der Monarchie hingewiesen wird, erhält die Arbeit auch für Nichtösterreicher großen Wert, sodaß jeder Lepidopterologe in den „Studien" eine reiche Quelle wertvollen Materials findet.

Die „Studien" (157 S.) sind als Beilage der „Oesterr. Monatsschrift", Jahrg. 1914—16, erschienen und können vom Verfasser, Hugo Skala in Fulnek (Mähren), zum Preise von 5 Mark bezogen werden.

Mitterberger-Steyr.

Auskunftstelle des Int. Entomol. Vereins.

Anfrage:

Ich habe 1 Dutzend Raupen von P. matronula, gut überwintert, erwachsen. Dieselben wurden Anfang März ins warme Zimmer gebracht, gespritzt mit lauwarmem Wasser, wovon die Raupen auch tranken. Ich wiederholte dies jede Woche, gab auch Futter, welches aber nicht angenommen wird. Drei von den Raupen verspannen sich nach kurzer Zeit, die andern acht bis heute noch nicht. Dieselben nagen hie und da am Gaze und Papier. Spinngelegenheit. in Moos usw. haben sie. Wie sind die Tiere zum Verspinnen zu bewegen? J. M.

Für die Redaktion des wissenschaftlichen Teiles: Dr. F. Meyer, Saarbrücken, Bahnhofstraße, 65. — Verlag der Entomologischen Zeitschrift Internationaler Entomologischer Verein E. V., Frankfurt a. M. — Für Inserate: Geschäftsstelle der Entomologischen Zeitschrift, Töngesgasse 22 (R. Block) — Druck von Aug. Weisbrod, Frankfurt a. M., Buchgasse 12.

Frankfurt a. M., 26. Mai 1917.   Nr. 4.   XXXI. Jahrgang.

ENTOMOLOGISCHE ZEITSCHRIFT

Central-Organ des Internationalen Entomologischen Vereins E. V.

mit Fauna exotica.

Herausgegeben unter Mitwirkung hervorragender Entomologen und Naturforscher.

Abonnements: Vierteljährlich durch Post oder Buchhandel M. 3.— Jahresabonnement bei direkter Zustellung unter Kreuzband nach Deutschland und Oesterreich M. 8.—, Ausland M. 10.—. Mitglieder des Intern. Entom. Vereins zahlen jährlich M. 7.— (Ausland [ohne Oesterreich-Ungarn] M. 2.50 Portozuschlag).

Anzeigen: Insertionspreis pro dreigespaltene Petitzeile oder deren Raum 30 Pfg. Anzeigen von Naturalien-Handlungen und -Fabriken pro dreigespaltene Petitzeile oder deren Raum 20 Pfg. — Mitglieder haben in entomologischen Angelegenheiten in jedem Vereinsjahr 100 Zeilen oder deren Raum frei, die Ueberzeile kostet 10 Pfg.

Schluß der Inseraten-Annahme für die nächste Nummer am 9. Juni 1917 Dienstag, den 5. Juni, abends 7 Uhr.

Inhalt: Atropos L. Von F. Bandermann, Halle a. d. Saale. — Die Gattung Microgaster und ihre Wirte. Von Professor Dr. Rudow, Naumburg a. S. — Fleckfell und gebänderte Schwebfliege. Von Wilhelm Schuster, Pfarrer a. D., Heilbronn. — Literatur. — Hinweis.

Atropos L.

Von *F. Bandermann,* Halle (Saale).

Und wiederum der Totenkopf. Unter dieser Ueberschrift bringt Herr Prof. Gillmer in der Gubener Ent. Zeitschrift 23 und 24 eine Erklärung gegen meine Arbeit in dem Ent. Jahrbuch für 1917. Ich weise daher nochmals darauf hin, daß Falter und Raupe in jedem Jahre vom Frühjahr bis zum Spätherbst bei uns gefunden werden, und darauf stützt sich meine Ansicht, daß der Totenkopf ein einheimischer Falter ist, während Herr Prof. Gillmer mit vielem Fleiß die Literatur über Atropos zusammengestellt und daraus seine bekannte Anschauung gewonnen hat. Selbstverständlich halte ich ein Zufliegen aus dem Süden nicht für ausgeschlossen, das habe ich in meiner oben erwähnten Arbeit auch geschrieben, aber das mag nur in heißeren Sommern der Fall sein, und doch ist der Schmetterling jedes Jahr in Deutschland zu finden. Daß die Puppen durch die winterliche Kälte nicht abgetötet werden, ist erwiesen, denn mein Freund Lehrer Hemprich erhält in jedem Frühjahr eine Anzahl Puppen von seinen Schülern aus Diemitz bei Halle zugetragen und im Juni auch erwachsene Raupen. Der ganze Streit über die Rätsel des Totenkopfes ist nutzlos, bis wissenschaftlich einwandfrei festgestellt ist, ob die bei uns gnschlüpften Weibchen fortpflanzungsfähig sind oder nicht. Daß die Ovarien fast aller dieser Weibchen unentwickelt sind, ist kein Beweis für Unfruchtbarkeit, denn bei vielen Insekten reifen die Geschlechtsorgane erst längere Zeit nach dem Schlüpfen der Imagines. Auch fehlen Angaben über die Ausbildung der männlichen Organe, die Frage ist also bisher viel zu einseitig behandelt. Der Streit kann nur durch praktische Versuche geschlichtet werden. Dabei sind folgende Punkte zu untersuchen: 1. Ich habe in meiner Arbeit im Jahrbuch bereits darauf hingewiesen, daß die Nahrungspflanzen der Raupen vielleicht Einfluß haben könnten. Fast alle von Sammlern erbeuteten Raupen

und Puppen stammen von Kartoffelfeldern. Die Kartoffel ist aber nicht einheimisch. Es wäre zu untersuchen, ob die Raupen von Kartoffelfeldern vollständig ausgereift sind oder durch das Absterben des Kartoffelfutters gezwungen werden, sich vorzeitig zu verpuppen. 2. Hat die Dauer der Puppenruhe Einfluß auf die Entwicklung der Geschlechtsorgane? Auch hierbei wird der Ernährungszustand der Raupen von Einfluß sein. Die geschlüpften Tiere müssen bei reichlichem Futter weiter lebend gehalten werden; nach längerer Zeit ist die Ausbildung der Geschlechtsorgane zu untersuchen, gleichzeitig müssen zur Kontrolle im Freien gefangene Exemplare auf ihre Geschlechtsreife geprüft werden. Nur auf diese Weise kann die Totenkopffrage gelöst werden, nicht durch das Studium der Literatur, die zwar sehr umfangreich, aber doch mangelhaft ist, weil sehr viele Sammler ihre Ergebnisse verschweigen. Jedenfalls bleibe ich bis zur experimentellen Lösung des Totenkopfes dabei, daß diesem Schmetterling ein Heimatrecht bei uns zugestanden werden muß, trotz aller Gegenerklärungen.

Die Gattung Microgaster und ihre Wirte.

Von Professor Dr. *Rudow,* Naumburg a. S.

(Fortsetzung.)

Microgaster glomeratus L. 1. Aporia crataegi. Pieris brassicae, Bembelia. Hemiteles u. a.
  ,,   *gracilis* Curt. Eupithecia absynthii. Einzeln oder kleine Ballen.
* ,,   *gagates* Ns. 1. Mimaeseoptilus bipunctidactylus.
* ,,   *gallicola* Gir. 1. Hormioptera Olivieri. Oecocecis.
* ,,   *gonopterygis* Mrsh. 1. Gonopteryx rhamni.
  ,,   *hoplites* Rbg. 1. Rhynchites betuleti. Lina tremulae. Clythra laeviuscula.
  ,,   *Halidayi* Mrsh. 1. Ptoclenusa inopella. Coleophora limoniella. Gracilaria ononidis.
* ,,   *Hoplites* Rbg. 1. Rhynchites betuleti. Lina tremulae. Clythra laeviuscula.

* *Microgaster heterocera* Rte. 1. Macrofyia grossulaciae.
,, *immunis* Hal. 1. Pseudopterna pruinata. Hibernia marginaria, leucophaearia. Cheimatobia brumata. Aporobia dilutata. Bupalus piniarius. Puppenhaufen mit lockerem Gespinst.
,, *impurus* Ns. 1. Anthonomus pomorum, Lycaena Corydon. Gracilaria syringella. Tortrix Forsterana. Einzelne Puppen.
,, *inclusus* Rbg. Liparis chrysorrhoea. Porthesia auriflua. Ballengespinste.
,, *jucundas* Mrsh. 1. Pierisbrassicae. Vanessa Atalanta. Einzeln.
,, *juniperatae* Bé. 1. Eupithecia sobrinata, exiguata, nanata, pimpinellata, lariciata. Odontopteryx bidentata. Larentia pimpinellata. Himera peunata. Cidaris fulvata. Selenia bilunaria u. a. Dichtgedrängte Häufchen, flach ohne Gespinst.
,, *insidens* Rbg. 1. Agriotes segetis. Arundo donax. Fliegengallen. Weiße wollige Ballen.
,, *irrorella* Rd. 1. Setina irrorella. Kleine, wollige weiße Ballen.
* ,, *infimus* Hal. 1. Chauliodes chaerophyllellus. Acrolepia pygmaeana.
* ,, *impressus* Wsm. 1. Psyche.
,, *lacteus* Ns. 1. Gracilaria semifascia. Dioryctria abietella. Eupoicoila ciliella. Homonosoma nebulatum, nimbellum. Gespinstballen.
,, *laetus* Mrsh. 1. Gracilaria semifascia. Eupithecia. Eupoicoila ciliella. Lockere Puppenhäufchen.
,, *lateralis* Hal. 1. Eupithecia assimilata. Simaethis oxyacanthella. Hyponomenta padellus. Elachista taeniatella. Einzeln.
,, *limbatus* Mrsh. 1. Abraxas grossulariata. Einzeln.
,, *lineatus* Rhd. 1. Conchylis.
,, *lineola* Curt. 1. Vanessa urticae. Dichte, weiße Gespinstballen.
,, *liparidis* Bé. 1. Ocneria dispar. Ballen auf dem Blatte.
,, *lugens* Rbg. 3. Tortrix heparana. Dictyopteryx Bergmanniana. Einzeln, weiß wollig.
,, *lugubris* Rte. 2. Agrotis brunnea.
,, *marginatus* Ns. 3. Larentia viridaria. Einzelne Puppen.
,, *maculipennis* Rd. 1. Spilosoma. Dicht weißes Gespinst.
,, *medianus* Rte. 2. Taeniocampa. Polia. Melanippe. Einzeln.
,, *mediator* Hal. 2. Hadena. Oporina. Xylina. Cerastis u. a. Wollige, weiße Ballen.
,, *melanoscellus* Rbg. 1. = difficilis.
,, *melitaeae* Rd. 1. Melitaea maturna. Einzelne Puppen.
,, *merula* Rhd. 1. Gallen an Rhododendron.
* ,, *moesta* Rbg. 2. Psyche.
* ,, *marginellus* Wsm. = posticus Ns.
* ,, *meridianus* Ns. = tibialis Ns.
* ,, *messorius* Hal. = tibialis Ns.
* ,, *minutus* Rhd. 3. = Cleona glabrana.
* ,, *maculatus* Rte. = tibialis Ns.
,, *nemorum* Rbg. 1. Bombyx pini. Sphinx pinastri. Lockeres Gespinst.
,, *nematorum* Rd. 1. Nematusgallen auf Weidenblättern.

Microgaster nigerrimus Rd. 1. Liparis dispar. Pontia crataegi. Lycaena. Dicht gedrängte, längliche, nackte Ballen.
,, *nigriventris* Ns. 1. Sphinx euphorbiae.
,, *nolae* Rhd. 3. Nola albula. Einzelne Puppen auf dem Blatte.
,, *nothus* Rhd. 3. Epinephele Janira. Spilosoma menthastri. Melanippe. Tethea. Auticlea. Abraxas grossulariae.
,, *nobilis* Rhd. 3. Eupithecia. Einzelne Puppen.
* ,, *nigricans* Ns. 3. Agrotis.

(Fortsetzung folgt.)

Fleckfell und gebänderte Schwebfliege.
(Volucella pellucens L. Syrphus pyrastri L.)

Von *Wilhelm Schuster*, Pfarrer a. D., Heilbronn.

(Schluß.)

Bei dem Kapitel „Fortpflanzung" erhebt sich nun die schwerwiegende Frage: Wen ahmt Volucella pellucens in ihrer Kleidung nach? Und hat sie dieses mimikryähnliche Gewand sich „zugelegt",[1] um, wie behauptet wird, ungehindert in das Nest der getäuschten Wirte gelangen und dort die eigene Brut anbringen zu können? Oder ist es vielmehr eine mimikryartige Tracht, um sich den Nachstellungen der Fliegenfeinde (namentlich Vögel) zu entziehen, die zwar Fliegen, aber keine der mit scharfen Stacheln bewehrten Hummeln fangen? Bei der die Steinhummel (Bombus lapidarius) ganz täuschend ähnlich nachahmenden anderen großen Volucella, die ich auch an dem oben näher beschriebenen Waldrand fing, der Hummelschwebfliege (Volucella bombylans), glaube ich letzteres bestimmt: Sie will, oder, richtiger gesagt, soll vor Nachstellungen von fliegenfangenden Feinden gesichert sein. Natürlich kann sie dies um so eher, je spärlicher sie selbst und je häufiger die Steinhummeln vorkommen; denn wäre es umgekehrt, so würden wohl die Vögel beispielsweise, die sich an die tägliche Erfahrung halten, die harmlos bekannten Volucellen wegfangen und dann allerdings gelegentlich auch einmal, wenn sie eine volucellenähnliche Steinhummel verzehrten, unter Umständen kräftig in den Rachen gestochen werden (kann bei kleineren Vogelarten den Tod herbeiführen); aber das Verhältnis ist ja umgekehrt, die gefährliche Steinhummel ist weit häufiger als bombylans, und so schützt das mimikryähnliche Kleid (Trutzfärbung). Wen aber ahmt pellucens nach? Da das fertige Schwebfliegeninsekt dasjenige Tier nachahmt, bei dessen Larven seine eignen schmarotzen (lapidarius — bombylans), so würde pellucens also eine Wespenart nachahmen. Die Wespen aber, sowohl die gewöhnliche Vespa vulgaris wie die Hornisse, haben einen schmal schwarz und gelb gebänderten Hinterleib, nicht aber ist er hälftig in Schwarz und Weiß geteilt wie beim Fleckfell. Dessen Hinterleibsbasis entspräche recht gut der hellen Binde am zweiten Hinterleibsringe der Erdhummel (Bombus terrestris). Dies gestattet mir den Rückschluß, daß die Larven von Vol. pellucens auch bei der Erd-

---

[1] Hier wird so recht deutlich, wie verkehrt es wäre, zu sagen: Die Volucella hat sich in einer vorwärtsschreitenden Entwicklung allmählich das hummelähnliche Kleid angezüchtet („Auslese der Natur"). Denn wäre dies der Fall, so hätte sie längst untergehen müssen, bis sie soweit war; ist sie aber vorher nicht untergegangen, so braucht sie auch später nicht das Mimikrykleid, denn auch ohne dieses war ja ihre Existenz durch lange Zeiträume hin gesichert. Das hummelähnliche Kleid war also beim ersten Auftreten des Insekts bereits vorhanden.

hummel schmarotzen, wenn dies auch bis jetzt noch nicht festgestellt bezw. mitgeteilt worden ist. Dies würde auch insofern dem akkomodierten Gewebe der Natur entsprechen, als dann auch die Erdhummel — nicht allein die Steinhummel — ihren Mimikry-Doppelgänger hätte. Daß übrigens die Fliege dasjenige Insekt nachahmt, das sein Wirt ist, ließe doch auch den Schluß zu, daß die Fliegentracht nicht nur Trutz-, sondern auch Nutzfärbung ist: sie soll sich unbemerkt in das Nest ihres Nährtiers einschleichen. Allein, kann man glauben, daß sich Hummeln und Wespen so grob täuschen lassen? Sind sie so schlecht bei Gesicht? Müssen sie die doch immerhin recht erheblichen Unterschiede nicht bemerken? Zumal beim Fleckfell. Denn von der Erdhummel unterscheidet sie sich stark doch wieder dadurch, daß ihr jene andere weißgelbe Binde, die von der Erdhummel vorn an der Brust getragen wird, fehlt. So scheint mir überhaupt Fleckfell ein Zwitter zwischen Wespe und Erdhummel zu sein. Wäre dies der Fall, so könnte auch jene andere Erklärung, die mir beim Nachgrübeln über diesen komplizierten Fall kam, nicht ausreichend sein können: das farbenähnliche Kleid der Fliegen erklärt sich daraus, daß sie von denselben Stoffen, mit denen der Körperaufbau des jungen, also werdenden Insekts bewerkstelligt wird, ernährt werden. Jedenfalls gibt es hier, wie wir sehen, noch der Fragen viele, der Rätsel genug, um das Thema hochinteressant zu gestalten.

Feinde — Nutzen — Schaden. Hochinteressant ist es, festzustellen, welche Feinde die Volucella trotz ihres Hummel-Wespenkleides hat. Vielleicht ist sie vom Regen in die Traufe gekommen, wenn die Hummeln mehr Feinde haben als die Fliegen? Mancherorts mag dies der Fall sein, beispielsweise da, wo die Würger und der Wespenbussard stark auftreten. Denn diese greifen schlankweg die Hummel und Wespe und damit auch ihre Fliegendoppelgänger. Die Würger, in erster Linie der rotrückige (Lanius collurio), spießen die Insekten zuweilen auf Dornen (nur dann, wenn sie ein fälliges Gewölle noch auszuspeien haben, andernfalls verzehren sie die Beute gleich); aufgespießte Hummeln fand ich schon, Schwebfliegen auf dem Dorn noch nicht. Die Spezialität des Wespenbussards sind Wespenlarven; er hackt die Wespennester auf. Im allgemeinen aber gibt es unter den Vögeln viel mehr Fliegenfänger als Hummel-, bezw. Wespenfänger. Insofern profitiert die Schwebfliege also von ihrem Mimikry. Ich glaube auch bestimmt, daß sich die Vögel trotz ihres scharfen Auges täuschen lassen. Wenigstens lassen sich ja auch Menschen täuschen; es ist mir tatsächlich mehrmals (nicht bloß einmal) vorgekommen, daß ich Volucella bombylans wieder aus dem Netz entließ, da ich sie für eine Hummel hielt und nicht dachte, daß sie so täuschend hummelähnlich aussehen könnte — wieder entließ, obwohl ich schon auf sie fahndete, an gleicher Stelle die pellucens bereits gefangen hatte und die Abbildung der bombylans sowie ihre Hummelähnlichkeit aus Büchern (Brehms Tierleben, III. und IV. Aufl.) kannte. Bei dem Menschen arbeitet nun aber außer dem Gesicht doch auch der Verstand, die Vernunft. Läßt er sich täuschen trotz seiner Logik, trotz seiner Kenntnis von Mimikry, so mag es beim Vogel noch viel eher vorkommen? Doch wissen wir ja allerdings garnicht, in welcher Weise das Auge des Vogels viel eher als das menschliche seine Unterschiede bei Insekten erkennt. Noch weniger

wissen wir dies mit Bezug auf das Auge der Insekten selbst, denn auch Feinde aus dem eigenen Insektenreiche kommen hier in Frage, z. B. die Hornisse, die ja ebenso wie Wespen auch Schwebfliegen abfängt und verzehrt. — Nutzen stiftet unsere Fleckfellfliege für den Menschen erstens dadurch, daß sie zur Befruchtung der Weinblüte wie alle Fliegen ihr erheblich Teil beiträgt. Ein weiterer Nutzen erspringt daraus, daß sie die weinbeerenfressende Wespenbrut, für uns auch in anderer Hinsicht eine Plage, klein halten hilft. — Schaden stiftet sie wohl kaum, es sei denn, daß sie zur Verminderung der uns nützlichen Hummeln beitragen sollten.

II. Syrphus pyrastri L., Gebänderte Schwebfliege.

Ueber diese Art will ich mich diesmal kurz fassen, ich widme ihr vielleicht später eine ausführliche Monographie. Interessant ist, daß dieses Tier in ganz Europa wie auch durch den großen Länderblock Amerika hin zu Hause ist.[1]

Syrphus pyrastri.

Beschreibung der Art (siehe Photographie!). 12 mm lang. Schwarzblau glänzend mit 6 weißlichen, mondförmigen Flecken an den Hinterleibsseiten. Die dunklen Fühler enden mit einem ovalen Gliede, das an der Wurzel eine nackte Borste trägt. Stirn bleiweiß, Augen grauschwarz, am Bruststück weiße Härchen. Die glashellen Flügel entfalten eine fast gerade, dritte Längsader; ich vermute, daß das gemeinsame Merkmal aller dieser Fliegen, nämlich die überzählige Längsader (Vena spuria), d. h. eine Ader, die, ohne mit dem übrigen Adersystem vereinigt zu sein, die vordere Querader durchschneidet und sich zwischen dritter und vierter Längsader einschiebt, diesen Insekten deswegen eigen ist, weil sie dem Flügelgebäude ein besonders festes Gerüst geben soll — durch Längseinzug verstärkte Netzkonstruktion —, damit sie zu der besonderen Eigenschaft, sekundenlang frei in der Luft an einer Stelle rüttelnd zu schweben, befähigt sein sollen. Eigenschaften, Gebaren. Das oben genannte Rütteln ist Syrphus pyrastri besonders eigen.

[1] Setze in Brehms Tierleben IV. Aufl. statt „Mitteleuropa": ganz Europa! Der alte Brehm gibt dies auch richtig an, rechnet aber Lappland davon ab (und merkwürdigerweise: Aegypten, Algerien! — Geographie schwach).

Wie der bekannte Turmfalk (Cerchneis tinunculus) steht sie, rüttelnd, die Flügel sehr schnell auf und nieder bewegend, an einer Stelle still. Das typische Bildchen, welches dadurch entsteht, ist auf unserer Illustration links unten recht deutlich wiedergegeben. Es ist hierbei ein ausgesprochener „Anemotropismus" (Windwendigkeit) zu konstatieren. „Beim Schweben werden Flügel überaus rasch auf und nieder bewegt, der wagerecht stehende Körperdabei aber so gerichtet, daß der Kopf gegen den Luftstrom gewendet ist.[1]) Gewissermaßen unwillkürlich stellt sich also die Fliege hierbei gegen den Wind, eine Eigentümlichkeit, die man als Anemotropismus bezeichnet hat, und die sich vergleichen läßt m t der entsprechenden Stellung eines im Wasser stehenden Fisches, der auch immer seinen Kopf dem Strom entgegenwendet." Die Technik des Rüttelns im Verhältnis zu den Kräftewirkungen des Windes bedingen diese Stellung.[2])

Welchen Zweck nun eigentlich das Rütteln hat, ist nicht zu ersehen. Eine Beute erspähen oder sie fixieren wollen, wie es der Turmfalk mit seinem Rütteln bezweckt, liegt hier nicht vor, denn auf schnell fliegende oder bewegliche Beute stürzt sich Syrphus pyrastri nicht. Außerdem bemerkt man oft noch etwas anderes Eigentümliches: In der Luft an einem Fleck stehend, schießt die Fliege plötzlich so etwa einen Meter weiter, um sich in dieser Entfernung von der alten Stelle erneut „aufzuhängen". Auch für diese Abschwenkungen ist kein ersichtlicher Grund vorhanden. Es scheint Laune, Spiel zu sein, so wie auch die Mücken im Sonnenschein im Reigen tanzen. Manchmal allerdings stürzt S. pyrastri dabei auf ein in der Nähe schwebendes oder vorbeifliegendes Insekt, um es zu vertreiben. Dann natürlich hat das Fortschießen von der alten Stelle Sinn und Zweck. Man beobachtet dieses Wegschießen, auch das zwecklose, namentlich noch bei Schlammfliegen (Eristalis tenax). Aus allem aber ersieht man, daß die Syrphiden zu den vollkommensten Fliegern gehören. Sie gleichen den von Menschenhand geschaffenen Flugzeugen, Eindeckern, oder vielmehr diese ihnen, und natürlich sind die Fliegen viel vollkommener organisiert und viel gewandter als die Aeroplane.[3])

Sollen die Syrphiden recht munter sein, so brauchen sie Wärme, ja Hitze. Sonnenschein gehört zu ihrem Wohlbefinden. An trüben und rauhen Tagen ruhen sie träge und matt an einem Zweig oder Baumstamm.

Syrphus pyrastri läßt die Larven an Blattläusen schmarotzen. Dem verhältnismäßig kleinen Beutetier entsprechend, ist auch das fertige Insekt nicht so übermäßig groß, wie etwa eine Volucelle. Wie es die Syrphidenlarve anstellt, um der Blattläuse habhaft zu werden und sie zu verzehren, ist in Brehms Tierleben (sowohl in der III. wie in der IV. Auflage) zur Genüge geschildert. Durch das Vernichten von Blattläusen erweist sie sich für den Menschen noch nützlicher als Fleckfell durch das Vertilgen von Wespen.

---

[1]) Die Beine beschreiben quirlende Bewegungen.

[2]) Ob auch der Vogel (Turmfalk) sich nur gegen den Wind stellt, scheint mir noch nicht genügend erforscht zu sein. Wahrscheinlich ist es.

[3]) Wahrhaft wunderbare Studien hat Wilhelm Boelsche in seinem neuesten Werke „Von Wundern und Tieren" über gewisse Insekten als Aeroplane angestellt.

Literatur.

Dr. Max Wolff: Der Kiefernspanner (Bupalus piniarius L.) Versuch einer forstzoologischen Monographie. Ver lag von Julius Springer, Berlin 1913. Preis broschier Mk. 4.—.

Eine Spanner-Kalamität, die in den Jahren 1907 bis 1910 die Staatsforsten der Regierungs-Bezirke Marienwerder und Danzig heimsuchte, gab die Ver anlassung zu dem vorliegenden Werk, das der Ver fasser bescheiden als „Versuch" bezeichnet. Daß tatsächlich weit mehr als ein Versuch daraus ge worden ist, wird jeder, der das Buch zur Hand nimmt, bestätigen können, denn die gesamte Biologie des Kiefernspanners ist in einer Ausführlichkeit und Genauigkeit zur Darstellung gelangt, die man in unserer die Bedeutung und Wichtigkeit der ange wandten Entomologie erkennenden Zeit für alle schädlichen Insekten wünschen und erhoffen möchte.

Wolff behandelt im ersten Teil des Buches nach sehr ausführlicher Beschreibung des Falters die Bio logie, soweit sie irgend in Beziehung zu forstzoo logischen Problemen steht. Hierbei möchte ich nicht unterlassen, auf die dem Werk beigehefteten sieben Tafeln hinzuweisen. Die erste ist die den meisten Fach-Entomologen wohl bekannte Doppeltafel aus Dziurzynskis Arbeit über die europäischen Formen des Kiefernspanners (Berl. Ent. Ztschr. Bd. 57), die übrigen sind in Schwarzdruck hergestellt. Besonders die Tafeln 4 und 5 zeigen in staunenswerter Genauig keit und Bildschärfe stark vergrößerte Photographien von Raupen und Puppen des Spanners in den ver schiedensten Entwicklungsstadien.

Der zweite, besonders den Forstmann inter essierende Teil der Arbeit behandelt den Fraß, den Schaden und die Bekämpfung des Spanners. Der Verfasser berücksichtigt darin alle ihm irgend zu Gesicht gekommenen Beobachtungen und Ansichten aus Literatur und Aktenmaterial. Ein besonderer Vorzug dieses Teiles ist die Vorsicht des Verfasser in bezug auf Hypothesenbildung und Erklärungsver suche, die er unter Ausschaltung der Kausalbegriffe vom konditionellen Standpunkt aus betrachtet. Als praktisches Ergebnis des zweiten Teils resultiert die Erkenntnis, daß als natürliche Ursache für das Er löschen einer Kalamität in erster Linie die Schma rotzer-Insekten und parasitäre Krankheiten zu be trachten sind und als wirksamstes Bekämpfungsmittel durch Menschenhand das Streurechen mit der Ehler schen Egge und Abheben des Bodenbelags auf Haufen

Der dritte, die Krankheiten und Feinde des Kiefernspanners behandelnde Teil der Arbeit soll ge sondert erscheinen und wird für alle Entomologen von besonderem Interesse sein. Das Buch, das unter Nr. 2010 in die Vereinsbibliothek aufgenommen wurde kann allen Mitgliedern, besonders den Forstleuten und sich für die wichtige angewandte Entomo logie interessierenden auf das wärmste empfohlen werden.   L. P.

Hinweis.

Auf das Inserat der Frau Wwe. **Gertrud Bockle Coblenz-Lützel**, in der heutigen Nummer machen w unsere Leser besonders aufmerksam. Die Sammlun ist die Frucht langjähriger Sammeltätigkeit und en hält manches wertvolle Stück. (D. Red.)

Für die Redaktion des wissenschaftlichen Teiles: Dr. F. Meyer, Saarbrücken, Bahnhofstraße 65. — Verlag der Entomologischen Zeitschr Internationaler Entomologischer Verein E. V., Frankfurt a. M. — Für Inserate: Geschäftsstelle der Entomologischen Zeitschrift, Töngesgasse (R. Block).— Druck von Aug. Weisbrod, Frankfurt a. M., Buchgasse 12.

Frankfurt a. M., 9. Juni 1917.   Nr. 5   XXXI. Jahrgang.

ENTOMOLOGISCHE ZEITSCHRIFT

Central-Organ des Internationalen Entomologischen Vereins E. V.

mit Fauna exotica.

Herausgegeben unter Mitwirkung hervorragender Entomologen und Naturforscher.

Abonnements: Vierteljährlich durch Post oder Buchhandel M. 3.— Jahresabonnement bei direkter Zustellung unter Kreuzband nach Deutschland und Oesterreich M. 8.—, Ausland M. 10.—. Mitglieder des Intern. Entom. Vereins zahlen jährlich M. 7.— (Ausland [ohne Oesterreich-Ungarn] M. 2.50 Portozuschlag).

Anzeigen: Insertionspreis pro dreigespaltene Petitzeile oder deren Raum 30 Pfg. Anzeigen von Naturalien-Handlungen und -Fabriken pro dreigespaltene Petitzeile oder deren Raum 20 Pfg. — Mitglieder haben in entomologischen Angelegenheiten in jedem Vereinsjahr 100 Zeilen oder deren Raum frei, die Ueberzeile kostet 10 Pfg.

Schluß der Inseraten-Annahme für die nächste Nummer am 23. Juni 1917
Dienstag, den 19. Juni, abends 7 Uhr.

Inhalt: Erwiderung auf den Artikel „Atropos" in voriger Nummer. Von Professor M. Gillmer, Cöthen (Anh.). — Dendrolimus pini (Posener Formenkreis). Von Arthur Gustav Lahn, Berlin. — Die Gattung Microgaster und ihre Wirte. Von Professor Dr. Rudow, Naumburg a. S. — Kleine Mitteilungen. — Literatur.

Erwiderung auf den Artikel „Atropos" in voriger Nummer.

Von Prof. *M. Gillmer*, Cöthen (Anh.).

Zu der erneuten Veröffentlichung des Herrn Bandermann in Nr. 4 dieser Zeitschrift über den Totenkopf habe ich Folgendes zu bemerken:

1). Für das Einheimischsein eines Schmetterlings in einem Gebiete reicht es nicht aus, daß er alljährlich als Raupe, Puppe und Falter gefunden wird, sondern es muß hinzukommen, daß er auch glücklicher Ueberwinterung auch seine Fortpflanzungsfähigkeit beweist. Diesen Beweis hat Herr Bandermann bis jetzt nicht erbracht, mithin ist seine Ansicht über das Einheimischsein des Totenkopfes bei Halle verfrüht.

2) Herr Bandermann hält zwar „gelegentliches Zufliegen" von Atropos-Faltern aus dem Süden nach Deutschland in heißen Sommermonaten für möglich, hat aber diese Möglichkeit im Entomologischen Jahrbuche für 1917 S. 114 dermaßen eingeschränkt („Ein sicherer Beweis fehlt!" — „Wie sollte dieser auch möglich sein?" — , Sollte der Falter auch in kühleren Sommern die weite Reise machen?" usw.), daß davon so gut wie nichts übrig bleibt, und einer Leugnung der Tatsache des Wandertriebes des Totenkopfes fast gleich kommt.

3) Entweder ist es ein Irrtum oder Schreibfehler (Druckfehler scheint mir unwahrscheinlich), wenn Herr Bandermann behauptet, daß Herr Hemprich in Diemitz schon im Juni erwachsene Totenkopf-Raupen aus dem Freilande erhielt. Mir hat Herr Hemprich brieflich mitgeteilt, daß dies erst **Mitte Juli** (16. u. 17.) der Fall gewesen sei, wie ich in der Societas entomologica 31. Jahrg. 1916 S. 23 mitgeteilt habe, und daß die daraus hervorgegangenen Puppen doch erst in den letzten Tagen des August und zu Anfang September die Schwärmer ergaben. Letztere zeigten durchaus keinen Paarungstrieb, obgleich sie 8 Tage lang mit Honig gefüttert wurden. So frühzeitig erwachsene Raupen bilden sicherlich nicht die

Regel und stammen aus Eiablagen vom Ende Mai oder Anfang Juni, während die meisten Raupen erst Anfang September, wo das Kraut der späten Kartoffelsorten abstirbt, erwachsen sind (Eiablagen also erst Ende Juni oder Anfang Juli). Es müßten daher die aus diesen früh erwachsenen Raupen stammenden Schwärmer in erster Linie fortpflanzungsfähig sein, weil sie späteren nächtlichen Temperaturen im Puppenstadium so gut wie garnicht ausgesetzt waren. Aber es ist nicht der Fall, ebensowenig wie bei den erst Ende September oder Anfang Oktober schlüpfenden Tieren. Bei letzteren sollen die tiefen Temperaturen die Nicht-Ausbildung der Eierstöcke verschuldet haben; vielleicht schiebt man die Verkümmerung dieser Organe bei den um 4—5 Wochen früher schlüpfenden Schwärmern auf zu schnelle Entwicklung. Vorschlag zur Güte! Wenn, wie Herr Bandermann fragt, die Dauer der Puppenruhe Einfluß auf die Entwicklung der Geschlechtsorgane haben soll, so ist dieser jedenfalls bei den Herbstfaltern bis jetzt vollständig negativ gewesen (in Dalmatien braucht man solche Frage nicht zu stellen, weil die Generationen dort fruchtbar sind). Bleiben also noch die aus glücklich überwinterten Puppen hierorts unter Kontrolle geschlüpften Totenköpfe übrig, da die im Freien gefundenen Schwärmer wohl auf Fortpflanzungsfähigkeit, nicht aber auf Eingeborensein geprüft werden können, wie jene Kopula von Bernburg und eine weitere von Herrn Dannecker bei Sigmaringen gefundene dartun. Die erstere stammt aus Ende Mai; die letzte aus dem Juni, wo Herr Banderman schon völlig erwachsene Raupen bei Diemitz vorkommen läßt.

4) Es freut mich zu hören, daß Herr Bandermann sich zu meiner seit Jahren (1912) erhobenen Forderung bekehrt hat, es müsse „einwandfrei festgestellt werden, ob die bei uns geschlüpften Weibchen fortpflanzungsfähig seien oder nicht". Bei den Herbsttieren wird wohl an den negativen Ergebnissen der bisherigen Untersuchungen nichts zu ändern sein, da selbst

mehrwöchige Fütterung der Tiere zu keiner Paarung geführt und die nachträgliche Untersuchung immer nur verkümmerte oder unentwickelte Geschlechtsorgane ergeben hat.

5) Angaben über die Ausbildung der männlichen Geschlechtsorgane und -Produkte fehlen nicht, wie Herr Bandermann annimmt, sondern sind, wenn man nur sehen will, für Herbsttiere in meinen Nachweisen zum Totenkopf (Mitt. der ent. Ges. in Halle) zahlreich enthalten. In Bezug auf die Herbsttiere ist daher die Frage der Fortpflanzungsfähigkeit durchaus nicht „einseitig" behandelt worden. Wenn man vor Einseitigkeit überhaupt, besser von vorschnellem Urteilen reden will, so ist es eher darin zu suchen, daß man ohne jede Untersuchung angenommen hat und noch annimmt, die hierorts geschlüpften Frühjahrstiere seien fortpflanzungsfähig und daher der Schwärmer einheimisch. Es liegt ja nicht eine einzige dies beweisende Untersuchung oder Beobachtungen vor! Was an den Untersuchungen in Gefangenschaft geschlüpfter Frühjahrs-Totenköpfe auszusetzen ist, beruht auf zu frühzeitiger Oeffnung.

6) Deshalb schlug ich schon 1913 vor, und wiederholte es in der Gubener Entomolog. Zeitschr. 1917 S. 138—139, daß man die Frühjahrsfalter kopulieren, füttern, längere Zeit zum Ausreifen der Geschlechtsprodukte am Leben erhalten und erst dann untersuchen soll. Hierzu hat sich jetzt auch Herr Bandermann angeschlossen, so daß ich hoffe, daß er sich der Sache in Diemitz und Nietleben, wie ich vorgeschlagen habe, annehmen wird, damit nicht der „Streit", sondern die Frage, welche durchaus keine Rätsel, sondern nur ungenügende Beobachtungen und voreilige Schlüsse in sich schließt und deshalb verschiedene Ansichten erzeugt hat, zur Ruhe kommt. Hic Halla Saxonum est, hic salta.

7) Von den aus Nahrungsmangel frühzeitiger zur Verpuppung schreitender Totenkopfraupen ist im Allgemeinen anzunehmen, daß sie gar keine oder verkrüppelte Falter ergeben, jedenfalls eine Ueberwinterung als Puppe nicht überstehen werden. Sonst ist aber den Raupen in dieser Hinsicht zuzutrauen, daß sie, da sie ein gutes Gangwerk besitzen, es sich nicht nehmen lassen werden, ebenfalls weite Wege zur Beseitigung des örtlichen Nahrungsmangels mit Erfolg zurückzulegen, wie die jetzigen Eierhamster aus den Städten auf die Dörfer der Umgegend. Befürchtungen und Irreführungen des Herrn Bandermann durch „unausgereifte" Raupen hinsichtlich verkümmerter Ovarien und Hoden der Falter sind nicht allzu tragisch zu nehmen.

Dendrolimus pini
(Posener Formenkreis).
Von *Arthur Gustav Lahn*, Berlin.

Der Kiefernspinner, der gefährliche Feind unserer Kiefernwälder, ist im vergangenen Jahre in Posen, nahe der westpreußischen Grenze, in ungeheuren Massen aufgetreten. Da ich vom zeitigen Frühjahr bis in den Spätherbst Gelegenheit hatte, die biologischen Verhältnisse des Falters zu beobachten, will ich meine Aufzeichnungen im Folgenden zusammenfassen.

Es ist zwar über Dendrolimus pini schon vieles geschrieben worden, u. a. die ausführliche Studie von Franz Kramlinger[1]) über das Auftreten des Falters

---

[1]) Franz Kramlinger, Dendrolimus pini L., Wien 1913. Die interessante Studie, versehen mit zwei prächtigen Tafeln, ist durch die Geschäftsstelle unseres Vereins für Mk. 2.50 zu beziehen.

im Wiener-Neustädter Gebiet im Jahre 1913. Dennoch dürfte anregend sein, die mannigfachen Beobachtungen zu vergleichen, und besonders, festzustellen, inwieweit die Falter der verschiedenen Gebiete in aberrativer Hinsicht identische Formen aufweisen, bezw. voneinander abweichen.

Bis zum 18. März lag die Natur in den Banden von Schnee und Eis, dann trat Tauwetter ein, und am 21. März begann kalendergetreu die Frühlingssonne vom noch hellblauen Himmel neues Leben aus der Winterstarrung zu wecken. Schon am 22. zeigten sich die ersten kleinen Räupchen des Kiefernspinners, am 23. wurde es bereits lebendiger, und am 24. und 25. setzte die Massenwanderung baumaufwärts ein. Aber die Forstverwaltung hatte vorausgesehen und die Stämme in 1½ m Höhe rechtzeitig mit Teerringen belegt. Dem Aufbäumen war also bald ein Halt geboten. Bei dem Versuch, diese Hindernisse zu überwinden, spielte sich tagtäglich ein millionenfaches Kämpfen ab. Nur ganz vereinzelt zeige sich einmal eine Raupe oberhalb des Schutzringes, trotzdem an jedem Stamm Hunderte, ja Tausende aufzubäumen versuchten. Alles Bemühen war vergeblich. Handbreite dicke Gürtel von beschmutzten, von Teer verklebten Raupen saßen auf und unter jedem Ringe. Unten aber, an den Stämmen, lagen im Umkreise von ½ m wahre Polster von verhungerten oder völlig ermatteten Raupen. Sie haben ihr Ziel — die grünen Baumkronen — nach der Ueberwinterung nicht mehr erreicht.

Die meisten der Raupen befanden sich im Größenstadium von 12—20 mm. Ziemlich häufig zeigten sich jedoch auch dreiviertel bis ganz erwachsene Tiere. Hierfür fand ich erst im Herbst die Erklärung. Von den fast erwachsenen Raupen nahm ich am 1. April 50 Stück noch möglichst unversehrte in Zimmerzucht in der Annahme, daß das Radikalmittel der Teerringe mir die Möglichkeit einer späteren Beobachtung von Freien genommen hätte. Die Verwandlung zur Puppe vollzog sich vom 3. bis 13. Mai. Der erste Falter schlüpfte bereits am 20. Mai, die letzten am 12. Juni. Von den 50 Raupen erhielt ich ebensoviele Falter, und zwar 39 Weibchen und 11 Männchen, also ein Verhältnis von 4:1. Bei späteren Beobachtungen verschob sich dieses Verhältnis bis zu 3:1. Stets blieben die Weibchen in bedeutender Ueberzahl.

Erst am 15. Juni hatte ich Gelegenheit, die Wälder wieder zu durchstreifen. Meine Erwartungen des Frühjahrs wurden anscheinend bestätigt, der Wald war grün und unversehrt. Doch bald änderte sich das Bild. In der Ferne sah ich viel Holz geschlagen, und die Bäume waren nicht grün, sondern graubraun — Raupenfraß! Näherkommend sah ich ein großes zum Teil „geteertes" Gebiet und erfuhr von einem Forstaufseher, daß das Gelände, an die Militärverwaltung verkauft, schon im vergangenen Frühjahr abgeholzt werden sollte. Deshalb war das Legen der Teerringe unterblieben. Die Verhandlungen waren aber gescheitert, und so war hier ein neuer gefahrvoller Herd der Kiefernspinnerplage entstanden. Die noch jungen Waldungen hatten eine Höhe von 10 bis 12 m. Aber selbst die jüngsten Bäumchen, deren Aeste noch bis zum Erdboden gingen, waren arg befallen — ein Bild der Zerstörung und Vernichtung.

Während ich aus der Nachzucht der erwachsenen Frühjahrsraupen bereits im Zimmer wieder Eier hatte, waren im Freien die 1—2 cm langen Frühjahrsraupen jetzt erst fast erwachsen. Ganz vereinzelte abgeflogene Falter zeigten mir jedoch, daß auch im Freien die Entwicklung zur Imago aus den schon im Frühjahr erwachsenen Raupen bereits vollendet war.

Am 20. Juni begannen sich die Raupen in großen Mengen, oft bis zu 20 Stück dicht nebeneinander zwischen Aesten und Nadeln, weniger häufig an den Stämmen, einzuspinnen. Während bis zum 10. Juli die Verpuppung der Hauptmasse erfolgt war, zeigten sich in immerhin noch großer Anzahl zurückgebliebene bis halb erwachsene Raupen.

Am 16. Juli erscheinen die ersten frischen Falter in größerer Anzahl, am 22. Juli beginnt ein Massenschlüpfen, das bis Mitte August anhält und dann schnell abnimmt.

Am 10. August zeigen sich die ersten jungen Räupchen aus den an den Nadeln und Aesten in größeren Gelegen gehefteten Eiern. Da die Falter in großer Zahl auf die durch die getroffenen Vorsichtsmaßregeln bisher verschonten Gebiete übergeflogen waren, erschienen die jungen Raupen überall.

Schon in den ersten Septembertagen begann die Wanderung stammabwärts in die Winterlager. Unter den vielen 1—2 cm langen Räupchen waren in großer Zahl (ungefähr 20—25 %) fast und ganz erwachsene Tiere, die Nachzügler der vorigen Generation, die sich anschickten, die zweite Ueberwinterung durchzumachen. Somit findet auch das Erscheinen der erwachsenen Raupen im März seine Erklärung.

Feinde.

Meine Beobachtungen über das Leben und den Zweck der Schmarotzer will ich in einer besonderen Arbeit festlegen. Hier würden die Ausführungen zu weit gehen. Gesagt sei nur, daß Anomalum circumflexum während des ganzen Jahres selten blieb. Aus Tausenden eingesammelter Raupen und Puppen erhielt ich fünf Imagines. In Puppen, die kraftlos infolge Nahrungsmangels der Raupen abgestorben waren, fanden sich tote, faulige Larven häufiger. Von Mitte Juli ab zeigten sich die Larven und Puppen von Microgaster nemorum in beträchtlicher Zahl — etwa 30—40 % — in zurückgebliebenen halberwachsenen Raupen. Tachinen waren ganz selten. Krankheiten herrschten ebenfalls nicht hoch. Große Mengen von Puppen, deren Verwandlung sich im letzten Julidrittel wegen Nahrungsmangels der Raupen mehr oder minder unvollkommen vollzogen hatte, waren eingegangen. Die lebhaften Carabiden Calosoma sycophanta, häufiger inquisitor, deren Larven, ferner Carabus glabratus, violaceus und hortensis waren nicht selten, doch fällt ihnen eine Hauptrolle in der Raupenvertilgung nicht zu. Beobachtungen, die ich an Dutzenden lebend in Insektarien gehaltenen Carabiden der genannten Arten machte, zeigten, daß diese Käfer durchaus nicht übermäßig gefräßig und mordlustig sind. Sie nehmen tote Beute genau wie lebende an, selbst wenn an letzterer gar kein Mangel ist.

Jedenfalls ist Car. anratus — der Feldpolizist — ein weit größerer Räuber.

Die Ameisen verhalten sich Raupenmengen gegenüber meist achtlos, überfallen jedoch mit Vorliebe einzelne Tiere. Selbst große, weibliche Falter sah ich mehrfach sich vergeblich bemühen, Dutzende dieser eindringlichen Angreifer, die sich am Körper und auf den Flügeln festgebissen hatten, abzuschütteln.

Aber als Massenvertilger der Raupen waren erschienen — die Krähen. In zahllosen Schwärmen krächzten sie schmatzend und streitend in den Kiefern. Für sie war der Tisch hier reichlich gedeckt, ungeheure Raupenmengen fielen ihnen zum Opfer. Leider hatten sie sich aber erst eingestellt, als der Kahlfraß schon vollendet war. (Fortsetzung folgt.)

Die Gattung Microgaster und ihre Wirte.

Von Professor Dr. *Rudow*, Naumburg a. S.

(Fortsetzung.)

Microgaster novicius Mrsh. 3. Agrotis.
* „ *nanus* Rhd. 1. Lithocolletis.
* „ *nigripes* Rbg. 1. Dioryctria abietella.
   „ *nothus* Rhd. 1. Epinephele. Spilosoma menthastri. Tethea retusa Anticlea badiata. Melanippe galiata. Abraxas grossulariata. Einzeln.
   „ *obscurus* Ns. 1. Ebulea crocalla. Trypeta arnicae. Einzeln.
   „ *octonarius* Rbg. 1. Notodonta ziczac. Gnofria quadra. Lithosia complana. Tortrix rosana. Lockere Gespinstballen.
   „ *ocellatae* Bé. 2. Smerinthus ocellata, populi, tiliae. Acronycta psi. Ballen gedrängt, stark gerippte braune Puppen, 5—7.
   „ *ordinarius* Rbg. 1. Bombyx rubi. Hemiteles fulvipes. Einzeln am Stengel.
   „ *orthosiae* Rd. 3. Orthosia litura. Feste Ballen, weiß, kurzhaarig.
* „ *ononidis* Mrsh. 1. Gracilaria ononidis. Coleophora salinella.
* „ *ochrostigma* Wsm. 3. = xanthostigma Hal. Noctuapuppen.
* „ *opavus* Rte. 3. = rugulosus Ns. Acronycta rumicis.
   „ *pallidipes* Rhd. 2. Vanessa urticae. Cucullia argentea. Plusia gamma, chrysitis, festucae, iota. Dichte grünliche Gespinstballen.
   „ *parvulus* Rte. 2. Eupithecia. Spinneneier. Arctia, Puppenhäufchen.
   „ *perspicuus* Rhd. 1. Agrotis fimbria. Vaccinium, dichte Gespinstballen, Cucullia argentea.
   „ *pieridis* Rbg. 1. Pieris brassicae. Einzeln oder wenige vereint, weiß, kurz wollig.
   „ *placidus* Hal. 1. Hadena oleracea. Einzeln oder kleine Ballen.
   „ *plantaginis* Rd. 3. Agrotis polygoni. Arctiapuppen, reihenweise geschichtet.
   „ *posticus* Ns. 3. Porthesia similis. Einzeln auf Blatt.
   „ *procerus* Rte. 3. Acronycta. Braune Puppenhaufen ohne Gespinst.
   „ *primulae* Rd. 1. Agrotis primulae.
   „ *padella* Br. 1. Hyponomeuta padella.
* „ *praetor* Mrsh. 1. Caloptria aemularia.
* „ *popularis* Hal. 1. Euchelia jacobaeae. Lose Puppen auf Blatt.
* „ *politus* Mrsh. 3. Argyrestia conjugella.
* „ *punctiger* Wsm. 1. Liparis dispar.
   „ *reconditus* Ns. 3. Panolis piniperda. Wollige Ballen.
   „ *resinanae* Rd. 1. Retinia resinana. Zu eins bis drei auf den Nadeln, weiß.
   „ *rosarum* Rd. 1. Rhodites rosae. Einzeln auf dem Blatte.
   „ *rubecula* Mrsh. 3. Pieris rapae. Smerinthus populi. Braune Häufchen.
   „ *rubripes* Hal. 1. Geometra papilionaria. Pieris brassicae. Vanessa urticae. Bombyx neustria. Bembecia hyaleiformis. Puppenhäufchen ohne Gespinst um Stengel.

Micrógaster ruficornis Br. 1. Leucamia lithargyria. Dichte Ballen, kurze Faden.

„ *rufipes* Ns. 3. Leucamia salicis. Lockere Gespinsthäufchen.

„ *ruficoxis* Rte. 3. Cecidomyia saliciperda, salicina. Einzeln.

„ *rugulosus* Ns. 3. Acronycta rumicis. Lockere Gespinstballen.

„ *rumicis* Rhd. 1. Acronycta rumicis. Limantria salicis. Wollige Ballen.

„ *ruficrus* Hal. 1. Spilosoma menthastri. Leucania pallens, litoralis. Collix asperata. Diloba coeruleocephala. Hadena oleracea. Agrotis praecox. Puppenhäufchen am Stengel.

* „ *rubens* Rhd. 1. Pieris brassicae.

* „ *russatus* Hal. 3. Orthosia sparganella.

* „ *rufilabris* Rbg. 1. Hyponomeuta padella.

„ *salebrosus* Mrsh. 1. Oporobia dilutata. Einzelne Puppen.

„ *scabriculus* Rhd. 1. Cecidomyia rosaria. Kleine Häufchen.

„ *sericeus* Ns. 1. Tethea retusa. Dianthoecia cucubali, capsincola. Emelesia alchemillella. Eupithecia pulchella, valerianata. Melanippe hastata. Mimaeseoptilus plagiodactylus. Thera juniperata. Hypsipethes impluviatus. Hyponomeuta padella. Gespinstballen oder in der Mottenpuppe verborgen.

„ *semicircularis* Rbg. 2. Tortrix hercyniae. Einzelne Puppen.

„ *sesiarum* Rd. 3. Sesiaarten. Puppenhäufchen frei an dem Blatte.

„ *sessilis* Ns. 3. Eupithecia pimpinellaria. Tortrix. Gespinstballen weiß.

„ *smerinthi* Br. 1. Smerinthusarten. Freie Puppen. (Fortsetzung folgt.)

Kleine Mitteilungen.

Die Fliegenplage auf Gallipoli soll, wie aus neueren, ausführlichen Berichten über das den Engländern mißlungene Abenteuer hervorgeht, das Furchtharste des ganzen Feldzuges gewesen sein. Die ungeheure Menge von Fliegen, die das Dasein täglich verpesteten, war eine Folge der dort herrschenden Gluthitze und Regenlosigkeit. Viele Soldaten schnitten wegen der Hitze ihre Hosen derart ab, daß die Knie frei blieben, aber dann sammelten sich dort sofort, wie überhaupt auf jedem nackten Körperteil, unzählige zudringliche Fliegen. Das vorgesetzte Essen war in wenigen Sekunden schwarz von den ungebetenen Gästen. Die entsetzliche Unzahl dieser Tiere erfüllte die Zelte und Unterstände mit einem blödsinnigen Gesumme und machte die Leute, die im Schatten zu schlafen versuchten, geradezu wahnsinnig. Ueberall saßen die Fliegen in schwärzen Massen. Jede Bewegung wurde vom Aufsummen eines Fliegenschwarmes begleitet, die Mahlzeiten durch sie zum Teil unmöglich gemacht. Die Fliegen vervielfachten die Leiden der Verwundeten und verdarben die Laune der Gesunden. So wurden die blutgetränkten Gefilde nicht zuletzt durch die Fliegenplage zu einer wahren Hölle für die Soldaten.

Die jährliche Nachkommenschaft einer Fliege. Ein Schweizer Naturforscher, der sich besondere Verdienste um die Statistik der niederen Lebewesen erworben hat, hat jetzt die Zahl der Fliegen berechnet, die in einem Sommer von einer einzigen weiblichen Fliege abstammen können. Der von ihm angenommene Zeitraum der reichlichsten Vermehrung der Insekten reicht vom 10. April bis zum 16. September. Seine übrigens sehr vorsichtige Berechnung hat folgende, gewiß überraschende Zahlen ergeben: Er ging am 10. April von einer einzigen weiblichen Fliege aus. Diese legt zwar durchschnittlich 120 Eier, der Forscher rechnete aber unter Berücksichtigung der zu dieser Zeit noch ungünstigen Witterung, daß sich davon bis zum 25. April nur 10 Fliegen entwickeln würden. Angenommen, daß darunter fünf weibliche wären, würden sich aus deren 600 Eiern bis zum 10. Mai gewiß wenigstens 200 Fliegen entwickeln. 200 weibliche davon legten etwa 12000 Eier, aus denen bis zum 11. Juni wenigstens 4000 Fliegen hervorkamen. Immer die Hälfte als weibliche und eine Entwicklungszeit von 15 Tagen zugrunde gelegt, auch unter Berücksichtigung, daß in jeder Generation eine gro e Zahl Fliegen nicht zur Entwicklung kommen, ergibt die Rechnung für die weiteren Zeitabschnitte bis zum 30. Juni eine Nachkommenschaft von 80000, bis zum 18. Juli von 1600000, bis zum 5. August von 32000000, bis zum 24. August von 640000000 und bis zum 16. September 7 Milliarden 600 Millionen, oder alles zusammen von 8 Milliarden 273 Millionen 689211 Fliegen. Hintereinander sitzend, würden diese einen Zug bilden, der noch 800 Kilometer länger wäre als der Erdäquator. Da die Fliegen nun sicherlich viele Mikroorganismen und darunter viele Krankheitskeime auf verschiedensten Wegen auf den Menschen übertragen können, ergibt sich das scheinbar grausame, aber von den Umständen diktierte Gebot, die Fliegen möglichst schon im Frühjahr schonungslos zu vernichten.

Literatur.

Die Insekten in Sagen, Sitte und Literatur. Von Professor Karl Knortz. Annaberg i. Sa. Grasers Verlag. Brosch. Mk. 3.20.

Mit großem Fleiß hat der Verfasser des oben genannten Werkes eine sehr große Zahl von Märchen und Sagen, Liedern, Sprüchen, Gedichten und Erzählungen gesammelt, die sich auf Insekten aller Gattungen beziehen. Es ist nicht möglich, im Rahmen einer kurzen Besprechung alle die Völker anzuführen, deren Literatur berücksichtigt ist. In bunter Folge führt uns der Autor durch Altertum und Mittelalter zur Neuzeit; Göthe steht neben Vergil, die Bibel und die Heiligen des Mittelalters neben den Sagen der Germanen und Slaven; Englische Dichter folgen auf plattdeutsche Kinderreime, alte indische Liebesgedichte sind so wenig vergessen wie die Zaubersprüche der Neger und die Geschichten der Indianer. Nach der bei allen Völkern beliebten honigspendenden Biene folgt das in der ganzen Welt gehaßte Ungeziefer; Fliegen, Spinnen, Käfer und Schmetterlinge zeigen, wie verschieden ihr buntes Treiben die Phantasie der Völker aller Zeiten angeregt hat.

Das Buch enthält eine Fülle Anregendes und ist geeignet, manchem Insektenfreunde die Mußestunden angenehm verkürzen zu helfen, zumal die deutsche Poesie, besonders Volks- und Kinderlieder aller deutscher Gaue, reich vertreten ist. (Bibliothek des I. E. V. No. 2013).

Für die Redaktion des wissenschaftlichen Teiles: Dr. F. Meyer, Saarbrücken, Bahnhofstraße 65. — Verlag der Entomologischen Zeitschrift Internationaler Entomologischer Verein E. V., Frankfurt a. M. — Für Inserate: Geschäftsstelle der Entomologischen Zeitschrift, Töngesgasse 22 (R. Block) — Druck von Aug. Weisbrod, Frankfurt a. M., Buchgasse 12.

Frankfurt a. M., 23. Juni 1917.   Nr. 6.   XXXI. Jahrgang.

ENTOMOLOGISCHE ZEITSCHRIFT

Central-Organ des
Internationalen Entomologischen
Vereins E. V.

mit
Fauna exotica.

Herausgegeben unter Mitwirkung hervorragender Entomologen und Naturforscher.

Abonnements: Vierteljährlich durch Post oder Buchhandel M. 3.— Jahresabonnement bei direkter Zustellung unter Kreuzband nach Deutschland und Oesterreich M. 8.—, Ausland M. 10.—. Mitglieder des Intern. Entom. Vereins zahlen jährlich M. 7.— (Ausland [ohne Oesterreich-Ungarn] M. 2.50 Portozuschlag).

Anzeigen: Insertionspreis pro dreigespaltene Petitzeile oder deren Raum 30 Pfg. Anzeigen von Naturalien-Handlungen und -Fabriken pro dreigespaltene Petitzeile oder deren Raum 20 Pfg. — Mitglieder haben in entomologischen Angelegenheiten in jedem Vereinsjahr 100 Zeilen oder deren Raum frei, die Ueberzeile kostet 10 Pfg.

Schluß der Inseraten-Annahme für die nächste Nummer am 7. Juli 1917
Dienstag, den 3. Juli, abends 7 Uhr.

Inhalt: Dendrolimus pini (Posener Formenkreis). Von Arthur Gustav Lahn, Berlin. — Die Gattung Microgaster und ihre Wirte. Von Professor Dr. Rudow, Naumburg a. S. — Eine praktische Köderlaterne. Von Julius Boin, Bielefeld. — Vanessa (Arachnia) prorsa L. (mit schwarzer Grundfärbung), Vanessa (Arachnia) levana L. (mit rotgelber Grundfärbung) beide von derselben Mutter stammend. Von R. A. Fritzsche. — Kleine Mitteilungen.

Dendrolimus pini
(Posener Formenkreis).

Von *Arthur Gustav Lahn*, Berlin.

(Schluß.)

Färbung der Raupen und Falter.

Raupen und Falter waren in der Färbung derart mannigfaltig, daß kaum ein Exemplar dem anderen glich. Ich führe diese Erscheinung auf die sehr ungleiche Witterung der Sommermonate, vor allem aber auf die anhaltende Winternässe 1915/16 zurück. Die Färbung der Raupen lief in allen Schattierungen, vom hellsten Weiß und Silbergrau bis zum tiefsten Schwarzgrau, vom zartesten Hellgelb bis zum sattesten Rotbraun, ebenso variierte die Zeichnung vom völligen Fehlen bis zur prachtvollsten Rautenzeichnung in schwarz, rotbraun, violett und silberweiß. In denselben Farben- und Zeichnungs-Abstufungen erschienen nachher die Falter, sodaß man annehmen könnte, die Raupenfärbung hätte Einfluß auf die Ausfärbung der Falter. Und doch ist dem nicht so. Meine umfangreichen Beobachtungen haben einwandfrei ergeben, daß die Falterfärbung von der der Raupe völlig unabhängig ist. Ich habe von den extremsten Färbungs- und Zeichnungsrichtungen in grau, schwarz, braun, gelb und rot je 30 erwachsene Raupen in gesonderter Zucht gebracht und die Puppen dauernd getrennt gehalten. Keine der geschlüpften Faltergruppen wies auf die besondere Färbung der Raupen hin. Es erschienen in allen Zuchtgruppen Stammformen und viele Varietäten.

Die Falter.

Ich nenne die vier Färbungsfelder der Vfl. Wurzelfeld, Mittelfeld, Binde-, Außenfeld und die schwarze Wellenzeichnung von innen nach außen 1. bis 3. Querstreifen.

D. pini Stammform etwa ²/₅ aller Tiere. Es fehlen jedoch fast durchweg die 1. und 2. Querstreifen.

ab. grisescens Rbl. etwa ²/₅ aller Tiere. Rebel beschreibt nur das Weibchen. Querstreifen stark ausgebildet. Die Männchen mit bläulichgrauen Vfl. Kernfleck scharf weiß, Hfl. tief dunkelbraun.

ab. unicolor-grisescens Grbg., nur Weibchen, einfarbig blaßgrau, Zeichnung fast erloschen. Selten.

ab. brunnea Kram., sattrotbraun mit deutlicher Zeichnung. Kernfleck rein weiß, mattbraun, Kernfleck schwach. Häufig.

ab. unicolor-brunnea Rbl., nur Weibchen, einfarbig lehmbraun. 3. Querstreifen schwach angedeutet. Selten.

ab. externofasciata Grbg. Diese Form liegt vereinigt mit ab. grisescens und ab. brunnea vor. Nicht häufig.

ab. obscura Grbg. Ich teile die Ansicht Kramlingers, wonach wir es nicht mit einer „montana-Form", wie sie Dr. Grünberg beschrieb, zu tun haben. Mir liegen sehr deutliche Stücke vor, besonders Weibchen. Wurzelfeld, Mittelfeld und Binde der Vfl. einfarbig düster graubraun, mit einem dritten Querstreifen (Submarginalbinde) weiß aufgehellt, Außenfeld grau, Hfl. hellbraun. Nicht häufig.

ab. pseudomontana Kram., „weiße Schuppen über den ganzen Vfl. grob eingesprengt" (Kram.). In allen Formen, doch selten.

ab. flavofasciata Kram. Form ähnlich grisescens, die Binde jedoch gelblichbraun, gleicht der Farbe der Hinterflügel. Wenig beobachtet.

ab. albofasciata Kram. 1 Männchen der Stammform, jedoch mit sehr ausgeprägtem weißem Mittelfeld. Kernfleck mit dem Vorderrande durch ein scharf weißes, dunkelgesäumtes Band verbunden. Uebergänge hierzu häufiger.

ab. fusca Kram. 1 Exempl., Färbung etwas heller als bei Kramlinger beschrieben, da es ein Weibchen ist.

ab. ianthina Kram. 1. und 2. Querstreifen fehlt. Vfl. Wurzelfeld und Binde tiefgrauviolett, Mittel- und Außenfeld braunviolett. Hinterflügel und Leib

dunkelbraunviolett. Kernfleck scharf weiß. Nicht
selten in sehr deutlichen Stücken.
ab. bilineata Kram. } in grisescens-Formen
ab. duplolineata Kram. } häufig.
ab. pernederi Kram. Uebergänge hierzu in grisescens-Formen, selten.'
ab. impunctata Kram. ohne Kernflecke. Vereinigt mit der folgenden.
ab. confluens nov. ab. Lahn. Vfl. Wurzelfeld mit
der Binde über das Mittelfeld breit zusammen-
fließend, wobei der Kernfleck ganz verschwindet
oder nur sehr schwach angedeutet ist. Von der
Färbung des Mittelfeldes bleibt am Vorderrande
wenig stehen. Erster und zweiter Querstreifen
fehlen. Färbung der zusammenfließenden Teile
einfarbig lehmbraun bis tief rotbraun. Dritter
Querstreifen (Submarginalbinde) deutlich. Saumfeld immer weißgrau. Liegt in sehr ausprägten
Stücken vor.
ab. atra nov. ab. Lahn. Leib, Vorder- und Hinterflügel einfarbig schwarzbraun. Kernfleck sehr
schwach.
    Es liegen mir noch viele prachtvolle Sonderformen
in einzelnen Stücken vor, die besonders zu benennen
zu weit führen würde. Ebenso sind Uebergangsstücke
zwischen allen Formen und Tiere, die die Merkmale
mehrerer Abweichungen tragen, in Mengen vorhanden.
    Zwitter habe ich im Freien nicht beobachtet.
Aus in Zimmerzucht genommenen Puppen erhielt ich
zwei geteilte und einen unvollkommenen Zwitter und
zwar:
1. Exemplar: Flügel und Fühler links Weibchen ab.
externofasciata, Leib weiblich, Flügel nnd Fühler
rechts Männchen grisescens-bilineata.
2. Exemplar: Flügel und Fühler links Weibchen, rechts
Männchen. Körper ebenso geteilt. Stammform.
3. Exemplar: ab. grisescens, völlig männlich, nur die
vordere Hälfte des rechten Fühlers ist weiblich.
    Ich möchte noch bemerken, daß die genannten
lateinischen Namen nach „aberratio" die weibliche
Endung haben müssen; ab. brunneus, ab. impunctatus
usw. ist demnach falsch.
    Ebenso wollen wir uns doch endlich einmal be-
mühen, die völlig überflüssigen Fremdwörter
wie Thorax, Abdomen, Costalfleck, Dorsallinie usf.
in unserer Wissenschaft zu beseitigen. Es gibt noch
immer Herren, die glauben, daß durch die Fülle mehr
oder minder richtiger Fremdwörter eine Arbeit
„wissenschaftlicher" aussieht.
    Zum Schluß sei noch gesagt, daß der Kiefern-
schwärmer (Sphinx pinastri) Ende Juli, Anfang August
sehr häufig erschien. Am 3. September v. J. fand ich
auch eine große Zahl erwachsener Raupen auf ganz
jungen Kiefern am Rande einer Schonung.

Die Gattung Microgaster und ihre Wirte.

Von Professor Dr. *Rudow*, Naumburg a. S.

(Schluß.)

Microgaster solitarius Rbg. 1. Ocneria dispar. Zonosoma
    trilinearium punctuarium. Orgyia antiqua.
    Taeniocampa miniosa, stabilis. Hibernia
    defoliaria. Psilura monacha. Leucania
    salicis. Einzeln.
„ *sodalis* Hal. 1. Selenobia inconspicuella. Kleine,
    feste Ballen mit Wolle.
„ *sordipes* Ns. 2. Scopelosoma satellitium. Tor-
    trix rosana. Dichte Ballen.

Microgaster spectabilis Hal. 2. Dianthoecia capsincola.
    Eupithecia succenturiata, exiguata. Trichio-
    soma betuleti. Puppen einzeln.
„ *Spinolae* Ns. 2. Hadena oleracea. Miselia
    oxyacanthae. Plusia gamma. Habrostola
    tripartita. Luperina exiguata. Einzeln auf
    dem Blatte.
„ *spurius* Wsm. 1. Vanessa urticae. Hadena.
    Einzelne Puppen.
„ *subcompletus* Ns. 3. Vanessa cardui, Cucullia
    scrophulariae, verbasci. Spilodes verticalis.
    Hypena proboscidalis. Dichrorampha tana-
    ceti. Sericoris euphorbiana. Phoxopteryx
    derasana. Acronycta rumicis. Tortrix viri-
    dana. Puppenhäufchen.
„ *suevus* Rhd. 1. Thea juniperata. Einzelne
    Puppen.
„ *stigmaticus* Rbg. 1. Calymnia trapezina. Arctia
    caja. Puppenhäufchen ohne Gespinst.
* „ *sicarius* Mrsh. 1. Sericoris litoralis.
* „ *stellatarum* Bé. 1. Macroglossa stellatarum.
* „ *strenuus* Rhd. 2. Vanessa urticae.
* „ *sticticus* Rte. 3. Cucullia absynthii. Weiße
    Ballen.
* „ *spretus* Mrsh. 1. Rhodophaea consociella.
* „ *spurius* Wsm. 1. Melitaea maturna. Argynnis
    Latonia. Lycaena Circe. Zygaena pseu-
    cedani. Harpygia bifida. Bombyx castrensis.
    Notodonta camelina, noctuae. Cidaria juni-
    perata. Eupithecia sobrinata. Große wollige
    Gespinstballen.
„ *tenebrosus* Wsm. 1. Ocneria dispar. Hypono-
    meuta padella. Kleine Ballen.
„ *tenebrator* Rbg. 1. Tinea leucatella. Einzelne
    Puppen.
„ *tibialis* Ns. 3. Emmelesia decolorata. Peronea
    Schefferdana. Tachy ptilia populella. Zer-
    streute, weiße, wollige Puppen auf Rinde.
„ *triangulator* Wsm. 1. Thecla W. album. Stau-
    ropus fagi. Dasychira pudibunda. Pseudo-
    terpna pruinata. Psychoides Verhuellelus.
    Boarmia gemmaria. Dichte Häufchen ohne
    Gespinst.
„ *tristis* Ns. 2. Plusia moneta, consona, illustris.
    Dianthoecia cucubali, capsincula. Cucullia
    verbasci, argentea, artemisiae. Weiße,
    lockere, wollige Puppen.
„ *tuberculifera* Wsm. Taeniocampa miniosa, Ce-
    rastis. Vaccinii. Phlogophora meticulosa.
    Apamea basilinea. Trifaena fimbria. Agro-
    pis aprilina. Eupithecia succenturiata,
    castigata, exiguata. Häufchen von braunen,
    stark gerippten Puppen ohne Gespinst.
„ *tetricus* Rhd. 1. Epinephele Janira. Eupithecia
    exiguaria. Einzelne gelbe Puppen.
„ *tiro* Rhd. 3. Conchylis.
„ *tau* Rbg. 1. Tinea leucatella.
„ *ultor* Rhd. 1. Porthesia chrysorrhoea, similis.
    Acronycta aceris, psi. Chrysopa. Freie
    Puppenhäufchen auf Blatt oder an der
    Raupe.
„ *umbellatorum* Hal. 1. Lithocolletis spinicolella.
    Elachista glechenella.
„ *vanessae* Rhd. 1. Vanessa urticae. Weiße
    Ballen mit wolligem Gespinst.
„ *villanus* Rhd. 1. Spilosoma menthastri. Einzelne
    Puppen.
„ *vitripennis* Hal. 1. Spilosoma fuliginosum.
    Thera variata. Kleine Häufchen, frei.

Microgaster Wesmaëli Rte. 3. Agrotis collina. Drei bis
    vier vereinigte Puppen, ohne Gespinnst.
   „   *vipio* Rhd. 1. Tinea misella.
* „   *viminetorum* Wsm. 1. Elachista acrae, magni-
    ficiella.
* „   *viduus* Rte. 2. Taeniocampa incerta. Aglia
    tau. Cucullia argentea, linaria. Smerinthus
    populi.
* „   *varipes* Rte. 2. Agrotis brunnea. Lasiocampa
    pini.
   „   *xanthostigma* Hal. 1. Hypsipetes trifasciata.
    Eupithecia exignata. Tortrix rosana. Diur-
    nea fagelia. Swammerdamia lutaria. Graci-
    laria semifascia. Weiße Gespinsthäufchen
    oder lose Puppen an Raupen.
   „   *xanthopus* Rte. 2. Liparis dispar.
   „   *zygaenarum* Mrsh. 1. Melitaea aurinia. Lycaena
    Icarus. Zygaena filipendulae u. a. Kleine
    Häufchen, dicht gedrängt, von brauner
    Farbe.

Eine praktische Köderlaterne.
Von *Julius Boin*, Bielefeld.

Vor 20—25 Jahren benutzte ich als Köderlampe
eine Stallaterne, wie sie heute noch von Fuhrleuten
zur Wagenbeleuchtung benutzt wird; für damalige
Zeit wohl die beste und hellbrennendste aller Lampen,
die zum Ködern, Raupensuchen etc. Verwendung fand.
Dann trat eine Oellaterne an ihren Platz, die sogar
mittels Haken im Knopfloch getragen wurde und
vermittels beiklappbarer Bügel als Handlaterne benutzt wurde. Dafür war ihre Leuchtkraft geringer,
trotz Scheinwerfer bezw. Hohlspiegel usw. Auch
Kerzenlaternen benutzte ich, sogenannte Spitzbuben-
laternen, die man jederzeit durch zwei Klappen ab-
blenden konnte. Beim Ordensbandfang benutzte ich
sie gern, um diese Tiere nicht zu früh vom Köder
zu verscheuchen, wenigstens nach meiner damaligen
Ansicht. Als nun die Karbidlaterne aufkam, wurde es
mit der Leuchtkraft bedeutend besser, wenn auch ihre
Handhabung umständlicher war. Man mußte Wasser
und Karbid mitnehmen und ihre Reinhaltung verursachte im Wald und auf der Heide einige und gerade keine angenehmen Umstände. Die ersten Lampen
waren damals teuer, was mich aber nicht hinderte,
mir eine solche zuzulegen. Praktisch war sie in der
Handhabung nicht, und so richtete ich mir meine
Lampe so zu, wie ich sie am zweckmäßigsten gebrauchen konnte. Zunächst entfernte ich die Schwebe
und brachte einen ein- und aushakbaren Griff an,
damit ich sie bequem in der Hand tragen konnte.
Später befestigte ich die Lampe durch eine einfache
Federung an einem Stück Blech, welches ich vor der
Brust mit zwei Kordeln festband. Das war ein Fort-
schritt! Ich hatte beide Hände frei und konnte nun
allein zum Ködern gehen, d. h. ich brauchte beim
Nadeln und Ableuchten der Köderstellen keine Hilfe
mehr und brauchte auch meine Beute mit Niemanden
zu teilen. Beim weiteren Gebrauch stellten sich jedoch
Uebelstände heraus, die ich unbedingt beseitigen mußte.
Da verbrannte ich mir z. B. oft die Hände einige und
Nadeln an dem heißen Reflektor. Letzterer schob
sich auch gewöhnlich hartnäckig zwischen Falter und
mein Auge, so daß das Nadeln sehr unbequem war.
Dann mußte ich den Oberkörper immer nach der
Richtung hindrehen, wohin ich sehen wollte, wie ein
Schlangenmensch. Wollte ich von einer hohen Stelle
einen Falter ins Fangglas bringen, mußte ich „Rumpf
rückwärts beugt" machen usw. Da kam mir, nachdem

ich mir wieder einmal die Finger gehörig verbrannt
hatte, als ich eine Epineuronia popularis mit dem
Netz fangen wollte, welche ich natürlich nicht bekam,
weil ich meine Lampe nicht schnell genug in Position
bringen konnte, eine gute Idee. Nachdem ich diese
gründlich durchdacht hatte, ging ich sofort an die Aus-
führung und trage heute beim Ködern, Raupenleuchten,
und bei Heckenfängen etc. meine Lampe auf dem
Kopfe. Ich kaufte mir einen billigen, leichten Reflektor, den ich mit einem dünnen Blechband versah.
An beiden Enden desselben brachte ich einen Bindfaden
an, mit welchem ich den Reflektor bezw. das Band um
den Hut hinten zusammenknüpfte. Den Entwickler ließ
ich auf dem Brustblech. Hierdurch konnte ich das
Tropfen des Wassers gut regulieren, mithin auch die
Flamme brennen lassen wie ich wollte. Vom Entwickler leitete ich einen dünnen Gummischlauch zum
Reflektor bezw. Brenner und meine Lampe war fertig.
Jetzt brauche ich keine Schlangenmenschbewegungen
mehr zu machen, habe beide Hände frei, kann fangen
und suchen und wie ich will, wo ich hinsehe,
habe ich Licht. $E_x P_l o^s i_o n_s g_e f_a h_r$ ist ausgeschlossen,
weil es der ca. 25 cm lange Schlauch nicht zuläßt.
Mit einem Worte, ich habe mir eine Laterne geschaffen,
die alle Erwartungen übertrifft. Nun wird mancher
der verehrten Vereinskollegen sagen: Da mag man
viel Platz haben, um die Lampe verstauen zu können,
denn man kann sie doch nicht andauernd auf dem
Kopfe tragen. Nun, — den Schlauch rolle ich auf
und bringe ihn im Reflektor unter. Dieser hat seinen
Platz in der linken Rocktasche. Das Brustblech mit
Feder findet seinen Platz auf der Brust unter dem
zugeknöpften Rock, und den Entwickler nimmt eine
Hosentasche auf. Brust- und rechte Rock- und
Hosentasche nehmen Fangglas und Raupenschachteln
auf usw.

Es mögen Sammelfreunde und Vereinskollegen
ebenfalls praktische Lampen besitzen, doch glaube
ich, daß die meinige die praktischste ist. Sollten
Sammelfreunde und Vereinskollegen näheres über die
Konstruktion und Handhabung meiner Laterne erfahren wollen, so bin ich gern bereit, gegen Erstattung
der Portokosten diesen alles Nähere mitzuteilen.

Vanessa (Arachnia) prorsa L. (mit schwarzer Grundfärbung), Vanessa (Arachnia) levana L. (mit rotgelber Grundfärbung)
beide von derselben Mutter stammend.
Von *R. A. Fritzsche*.

In Nr. 42 vom Jahrgang XXVII der Entomologischen Zeitschrift ist eine Arbeit von mir unter
obigem Titel erschienen, an welche die nachfolgenden
Zeilen anschließen sollen. In jenem Artikel habe ich
die Vermutung ausgesprochen, daß bei Arachnia
prorsa-levana Mendelismus vorliegen könne. Meine
diesbezüglichen Forschungen bewegen sich allerdings
noch in den Anfängen, zumal auch die Witterung
im vergangenen Sommer fast anhaltend schlecht
war und das Weiterzüchten der Landkärtchen in
größerem Umfange vereitelt wurde, so daß das,
was ich mir zu tun vorgenommen hatte, wieder um
ein Jahr verschoben werden muß; aber ich will dennoch
das Wenige, was ich habe feststellen können, hiermit
veröffentlichen, da es vielleicht immerhin so viel
Interesse bietet, um andere anzuregen, in gleicher
Richtung tätig zu sein.

Mit der Bezeichnung „Saisondimorphismus" sollte

man sich zunächst bei Arachnia levana-prorsa nicht begnügen, denn man weiß doch, daß diese Bezeichnung (halb aus französischer, halb aus griechischer Wortquelle stammend) nichts weiter ausdrücken soll, als daß die **gleiche** Falterart je nach der Jahreszeit **verschiedene** Form oder Färbung aufweist und zwar bei Arachnia wie folgt:

1. Innert des Zeitraumes von Sommer resp. Herbst bis Frühling entwickeln sich aus den Eiern von Arachnia Raupen und Puppen, welche kleine Falter mit **rotgelber** Grundfärbung ergeben: Arachnia levana.
2. Innert des Zeitraumes von Frühling bis Sommer entwickeln sich aus den Eiern von Arachnia etwas größere Falter mit **schwarzer** Grundfärbung: Arachnia prorsa.
3. Aus der rotgelben Generation geht fast immer nur die schwarze und aus der schwarzen fast immer nur die rotgelbe hervor.

Der sogenannte Saisondimorphismus ist also entschieden vorhanden; der Vorgang wiederholt sich in der Natur von Jahr zu Jahr; er ist außerdem wiederholt von Kapazitäten der Entomologie durch Experimente mit künstlicher Kälte oder Frost und mit künstlicher Wärme oder Hitze nachgewiesen worden; das Wort „Saisondimorphismus" bezeichnet also die „Wirkung der Jahreszeit auf Form und Farbe des Falters"; ich stelle mir also nicht etwa die Aufgabe, diese Wirkung wiederholt zu konstatieren, sondern ich **suche** deren **Ursache** aufzufinden.

Daß das Phänomen, welches ich mit meiner Arbeit in Nr. 42 XXVII geschildert habe, sich wiederholt, konnte ich vor zwei Jahren und auch letztes Jahr wieder konstatieren; der unter Passus 3 erwähnte Vorgang erfährt somit wohl öfters Abweichungen, die doch nur in Vererbung resp. Mendelismus bestehen können, indem aus der **gleichen** Mutter Eier hervorgehen, welche Raupen resp. Puppen ergeben, die sowohl prorsa-Falter im Sommer als levana-Falter im Frühling ergeben. Ich bezog im Januar 1915 von Herrn Schröder in Schwerin Landkärtchenpuppen, aus welchen am 2. Mai 1915 die ersten **Levana**-Falter schlüpften; **am 4. Mai 1915** gelang die erste, am 12. Mai bereits die fünfte Paarung; einige der befruchteten Weibchen brachte ich leider nicht zum Eierlegen und eine Anzahl der gelegten Eier ergaben keine Räupchen. Die ersten Räupchen begannen am 18. Mai zu schlüpfen und am 15. Juni hängte sich die erste Raupe zur Puppenverwandlung auf; im Ganzen hatte ich 36 Puppen erhalten; am 28. Juni 1915 schlüpften daraus die ersten 6 **Prorsa**-Falter, unter denen ich zwei Paarungen erreichte; es schlüpften noch weitere 9 Prorsa-Falter (also im Ganzen 15 Stück, und am 4. Juli konstatierte ich eine dritte Paarung, **während 21 Puppen zunächst keine Falter** ergaben, aber **gesund** blieben. Nach 13 Tagen, am 10. Juli, schlüpften die Räupchen aus den Eiern der ersten zwei Paarungen und am 14. Juli, also nach 10 Tagen, diejenigen aus den Eiern der dritten Paarung; die erste erwachsene Raupe hängte sich zur Puppenverwandlung am 10. August 1915. Da ich mit diesem spärlichen Material nicht an weitere Untersuchungen hätte heranwagen dürfen, so kaufte ich noch 60 Arachnia-Raupen von Herrn Georg Heil in Hanau sowie ungefähr 500 Puppen von Herrn Schröder in Schwerin, davon haben sich laut den Mitteilungen des Herrn

Schröder ungefähr der dritte Teil gegen den 15. bis 20. September 1915, ungefähr die Hälfte gegen den 25. September, und der Rest gegen Ende September bis Anfang Oktober verpuppt; ferner schrieb mir Herr Schröder am 18. November, daß er am 10. Oktober noch 35 halberwachsene Raupen gefunden habe, wovon er mir freundlichst 16 Stück abtrat und ich ihm dafür 6 Puppen von den immer noch nicht geschlüpften, aber dennoch gesunden 21 Stück, aus der Paarung vom 4. Mai abtrat.

Für meine im Frühling 1916 vorzunehmenden Zuchtversuche und Beobachtungen besaß ich nun somit folgendes Puppenmaterial von Arachnia:

1. 15 Puppen aus den Eiern der **Levana**-Paarung vom 4. Mai 1915
2. 35 „ „ „ „ „ ersten **Prorsa**-Paarung (Räupchen ab 10. Juli 1915 geschlüpft)
3. 30 „ „ „ „ „ zweiten **Prorsa**-Paarung (Räupchen ab 10. Juli 1915 geschlüpft)
4. 35 „ „ „ „ „ dritten **Prorsa**-Paarung (Räupchen ab 14. Juli 1915 geschlüpft)
5. 60 Raupen von Hanau aus **Prorsa**-Paarung (im Freiland 1915 gesammelt)
6. 600 Puppen von Schwerin aus **Prorsa**-Paarung (im Freiland im August-September gesammelt)
7. 16 Puppen von Schwerin aus **Prorsa**-Paarung (im Freiland am 10. Oktober gesammelt)

691 Stück

Aus obigen Daten ist ersichtlich, daß die Tage, an welchen die Eier der ersten Partie und diejenigen der siebenten Partie gelegt worden sind, ungefähr **einhundert und vierzig Tage** auseinanderliegen.

Demnach schlüpften die **Levana**-Falter aus obigen 7 Partien wie folgt im Freien:

Partie:	1	2	3	4	5	6	7
am 3. Mai 1916	—	7	3	1	—	10	—
am 4. Mai 1916	2	16	7	5	1	70	—
am 5. Mai 1916, Vormittags 10 Uhr 29° Celsius Wärme	—	4	9	6	9	80	4
am 6. Mai 1916, Vormittags 10 Uhr 19° Celsius Wärme	—	—	—	2	4	41	6
am 7. Mai 1916, Vormittags 10 Uhr 13½° Celsius Wärme	—	—	—	—	—	11	3
im Ganzen 301 Stück, nämlich:	2+27+19+14+14+212+13						

Der folgende 8. Mai war ein Regentag, der 9. Mai ebenfalls; die Temperatur sank Nachts auf nur 5° Celsius Wärme stieg allerdings am 10. Mai 1916, Vormittags wieder auf 10°, Nachmittags auf 17°; darauf folgten noch mehrere Tage mit kühlen Morgen und da die Falter meist Morgens schlüpfen, so fehlte ihnen die Möglichkeit, rechtzeitig aus der Puppe zu schlüpfen, es gingen daher zirka 400 Puppen zu Grunde. (Fortsetzung folgt.)

Kleine Mitteilungen.

Ameisen als Entlauser. Wie „Streffleurs Militärblatt" mitteilt, werden verlauste Montur- und Wäschestücke, Strümpfe, Fußlappen usw. am schnellsten und billigsten dadurch entlaust, daß man die Stücke auf einen Ameisenhaufen legt. Die Wirkung ist einfach verblüffend; die fleißigen Ameisen besorgen die Entlausung viel rascher und einwandfreier, als das mit anderen Mitteln möglich ist. Die von den Schmarotzern befreiten Wäschestücke werden dann einfach mit kaltem Wasser und Seife gewaschen. Trotzdem haftet ihnen dann immer noch genügend von der durch die Ameisen zurückgebliebenen scharfen Säure an, um eine Wiederverlausung für längere Zeit zu verhindern.

Für die Redaktion des wissenschaftlichen Teiles: Dr. F. Meyer, Saarbrücken, Bahnhofstraße 65. — Verlag der Entomologischen Zeitschrift Internationaler Entomologischer Verein E. V., Frankfurt a. M. — Für Inserate: Geschäftsstelle der Entomologischen Zeitschrift, Töngesgasse 22 (R. Block) — Druck von Aug. Weisbrod, Frankfurt a. M., Buchgasse 12.

Frankfurt a. M., 7. Juli 1917.   Nr. 7.   XXXI. Jahrgang.

ENTOMOLOGISCHE ZEITSCHRIFT

Central-Organ des Internationalen Entomologischen Vereins E. V.

mit Fauna exotica.

Herausgegeben unter Mitwirkung hervorragender Entomologen und Naturforscher.

Abonnements: Vierteljährlich durch Post oder Buchhandel M. 3.— Jahresabonnement bei direkter Zustellung unter Kreuzband nach Deutschland und Oesterreich M. 8.—, Ausland M. 10.—. Mitglieder des Intern. Entom. Vereins zahlen jährlich M. 7.— (Ausland [ohne Oesterreich-Ungarn] M. 2.50 Portozuschlag).

Anzeigen: Insertionspreis pro dreigespaltene Petitzeile oder deren Raum 30 Pfg. Anzeigen von Naturalien-Handlungen und -Fabriken pro dreigespaltene Petitzeile oder deren Raum 20 Pfg. — Mitglieder haben in entomologischen Angelegenheiten in jedem Vereinsjahr 100 Zeilen oder deren Raum frei, die Ueberzeile kostet 10 Pfg.

Schluß der Inseraten-Annahme für die nächste Nummer am 21. Juli 1917
Dienstag, den 17. Juli, abends 7 Uhr.

Inhalt: Zuchtergebnisse mit der „Pappelglucke", Gastr. populifolia Esp. Von F. Bandermann. — Die Ichneumonidengattung Amblyteles und ihre Wirte. Von Professor Dr. Rudow, Naumburg a. S. — Vanessa (Arachnia) prorsa L. (mit schwarzer Grundfärbung), Vanessa (Arachnia) levana L. (mit rotgelber Grundfärbung), beide von derselben Mutter stammend. Von R. A. Fritzsche. — Kleine Mitteilungen. — Literatur.

Zuchtergebnisse mit der „Pappelglucke", Gastr. populifolia Esp.

Von F. Bandermann.

In den meisten Gegenden Deutschlands fehlt dieser Spinner. Ich hatte das Glück, am 4. Juli 1915 auf einer Exkursion bei Denau an Schwarzpappeln 28 Eier zu finden, die an den Stämmen abgesetzt. waren, auch einige Puppen fand ich vor. Die Räupchen schlüpften bereits am 10. Juli. Sie hatten eine Länge von 6 mm und waren von grau-bläulicher Farbe, mit dickem Kopfe und mit feinen Härchen besetzt. Die Räupchen plazierte ich in ein großes Einmachglas, auf junge Triebe der Schwarzpappel, welche ich in ein kleines Fläschchen steckte, und band um Gaze (weißen Mull) über die Oeffnung. Die Tierchen fraßen, am Blattstiele sitzend, mit den Vorderfüßen das Blatt haltend, ein rundes Loch in den hinteren Blattrand. Wenn die Räupchen satt waren, liefen sie langsam nach dem Zweige, schmiegten sich fest an diesen an, sodaß man die Tiere kaum bemerkte, den Kopf stets am Stamme nach unten angelegt. Nach den Häutungen fraßen sie jedesmal die alte Haut. Da ich mehrere Tage die Zucht nicht so genau beobachten konnte, so kann ich die Zahl der Häutungen nicht. bestimmt angeben, glaube aber, daß vier Häutungen bis zum Winterschläf stattfanden, denn am 18. September hörten die Raupen auf, Nahrung zu sich zu nehmen, trotzdem das Wetter noch schön warm war. Sie hatten eine Länge von 35—50 mm und machten sich ein Gespinst am Zweige zum Winterschlaf. Ich brachte sie nun in einen großen Zuchtkasten und stellte denselben außen auf ein Fensterbrett nach der Nordseite zu. Um keinen Regen oder Schnee in den Kasten eindringen zu lassen, verfertigte ich ein Schutzdach. Am 24. März 1916 wurde ein großer Teil der Raupen munter, sie liefen unruhig im Kasten hin und her.. Da es trocken war, bespritzte ich die Raupen mit lauwarmem Wasser und bemerkte,

wie gierig sie die Wassertropfen. aufsaugten. Es trat kühles Wetter ein und die Tiere machten von neuem ein Gespinst, wobei sechs Stück zugrunde gingen. Erst am 18. April kamen sie wieder zum Vorschein. Da Pappel noch nicht zu haben war, gab ich Weidenknospen, welche auch gern genommen wurden. Anfang Mai konnte ich junge Triebe der italienischen Pappel und am 12. Mai Schwarzpappel geben. Die Tiere wuchsen nun erstaunlich schnell und häuteten sich noch zweimal. Die erste Raupe verpuppte sich am 29. Mai, die letzte am 9. Juni. Der erste Falter, ein großes Männchen, schlüpfte schon am 17. Juni, und der letzte am 8. Juli. Ich erhielt 19 saubere Falter aus dieser Zucht, ein Resultat, das immerhin als ein gutes bezeichnet werden muß, da auch die Ueberwinterung der Raupen wegen Seuchengefahr schwierig ist. Die Eier brauchen 12—15 Tage Liegezeit, während die Raupen zur Nahrungsaufnahme 108—116 Tage brauchen. Die ganze Lebensdauer der Raupen beträgt 310—326 Tage, wovon 200—210 auf den Winterschlaf entfallen. Die Puppenruhe dauert gewöhnlich 3 Wochen, tritt aber kühles Wetter ein, so können bis 10 Wochen vergehen, ehe wieder ein Falter schlüpft. Die Zucht ist nicht schwer, nur darf man keine Vorsicht und Beobachtung außer acht lassen.

Die Ichneumonidengattung Amblyteles und ihre Wirte.

Von Professor Dr. Rudow, Naumburg a. S.

Der Zweck dieses Aufsatzes ist nicht eine bloße Aufzählung der von mir in einer Reihe von Jahren gesammelten Arten, es sollen vielmehr nur diese berücksichtigt werden, von denen die Wirte bekannt sind. Zu dem Behufe habe ich allein Puppen von Schmetterlingen und andern Insekten eingetragen, auch angestochene von andern Seiten nebst den ausgeschlüpften Wespen erhalten, leider nur vereinzelt, die beste Unterstützung verdanke ich meinem Freunde

Herrn Fr. Hoffmann, Krieglach, der mir seit unserer Bekanntschaft die reichen Ergebnisse seiner Zuchten immer zur Verfügung stellte. Das meiste von dem Angegebenen ist in meinem Besitze, nur ein geringer Teil ist ergänzt aus andern Veröffentlichungen, welche freilich nicht sehr zahlreich sind, da die besten Ichneumonenkenner sich fast nur auf Systematik beschränkten. Nur Ratzeburg und Brischke haben gezüchtet, doch bot der Nachlaß des ersteren · nur dürftige Bereicherung der Kenntnisse, .da herzlich wenig Brauchbares bei seiner Durchmusterung vorgefunden wurde.

Ich habe der besseren Uebersicht wegen die alphabetische Reihenfolge gewählt, auch vorläufig eine Beschreibung neuer Arten nicht gegeben, die vielleicht bei Gelegenheit erfolgen kann.

Amblyteles aetnensis Rd. Aus einer Saturnia, Palermo.
,, *aequivorus* Tbn. Mamestra tincta.
,, *albimanus* Wsm. Dianthoecia cucubali.
,, *alternator* Tbn. Sphinx pinastri, populi.
,, *amoenus* Pz. Pontia crataegi.
,, *ammonius* Gr. Panolis piniperda.
,, *antennatorius* Pz. Panolis piniperda.
,, *acronyctae* Br.· Acronycta aceris.
,, *anthracinus* Rd. Samia promethea. Amerika.
,, *ater* Wsm. Geometra betularia. Cheimatobia brumata.
,, *aterrimus* Br. Pygaera curtula.
,, *amatorius* Gr. Liparis dispar, monacha.
,, *belemitus* Mrg. Agrotispuppen.
,, *bidentorius* Wsm. Bombyxpuppen.
,, *bipunctatus* Rd. Agrotis collina.
,, *bipustulatus* Wsm. Acronycta pisi.
,, *bisonatus* Rd. Noctuapuppen.
,, *bellicosus* Wsm. Acronycta tridens.
,, *castigator* Fbr. Vanessa Atalanta.
,, *camelinus* Wsm. Notodonta ziczac, camelina.
,, *celsiae* Tbn. Jaspidea celsia.
,, *chalybeatus* Wsm. Limenitis populi. Agrotis brunnea.
,, *conspurcatus* Gr. Porthesia chrysorrhoea. Bombyx castrensis.
,, *collaris* Rd. Thais polyxena.
,, *consimilis* Wsm. Agrotis segetis.
,, *contristans* Rd. Cucullia argentea.
,, *claviger* Rd. Samia Cecropia. Amerika.
,, *crassipes* Rd. Papilio podalirius.
,, *culpatorius* Gr. Agrotis collina. Vanessa C. album.
,, *divisorius* Wsm. Bombyxpuppen.
,, *dimidiativentris* Rd. Libythea celtis.
,, *dromedarius* Rd. Notodonta dromedarius.
,, *egregius* Wsm. Geometra betularia.
,, *erythronotus* Rd. Saturnia caecigena.
,, *erythropygus* Rd. Lasiocampa otus.
,, *falsiscus* Wsm. Sphinx ligustri. Elpenor.
,, *fasciatorius* Wsm. Cerura vinula.
,, *facialis* Rd. Mamestra pisi.
,, *flavopictus* Rd. Parnassius Mnemosyne. Marseille.
,, *fossorius* Gr. Noctua baltica.
,, *funereus* Wsm. Puppen von Sphinx.
,, *fuscocastaneus* Gr. Cucullia.
,, *fusorius* L. Macroglossa stellatarum. Sphinx porcellus.
,, *funereus*. Wsm. Agrotis.
,, *fuscipennis* Wsm. Acherontia Atropos. Sphinx Elpenor.
,, *fumipennis* Rd. Attacus Polyphemus. Amerika.
,, *gigantorius* Hgr. Cimbex humeralis.

Amblyteles glaucatorius Fbr. Cucullia verbasci, artemisiae, myrtilli.
,, *Goedarti* Wsm. Cucullia. Agrotis.
,, *Gravenhorsti* Wsm. Saturnia. Parnassius Apollo.
,, *gravidus* Rd. Papilio Machaon.
,, *gynandromorphus* Rd. Vanessa Atalanta.
,, *haemorhoidalis* Rd. Arctiapuppen.
,, *haereticus* Wsm. 'Sphinx pinastri. Bombyx pini.
,, *homocerus* Wsm. Vanessa urticae.
,, *indocilis* Wsm. Noctuapuppen.
,, *infractorius* Wsm. Cerurapuppen.
,, *injucundus* Wsm. Mamestra pisi.
,, *inspector* Wsm. Vanessa Antiopa, Jo.
,, *italicus* Rd. Saturnia pyri.
,, *laticincta* Rd. Trichiosoma betuleti.
,, *latebricola* Wsm.
,, *laticeps* Rd, Sphinx vespertilio.
,, *leucocerus* Wsm. Cuculliapuppen.
,, *leucopygus* Tbn. Mamestra occulta.
,, *leucostigma* Rd. Geometrapuppen.
,, *litigiosus* Wsm. Vanessa urticae.
,, *marginatorius* Fbr. Geometra betularia.
,, *masiliensis* Rd. Thais rumina. Marseille.
,, *mauritanicus* Br. Agrotis occulta.
,, *mesocastaneus* Wsm. Phalera bucephala.
,, *melanocastaneus* Wsm. Cetura bifida. Notodonta dromedarius.
,, *messorius* Wsm. Bombyx pini, auriflua.
,, *monogonius* Rd. Psychegehäuse.
,, *muticas* Rd. Aporia crataegi.
,, *monitorius* Wsm. Panolis piniperda.·
,, *natatorius* Gr. Limenitis populi.
,, *negatorius* Fbr. Agrotis formosus.
,, *nigripennis* Rd. Saturniapuppen aus Sizilien.
,, *nigritarius* Wsm. Cheimatobia brumata.
,, *niteus* Gr. Lymantria chrysorrhoea.
,, *nivatus* Wsm. Cheimatobia brumata.
,, *oratorius* Wsm. Cnethocampa processionea. Psyche.
,, *occisorius* Wsm. Ocneria dispar, salicis.
,, *occultae* Rd. Agrotis occulta.
,, *palliatorius* Wsm. Vanessa Atalanta. Agrotis occulta.
,, *pallidicornis* Wsm. Lymantria chrysorrhoea.
,, *Panzeri* Wsm. Noctuapuppen.
,, *picticornis* Rd. Noctuapuppen aus Livland.
,, *pistorius* Wsm. Agrotispuppen.
,, *Proserpinae* Rd. Sphinx proserpina.
,, *processioneae* Rd. Cnethocampa processionea.
,, *Proteus* Gr. laminatorius Wsm. Cimbex betuleti, salicis; Sphinx Elpenor, ligustri, euphorbiae, Acherontia, Atropos.
,, *pseudonymus* Wsm. Noctua· und Geometrapuppen.
,, *quadrimaculatus* Rd. Saturnia pyri. Tirol.

(Fortsetzung folgt.)

Vanessa (Arachnia) prorsa L. (mit schwarzer Grundfärbung), Vanessa (Arachnia) levana L. (mit rotgelber Grundfärbung) beide von derselben Mutter stammend.

Von *R. A. Fritzsche.*

(Schluß.)

Herr Schröder in Schwerin schrieb mir, daß aus seinen im Zimmer (ungefähr nach Norden .liegend) aufbewahrten Puppen die Falter wie folgt geschlüpft seien: 30. März 1916 1 Stck., 2. April 3 Stck., 4. April 2 Stck., vom 11. April ab täglich in Anzahl. Ich selbst hatte einen Teil der Puppen von der Partie Nr. 1, nachdem sie im Freien den ersten Frost bestanden hatten, in einem ungeheizten, aber sonnig gegen Süden gelegenen Raum aufbewahrt, worauf ein Falter am 20. März 1916, also 319 Tage nach der Paarung vom 4. Mai 1915, aus welcher diese Puppen der Partie Nr. 1 hervorgegangen waren; von denjenigen Puppen eben dieser Partie, welche ich im Freien gelassen hatte — gegen Norden hinterm Haus — schlüpften am 4. Mai 1916 zwei Falter, wie aus obiger Tabelle ersichtlich also genau nach einer Entwickelungsdauer von 365 Tagen; aus dieser letzteren Tatsache geht hervor, daß aus der Paarung von **Levana**faltern vom 4. Mai 1915 genau nach Jahresfrist wieder **Levana**falter am 4. Mai 1916 hervorgegangen sind, somit ist hier **der Saisondimorphismus vollständig ausgeschaltet.**

Kann dies eine seltene Ausnahme sein? Ich glaube nicht; denn ganz abgesehen davon, daß meine Arbeit in Nr. 42 XXVII den gleichen Vorgang schildert, einzig unter Weglassung der Daten, weil ich solche nicht so langer Zeit nicht mehr präzis feststellen könnte, habe ich soeben wieder, also nun zum dritten Male, zunächst den Anfang des gleichen Naturvorganges feststellen können.

Aus oben angegebenen, am 3. bis 7. Mai 1916 geschlüpften **Levana**-Faltern erhielt ich 22 Paarungen; leider erfolgten dieselben zum größten Teil gar nicht normal wegen der ungünstigen Temperatur; nach meinen bisherigen Erfahrungen soll die Paarung der Arachnia levana am Nachmittag zwischen 5 und 6 Uhr beginnen und bis zum Einbruche der Nacht oder bis zum Beginne der Morgendämmerung dauern. Von besagten 22 Paarungen fanden nur zwei zur richtigen Zeit und mit richtiger Dauer statt; die anderen Paarungen, welche sich teils Vormittags, teils über Mittag vollzogen und nur sehr kurze Zeit dauerten, ergaben kein Resultat, indem die begatteten Weibchen keine Eier legten. Ich erhielt nur von 2 Weibchen gute Eier und daraus 67 gesunde Raupen und Puppen. Von Herrn Schröder bestellte ich daher wieder 100 Raupen, die aber in vollständig geschlossenen Kästchen zu lange unterwegs waren und nicht gut ankamen. Ich erhielt daraus ca. 50 Puppen, die allerdings, infolge der Entwickelungsstörung mehrere Varietäten aufwiesen, teils nur schwarz und weiß ohne gelbe Linien und nicht größer als levana.

Hier muß ich einschalten, daß nach meinen bisherigen Beobachtungen die Puppen von Arachnia levana während vieler Monate eine gleichmäßige hellgraue Farbe mit dunkleren Abtönungen, ähnlich wie das Haus der Weinbergschnecke, aufweisen; die Höcker der Puppen sind blaßgoldig, daneben blaßgoldener, in Perlmutterfarben schillernder Glanz; die Prorsa-Puppen dagegen sind namentlich wenn die Verwandlung bei trübem Wetter stattfindet, gleich nach der Verwandlung sehr dunkel, fast schwärzlichgrau mit intensiv goldigen Höckern. Ich hatte mir vorgenommen, die Färbung der Puppen zu beobachten, indem ich mir sagte, daß wenn von der gleichen Mutter wieder Prorsa- und Levana-Raupen stammen, so muß der Unterschied sogleich bei der Verwandlung zu Tage treten. Ich war erstaunt, als ich gleich am Tage nach der Verwandlung schon genau bestimmen konnte, aus welchen Puppen die **Prorsa**-Falter **innert 14 Tagen** schlüpfen, und aus welchen Puppen wahrscheinlich **Levana-Falter** erst **nach 10 Monaten** schlüpfen werden. Um mich keiner Selbsttäuschung auszusetzen, knüpfte ich bei jeder grauen Puppe, die ich für levana hielt ein feines farbiges Seidenbändchen ein und machte meinen Sohn und meine Töchter darauf aufmerksam; nach vierzehn Tagen hatten alle dunklen Puppen Prorsa-Falter ergeben, und ich konnte meinen Kindern zeigen, daß alle hellgrauen Puppen, die ich mit Seidenbändchen bezeichnet hatte, keine Falter ergeben hatten, aber vollständig gesund waren und noch sind, vermutlich auch, bis nächsten Frühling im Freien gehalten, so bleiben und dann Levana-Falter ergeben werden, der Saisondimorphismus also wieder ausgeschaltet sein wird. Ich sende eine solche Puppe gleichzeitig mit dieser Arbeit an unsern Redakteur Herrn Dr. F. Meyer; solche Puppen habe ich nun noch 39 Stück, während ich aus den andern 27 Stück Prorsa-Falter erhielt; auch aus den von Herrn Schröder bezogenen Raupen erhielt ich 50 Puppen, die Prorsa-Falter ergaben, nur eine einzige von diesen Puppen war hell, hat daher keinen Falter ergeben, ist aber auch gesund.

Will man auf Grund dieser wenigen Erfahrungen heute schon einen Schluß ziehen, so ist es der, daß der Saisondimorphismus eine vererbte Eigenschaft der Arachnia ist, und weil vermutlich zwei Arten seit Urzeiten miteinander verschmolzen sind, so vererben die Eigenschaften der einen Generation auf die andere; eine Ausscheidung der beiden Arten kann in der Natur nicht leicht stattfinden, weil im Freien wohl selten ein Tier existiert, das nur Blut der levana oder nur Blut der prorsa in seinem Körper hat; viel weniger kann im Freien die Möglichkeit eintreten, daß wenn zum Beispiel ein reines Levana-Weibchen ausschlüpft, am gleichen Tage, am gleichen Ort auch ein reines, nur Levana-Blut enthaltendes Männchen da ist; wenn aber dieser Zufall wirklich einträte, so müßte dazu nochmals der Zufall doppelt kommen, daß das reine Levana-Männchen nicht etwa schon ein unreines Levana-Weibchen befruchtete und daß das reine Levana-Weibchen nur vom reinen Levana-Männchen und nicht von einem unreinen befruchtet wird; solche Zufälle werden wohl in der Natur nicht geschehen und Arachnia wird eben eine Bastardart bleiben, die von Generation zu Generation den Saisondimorphismus vererbt, mitsamt den jeder der beiden Arten eigentümlichen Flugzeiten, Farben, Größe, Entwickelungszeiten und Entwickelungsbedingungen.

Wenn die 39 von Eiern aus Levana-Paarung stammenden Puppen Levana-Falter ergeben, die Form Prorsa also abermals ausgeschieden und der Saisondimorphismus abermals ausgeschaltet ist, so wünsche ich mir nur eines: da die Levana-Falter bei recht günstigen Temperaturverhältnissen schlüpfen, sodaß mir deren Paarung untereinander und somit vielleicht die **Reinzucht** von Levana-Faltern gelingt, aus welchen dann bei entsprechender Auswahl der darauffolgenden Generationen keine Prorsa mehr zum Durchbruch gelangen, sofern die beiden Mendelschen Hauptregeln hier in Betracht kommen können.

Ganz gleichgültig, ob ich mich irre oder nicht, d. h. ob nun meine Versuche in der Richtung des Mendelismus unter natürlichen normalen Temperaturen bei natürlicher Zuchtweise Erfolg haben werden oder nicht, so werde ich in beiden Fällen nach einigen Jahren wieder darüber berichten.

Kleine Mitteilungen.

Die Einkreisungspolitik im Bienenstaate. Eine der sonderbarsten Erscheinungen im Bienenstaate, die nicht selten den gewaltsamen Tod der Bienenköniginnen verursacht, tut sich gewissermaßen als eine Einkreisungspolitik im praktischen Sinne des Wortes kund: Es ist das sogenannte „Einknäueln" der Bienenkönigin. Man unterscheidet, wie M. Ritter in der Deutschen Landwirtschaftlichen Presse ausführt, zwei vollkommen verschiedene Arten der Einkreisung von Bienenköniginnen. Manchmal bilden die Bienen um die Königin mit ihren Leibern einen dichten, knäuelartigen Kreis, um sie vor irgendwelcher Gefahr zu schützen, im anderen Falle haben sie selbst die Absicht, die Königin zu töten. An dem Aussehen des Bienenknäuels selbst kann man nach einiger Uebung jedesmal genau erkennen, um welche Art von Einkreisung es sich handelt. Wenn sie in freundlicher Absicht, z. B. zum Schutz vor in den Stock eingedrungenen Räubern, geschieht, bilden die friedlich im Kreise sitzenden Bienen einen nur lockeren Knäuel, durch den die Königin ein- und ausschlüpfen kann. Ist der Knäuel aber aus Gründen der Feindseligkeit gebildet, so tut sich dies schon durch charakteristische bösartige Zischlaute kund, außerdem ist der Knäuel dann oft so fest, daß man ihn manchmal wie eine Kugel rollen kann, ohne daß einzelne Bienen sich ablösen. Das Einknäueln im feindlichen Sinne ist häufiger als die Einkreisung zum Schutze. Hat man den Knäuel endlich entwirrt, so suchen die Bienen sich sofort von neuem auf die Königin zu stürzen. Dabei wird die Königin nicht durch einen schnellen Stich einfach getötet, sondern langsam zu Tode gequält. Für das feindselige Einknäueln gibt es mannigfache Gründe. Es richtet sich z. B. gegen eine junge Königin, die bei der Heimkehr von ihrem Hochzeitsflug irrtümlich in einen falschen Stock gerät. Wie Ritter beobachtete, wird sie in solchen Fällen fast ausnahmslos eingeknäuelt und getötet. Interessant ist, daß Bienenköniginnen nicht selten der Einknäuelung einfach darum anheimfallen, weil ihnen ein dem Bienenvolke ungewohnter Geruch anhaftet. So kann das Fangen einer Königin durch den Imker nach ihrer Freigabe ein solches Drama veranlassen. Eine der praktischsten Lehren, die aus den Beobachtungen des Einknäuelns zu ziehen sind, besteht also darin, daß die Königin möglichst unberührt und ungestört gelassen werden soll, um nicht durch Geruch oder sonstige Umstände der Bevölkerung ihres Stockes ungewohnt zu erscheinen und so ein Opfer der Einkreisungspolitik im Bienenstaate zu werden.

Literatur.

Der Forstschutz. Ein Lehr- und Handbuch von Dr. Richard Heß. IV. Auflage von R. Beck. I. Band: Schutz gegen Tiere. B. G. Teubners Verlag, Leipzig, 1914. In Leinwand gebunden Mk. 16.—.

Ich habe vor kurzem an dieser Stelle darauf hingewiesen, wie wünschenswert es ist, daß sich Entomologen mit der forstlichen und besonders forstentomologischen Literatur vertraut machen. Es gereicht mir daher zu besonderer Freude, unsere Mitglieder mit einem Werk bekannt machen zu können, dessen hoher Wert als Lehr- und Nachschlagewerk in Forstkreisen schon seit vielen Jahren erkannt ist. Das oben genannte Buch, dessen vierte, von R. Beck völlig neu bearbeitete Auflage vor kurzem erschienen ist, behandelt, wie der Titel sagt, die Lehre vom Schutze des Waldes und zwar der I. Band den Schutz gegen Tiere, der II. Band den Schutz gegen Eingriffe des Menschen, gegen Gewächse und atmosphärische Einwirkungen.

In dem allein vorliegenden I. Band wird auf 114 Seiten in vier Abschnitten der Schaden besprochen, den Haustiere, jagdbares Haarwild, nicht jagdbare Nagetiere und Vögel verursachen und im fünften Abschnitt die Insekten. Wie groß die Bedeutung derselben für die Forstwirtschaft ist, ergibt sich aus dem Umstand, daß dieser Abschnitt nicht weniger wie 400 Seiten füllt, wobei noch berücksichtigt werden muß, daß durch reichlich eingestreuten Petitsatz (bei allen Kennzeichen, geschichtlichen Notizen und den wirtschaftlich weniger wichtigen Schädlingen) eine große Raumersparnis erzielt wurde. Das Schwergewicht wird natürlich bei allen Beschreibungen auf die forstkulturelle Bedeutung der betreffenden Insekten gelegt, doch kann der Entomologe aus der Fülle der biologischen Mitteilungen eine Menge für ihn wissenswerter und teilweise neuer Tatsachen schöpfen. Wie groß sind noch den 250 gut ausgeführten Textabbildungen und eine schöne Farbentafel mit Kleinschmetterlingen, die nebst dem Porträt des Verfassers den Band schmücken.

Ein Wort möchte sich der Schreiber dieses über die bei den Insekten angewandte Nomenklatur erlauben. Das Buch soll in erster Linie ein Lehrbuch sein: Weshalb behält dann der Autor in den meisten Fällen eine ganz veraltete Gattungsbezeichnung bei und bringt die jetzt gültige Bezeichnung nur in Klammer? So sind z. B. alle Eulen als Noctua bezeichnet (Noctua [Acronycta] aceris, Noctua (Diloba) caeruleocephala usw.), ebenso ist das Verhältnis bei den übrigen Insekten. Es wird für den Lernenden sicher ebenso leicht sein, die neuen Gattungsnamen zu lernen, und man vermeidet, daß der Schüler aus Bequemlichkeit eben nur die nicht eingeklammerte, veraltete Bezeichnung behält und die heute allein gültige als scheinbar nebensächlich vergißt, und man erleichtert ihm zudem das Aufsuchen der Tiere in der einschlägigen entomologischen Literatur. Die Verwendung und Bedeutung des Buches für den Entomologen selbst wird hierdurch ja weniger beeinträchtigt. Die Ausstattung des Buches ist, wie bei dem Teubnerschen Verlag nicht anders zu erwarten, vorzüglich.

Allen Entomologen, die den Wert der Entomologie für unser wirtschaftliches Leben erkannt haben, empfehle ich die Anschaffung des Buches aufs wärmste und erlaube mir, aus der Schlußbemerkung des den Insekten gewidmeten Abschnittes einige Worte des Autors etwas geändert und erweitert anzufügen: „Je mehr und je besser der Entomologe durch Studium und Beobachtung Lebensweise und forstliches Verhalten der schädlichen Insekten kennen lernt und dem Forstmann bekannt gibt, um so erfolgreicher vermag dieser dem Schädling entgegenzutreten und um so wirksamer wird er seine schöne Aufgabe, ein Pfleger des Waldes zu sein, erfüllen können."

Das Werk ist in die Bibliothek des I. E. V. unter Nr. 2014 aufgenommen. L. P.

Für die Redaktion des wissenschaftlichen Teiles: Dr. F. Meyer, Saarbrücken, Bahnhofstraße. 66. — Verlag der Entomologischen Zeitschrift Internationaler Entomologischer Verein E. V., Frankfurt a. M. — Für Inserate: Geschäftsstelle der Entomologischen Zeitschrift, Töngesgasse 22 (R. Block) — Druck von Aug. Weisbrod, Frankfurt a. M., Buchgasse 12.

Frankfurt a. M., 21. Juli 1917.   Nr. 8.   XXXI. Jahrgang.

ENTOMOLOGISCHE ZEITSCHRIFT

Central-Organ des
Internationalen Entomologischen
Vereins E. V.

mit
Fauna exotica.

.Herausgegeben unter Mitwirkung hervorragender Entomologen und Naturforscher.

Abonnements: Vierteljährlich durch Post oder Buchhandel M. 3.—
Jahresabonnement bei direkter Zustellung unter Kreuzband nach
Deutschland und Oesterreich M. 8.—, Ausland M. 10.—. Mitglieder des
Intern. Entom. Vereins zahlen jährlich M. 7.— (Ausland [ohne Oester-
reich-Ungarn] M. 2.50 Portozuschlag).

Anzeigen: Insertionspreis pro dreigespaltene Petitzeile oder deren
Raum 20 Pfg. Anzeigen von Naturalien-Handlungen und -Fabriken
pro dreigespaltene Petitzeile oder deren Raum 20 Pfg. — Mitglieder
haben in entomologischen Angelegenheiten in jedem Vereinsjahr
100 Zeilen oder deren Raum frei, die Ueberzeile kostet 10 Pfg.

Schluß der Inseraten-Annahme für die nächste Nummer am 4. August 1917
Dienstag, den 31. Juli, abends 7 Uhr.

Inhalt: Einfache Zucht von Lemonia dumi aus dem Ei. Von Victor Calmbach, Stuttgart. — Zur Kenntnis der männlichen Kopulationsorgane der Anisotomiden (Gattung Anisotoma). Von Theo Vaternahm in Frankfurt a. M. — Die Ichneumonidengattung Amblyteles und ihre Wirte. Von Professor Dr. Rudow, Naumburg a. S. — Eine praktische Köderlaterne. Von
Heinrich Rüter, Braunschweig. — Kleine Mitteilungen. — Literatur.

Einfache Zucht von Lemonia dumi aus dem Ei.

Von *Victor Calmbach*, Stuttgart.

Es ist über dumi in den letzten Jahren viel geschrieben worden. Im Jahrgang Nr. 20 S. 220 der
Int. Ent. Zeitschrift zeigt Herr Dr. Becker die richtige
Form des Eies, welches im Spuler total falsch beschrieben und abgebildet ist.

Ich will auf die einzelnen Häutungen der Raupen
nicht näher eingehen, sondern die höchst einfache
Zucht schildern, deren Zeitraum nur 4 Wochen beansprucht. Auch ich hatte in früheren Jahren Eier zur
Zucht mehrmals käuflich erworben und immer wieder
gingen die Raupen noch als ganz kleine Tiere ein.

Mitte Mai 1917 schlüpften die Räupchen aus dem
Ei. Sie waren am 17. Juni schon vollständig erwachsen
und gingen in die Erde zur Verpuppung. Im jugendlichen Stadium haben die Räupchen eine große Vorliebe für die gelben Blüten des Löwenzahn. Ich fütterte
sie damit, bemerkte aber, daß die Blüten, wenn sie
gepflückt sind, nach ganz kurzer Zeit sich schließen
und eine Knospe bilden. Auf diese Art sind die Räupchen auf mechanischem Weg verurteilt, auf die zu-
trägliche sowie begehrte Kost zu verzichten. Ich
habe einen für die kleinen Wesen günstigen Eingriff
getan und die Blüten vorher aufgerissen, ehe ich
sie als Futter gab.

Das Einpflanzen von Löwenzahn in die Erde,
in einem Aquarium usw., wie es schon empfohlen
wurde, ist absolut nicht nötig. Die Raupen können
mit Erfolg in einem Einmachglas erzogen werden.
Das Glas sollte jedoch gelegt, nicht gestellt werden,
die Oeffnung ins Freie gerichtet. Bedingung bei der
dumi-Zucht ist feuchte Wärme. Die ganze Kunst ist
in diesen Worten verkörpert. Diese Wärme wird mit
Sicherheit erreicht, wenn das Glas direkt den Sonnenstrahlen ausgesetzt wird und mit frischen Blättern
des Löwenzahn gut gefüllt ist. So haben die Raupen
nicht nur Futter, sondern gleichzeitig auch einen Schutz.
Um die dadurch entstehende Feuchtigkeit zu regulieren,
schlug ich das Glas innen mit einem ungeleimten
Papier aus. Die Außenseite bedeckte ich über die
Mittagszeit mit einem leichten Tuche, die Oeffnung
des Glases immer frei lassend. Blätter reichte ich
erst nach der zweiten Häutung, auch legte ich die
Raupen in ein größeres Glas.

Die Freßlust wurde durch die feuchtwarme
Temperatur, welche sich im Glase bildete, ungemein
gesteigert, so daß die erwachsenen Raupen selbst an
den Rippen des Löwenzahnes tiefe Löcher einbissen.
Ausdrücklich möchte ich bemerken, daß dumi absolut
kein welkes oder auch nur angewelktes Futter zu
sich nimmt. Hier ist der Grund zu suchen, warum
so viele Zuchten bei dumi nicht gelingen. Die Wärme
und die Feuchtigkeit fehlen meistens, auch werden die
Gläser gestellt, anstatt sie zu legen. Im Jugendstadium sind gerade die Raupen von dumi sehr empfindlich. Ich versäumte es nicht, meinen Pfleglingen
während der ganzen Zeit zweimal im Tage frisches
Futter vorzulegen. Den jungen Räupchen reichte
ich die gelben Blüten sogar dreimal.

Zu ganz gewaltigen Raupen sind sie inzwischen
herangewachsen. Zum Schluß werden sie unruhiger
als man es an den trägen Tieren seither gewöhnt
war und fangen an zu laufen. Jetzt ist es Zeit, sie
in einen geräumigen Zuchtkasten von Holz zu bringen,
dessen Boden mit einer Schicht lockerer, ich sage
ausdrücklich lockerer, Gartenerde belegt ist. Die Erde
wird tüchtig angenetzt. Nach einigen Tagen sind
die Raupen verschwunden. Im Innern der Erde geht
die Verwandlung in den meisten Fällen vor sich.
Einige haben es vorgezogen, sich an der Erdoberfläche
sichtbar in eine große braune Puppe zu verwandeln.

Jetzt ist die Hauptsache, die Erde im Laufe der
Zeit nicht eintrocknen zu lassen, aber auch ebenso
streng darüber zu wachen, daß sich kein Schimmel
bildet. Hat man die besprochenen Punkte alle beobachtet, so wird der Schmetterling Ende September
oder Anfang Oktober einem den Gefallen erweisen, aus
der Puppe zu schlüpfen. Eine neue Gefahr, der Falter ver-

lustig zu werden, droht dem Züchter. Die Männchen sind ungemein rasch und schlagen sich unbedingt ihre Flügel in Fetzen, wenn die richtige Zeit nicht erkannt wird, solche ins Tötungsglas zu bekommen. Sei auf der Hut, wenn der Sommer seine letzten Strahlen sendet. Wenn der Herbst naht, mit immer noch sonnenreichen Tagen. Solche Tage sind es, in denen dumi in wildem Flug im Zickzack über die Heide schießt. An einem solchen Tage vergiß deine dumi nicht in deinem Zuchtkasten. Da sind sie.

Zur Kenntnis der männlichen Kopulationsorgane der Anisotomiden (Gattung Anisotoma).

Von *Theo Vaternahm* in Frankfurt a. M.

Eingehende Studien mit der Gruppe der Anisotomiden, speziell der Gattung Anisotoma, führten mich dazu, ihre Kopulationsorgane, vornehmlich die männlichen, einer sorgfältigen Betrachtung zu unterziehen. Genügt für die descriptive und vergleichende Anatomie die Beschreibung des Geschlechtsapparates eines Vertreters einer Gattung, um für sie charakteristisch zu sein, so kann der Systematiker mehr verlangen. Ihm kommt es weniger auf den diffizilen Bau, als vielmehr auf die Form, Lage und Größe der Penisteile an, um auf vergleichende Art daraus Schlüsse zu ziehen, die schließlich als letztes diagnostisches Merkmal, respektive Kriterium, bei der Bestimmung den Ausschlag geben. Um daher sowohl dem Anatomen, als auch dem Systematiker gerecht zu werden, will ich in folgendem anatomische Beleuchtung und systematische Vergleichung Hand in Hand gehen lassen.

Allgemeiner Teil.

Ich will zunächst, um das Verständnis für den speziellen Teil zu erleichtern, eine allgemeine anatomische Betrachtung über das Kopulationsorgan der Art vorausschicken, indem ich dabei auch Literatur und verwandte Untersuchungen kurz streifen will. Was die Nomenklatur anbetrifft, so habe ich mich durchweg an die allgemein eingeführten Begriffe gehalten und es, soweit als es mir möglich erschien, vermieden, neue Bezeichnungen einzuführen, die etwa geeignet wären, das Bild unübersichtlicher zu gestalten.

Der Aufbau des Organs ist der einfache der primitiven Coleopteren. Ein enges Chitinrohr, der Ductus ejaculatorius, wird von einem räumlich weiteren, dem Penis, umschlossen, zu dessen Seiten sich symmetrisch die Parameren oder Nebenteile anlegen, die die älteren Autoren mit Klappen zu bezeichnen pflegten. Der Penis selbst besteht aus einem einheitlich festen Chitinzylinder ohne Differenzierung, dessen Größe und Form bei den Arten variieren. Durchweg ist er an der Basis breiter, um sich gegen die Spitze zu verjüngen, wobei konische Spitzenformen mit zangenartigen oder gabelförmigen wechseln. Während der Penis bei Ventralansicht meist röhrenförmig fingerförmig erscheint, hat er bei Lateralansicht eine mehr oder weniger ausgeprägte S-förmige oder auch sichelförmige Gestalt, deren Konvexität oralwärts liegt und kolbig verdickt ist, während der vom Körper abgelegene Teil sich mehr und mehr verjüngt, um schließlich in eine Spitze auszulaufen. Plastisch kann man sich den Penis am besten als ein am Ende plattgedrücktes Rohr denken. An dieser Stelle möchte ich einen neuen Begriff einführen, der sich vielleicht bei der Maßberechnung und der systematischen Betrachtung als zweckdienlich erweisen wird. Ich bezeichne nämlich die Stelle, an der sich der Penis gegen seine Basis in einer scharfen Biegung erweitert, als Peniswurzel, analog der allgemeinen anatomischen Nomenklatur, da man ja von hier aus das Organ schlechtweg als Penis bezeichnet. Die Abbildung wird den Begriff am besten erläutern.

Wenn ich hierbei die Basis erwähne, so will ich damit den basalen Teil des Kopulationsorgans verstanden haben; eine eigentliche Basalplatte kommt nach meinen Untersuchungen der Gattung nicht zu, obwohl Sharp und Muir in ihrer Abhandlung, in der sie Anisotoma humeralis untersuchten, das Vorhandensein einer solchen annahmen[1]. Der Basalteil ist ringförmig und bildet zusammen mit den Parameren eine Art Gabel, die den Penis birgt. Die Farbe des Penis ist lebhaft hell-chitingelb.

Die Parameren sind schmale, bandartige Chitingebilde, vergleichbar mit Gräten, die sich an der Basis verbreitern und an der Bildung des Basalteils mitwirken. Sie liegen in der Ruhe an den Penis angeschmiegt, lassen ihn aber frei, indem sie ihn nicht etwa hüllenförmig umschließen, wie wir es bei Lucanidae oder Scarabaeidae finden. Sie legen sich lateral an den Penis an, dessen Spitze sie in keinem Falle überragen, vielmehr endigen sie durchweg ein beträchtliches Stück unterhalb, ohne dabei, wie es nur bei einer Art, Anisotoma castanea, der Fall ist, sich von ihm loszulösen. An der Spitze trägt jede Paramere zwei verschieden lange Härchen oder Borsten, die Verhoeff Cirri nennt. Bei scharfer Vergrößerung stellen sie fast genau rechtwinklig gebogene, dünnwandige Chitinröhrchen dar, die kurz vor der scharf ausgezogenen Spitze eine Einkerbung besitzen und viele Pigmentkörperchen enthalten. Ob sie irgendwelche Bedeutung besitzen, ist noch unbekannt; ich meinerseits halte sie für Reizorgane während der Begattung und bezeichne sie daher mit Reizdorne. Die Frage, ob die Parameren bei der Kopulation aktiv eingreifen, und ob ihnen sonst noch eine physiologische Funktion zukommt, ist noch strittig. Manche Autoren wollen in ihnen Reizorgane für das Weibchen bei der Begattung sehen, also in Gemeinschaft mit den erwähnten Reizdornen; anderen schweben sie als Schutzorgane für den Penis vor, indem sie die Verschiedenartigkeit der Lebensweise der Tiere in Betracht ziehen und dabei die Parameren als Hüllen gegen Kälte und Nässe u. a. bezeichnen. Die reine Betrachtung in unserem Falle, wo es sich um schmale, relativ kurze, bandartige Parameren der Anisotomiden handelt, dürfte wohl hinlänglich beweisen, daß die Rolle eines Schutzorgans, wie es bei den kapselförmigen Typen wohl möglich wäre, hier auszuschalten ist. Bliebe also zu überlegen, welche Rolle ihnen als Haftorgane bei der Begattung zukäme, durch Abspreizen vom Penis, und dieser Ansicht, der die meisten Forscher bis heute sind, stimme auch ich völlig bei.

Der Ductus ejaculatorius, der als dünnes Chitinrohr den Penis durchläuft, fast immer annähernd zentral, erweitert sich gegen seine Mündung, in der Hälfte etwa des Penis, sackförmig zu einem Praeputialsack, dessen offenes Ende an der Peniswand bei der Mündung angewachsen ist. Durch Muskeln, Bindegewebe und Drüsen ist der Ductus an den Penis fixiert. Die Mündung des Samenleiters liegt zuweilen in, meistens aber unterhalb der Spitze des Organs.

---

[1] Wenigstens bezeichnen die beiden Autoren in der Abbildung den in Frage kommenden Teil mit bp. (basal-plate).

Bei der Kopulation stülpt sich der Praeputialsack in die Vagina aus, und durch seine, bei jeder Art besonders gebaute Form wird jede Hautfalte der symmetrisch gebauten Scheide ausgefüllt, sodaß diese Art der spezifischen Anordnung die Bastardierung unmöglich macht. Der Sack trägt nämlich eigenartig geformte Gebilde. Verhoeff spricht von „Skulpturen von Stacheln oder Dornen oder Riefen", die bei der Begattung in Aktion treten; Sharp und Muir nennen sie „Armatur of the internal sac" und beschreiben ihre Struktur genauer und eingehend. Ueber ihre physiologische Funktion lassen sich aber beide nicht aus. Eichelbaum hält z. B. die Widerhaken des Praeputiums von Habrocerus capillaricornis für Reizstachel. Ich benenne die Gebilde nach Situs kurz Praeputialadnexe. Bei unserer Gattung bestehen sie aus einem Kopf, der den Ductus aufnimmt, einem derben Mittelstück und zwei Flügeln, die sich gegen die Mündung des Samenleiters erstrecken.

Nun noch eine kurze Beschreibung des Abdomens. Die Form ist halbeiförmig. Die Bauchsegmente sind unregelmäßig dicht punktiert und mit zahlreichen borstenartigen starren Härchen besetzt. Aeußerlich sichtbar sind sechs Bauchsegmente, und zwar das zweite bis siebente, das erste Bauchsegment ist rückgebildet. Das achte und neunte ist eingezogen. Eine allgemeine Formel für das Abdomen unserer Gattung wäre also etwa, wobei ich mich auf eine nähere Beschreibung der Segmente nicht einlassen will:

$$\frac{D_1\ D_2\ D_3\ D_4\ D_5\ D_6\ D_7\ D_8\ D_9\ D_{10}}{(V_1)\ V_2\ V_3\ V_4\ V_5\ V_6\ V_7\ V_8\ V_9}$$

Der Penis ist fast so lang als das ganze Abdomen. Er liegt darin mit der konvexen Seite um einen Winkel von beinahe 70° von der horizontalen nach oben gedreht, und dreht sich beim Austreten völlig nach oben.　　　　(Schluß folgt.)

Die Ichneumonidengattung Amblyteles und ihre Wirte.

Von Professor Dr. *Rudow*, Naumburg a. S.

(Fortsetzung).

Amblyteles repentinus Wsm. Papilio machaon.
„　*rubriventris* Wsm. Sphinxpuppen.
„　*ruficornis* Rd. Cuculliapuppen.
„　*rufiventris* Wsm. Macroglossa stellatarum.
„　*rufipes* Rd. Mamestrapuppen.
„　*rubroater* Wsm. Agrotis segetum.
„　*septemguttatus* Gr. Aporia crataegi.
„　*siculus* Rd. Saturnia. Palermo.
„　*sperator* Wsm. Agrotispuppen.
„　*sputator* Wsm. Agrotispuppen.
„　*subcylindricus* Gr. Gortyna flavago, Nonagria sparganii, typhae.
„　*subsericans* Wsm. Cucullia absynthii.
„　*serenus* Wsm. Noctuapuppen.
„　*stigmaticus* Wsm. Noctuapuppen.
„　*trifasciatus* Wsm. Agrotis brunnea, collina.
„　*tristis* Rd. Bombyxpuppen.
„　*texanus* Rd. Samia promethea.
„　*uniguttatus* Wsm. Arctia angelicae.
„　*vadatorius* Ill. Agrotis formosa, segetum.
„　*varicornis* Wsm. Cimbex sorbi.
„　*violaceus* Rd. Parnassiuspuppe. Attica.
„　*viridatorius* Wsm. Mamestra.
„　*zonatus* Rd. Sphinx porcellus.

Einige verwandte Gattungen:

Trogus exaltatorius Pz. Sphinx ligustri, pinastri. Ocneria dispar, Cimbex betulae.
„　*exosericus* Fth. Papilio troilus.
„　*claviventris* Rd. Bombyx lanestris.
„　*flavatorius* Pz. Acherontia Atropos. Sphinx ligustri.
„　*lapidator* Gr. Papilio machaon.
„　*coeruleator* Pz. Papilio hospiton.
„　*lutorius* Gr. Sphinx pinastri, ligustri, euphorbiae. Cimbex salicis.
Automalus alboguttatus Wsm. Dasychira fascelina, pudibunda.
Catadelfus arrogator Gr. Pterogon Proserpina.
Exefanes hilaris Wsm. Cheimatobia brrumata.
„　*occupator* Gr. Cheimatobia brumata. Acronycta aceris.
Limerodes arctiventris Boil. Leucania clvni. Apamea suffuruncula.
Chasmodes paludicola Gr. Ocneria dispar.
Xorides cryptiformis Rbg. Pisodes hercyniae.
„　*inanis* Br. Kleine Cerambyciden in Holz.
„　*niteus* Gr. „　„
„　*scutellaris* Desv. Kleine Cerambyciden
„　*spinipes* Gr. „　„
„　*varipes* Hgr. „　„
Coleocentrus caligatus Gr. Callidium. Lyda.
„　*excitator* Gr. Clytus.
„　*longiventris* Gr. Sphegiden in Holzhöhlen.
„　*maximus* Rd. Cerambyx.
„　*scutellaris* Br. Odyneruszellen in Schilfrohr.
Meniscus catenator Pz. Cimbex.
„　*elector* Gr. Cerambyciden.
„　*fumipennis* Rd. Agriotes, Panolis, Lyda.
„　*impressor* Gr. Callidium variabile.
„　*murinus* Gr. Holzbewohnende Raubwespen.
„　*setosus* Ercr. Cossus aesculi.
„　*pimplator* Zettr. Clytus, Odynerus in Rohrstengeln.
„　*tomentosus* Gr. Cimbex betulae.
Paniscus glaucopterus L. Puppen von Sphingiden und Cimbex betulae.
„　*cefalotes* Gr. Cucullia abrotani, argentea, asteris, balsamitae, scrophulariae thapsiphaga u. a. Acronycta aceris, megacephala, tridens, Gastropacha populi, Harpygia vinula, meist mehrere Wespen aus einer Puppe in braunen, walzenförmigen, festen Kokons.
„　*fuscicornis* Hgr. Harpygia vinula, Anarta myrtilli, Leucania absoleta. Lophyrus.
„　*testaceus* Gr. Acronycta tridens, leporina. Cucullia argentea.
„　*virgatus* Frcr. Drepana unguicula, Eupithecia absynthiaria, Geometra betularia, Hylophila prasinana.
„　*tarsatus* Br. Drepana falcataria, unguicula. Eupithecia absynthiaria, exiguaria, lariciaria, succenturiaria, castigaria.
Anomalon circumflexum L. Lasiocampa pini. Sphinx pinastri, ligustri u. a.
„　*xanthopus* Gr. Panolis piniperda.
„　*excavatum* Rbg. Cerura vinula.
„　*bellicosum* Wsm. Sphinx pinastri.
„　*amictum* Fbr. Lasiocampa otus. Dalmatien. Panolis piniperda.
Wesmaëli Hgr. Sphinx pinastri. Noctuapuppen.
„　*biguttatum* Gr. Panolis piniperda.
„　*cerinops* Gr. Calocampa venusta. Smerinthus.
(Fortsetzung folgt.)

Eine praktische Köderlaterne.

Von *Heinrich Rüter*, Braunschweig.

Beim Lesen des Artikels des Herrn Julius Boin, Bielefeld, „Eine praktische Köderlaterne", fällt mir unwillkürlich das alte Sprichwort ein: „Wozu in die Ferne schweifen, sieh, das Gute liegt so nah".

Die Laterne des Herrn Boin mag ja sehr schön sein und all die Vorzüge haben, die man an eine gute Köderlaterne stellt, aber ein bißchen kompliziert ist die Sache doch, abgesehen davon, daß man sich erst eine Laterne konstruieren muß, wozu gewiß nicht jeder das Geschick hat. Mit einer derartigen Arbeit zu einem Handwerker zu gehen, macht auch keine Freude, denn meistens geht der Meister mit Unlust an die Sache, da sich an einer derartigen Arbeit doch nichts verdienen läßt. Auch die Gasleitung mittels Gummischlauch will mir nicht gefallen — ich habe noch die in früheren Jahren mal gebräuchlichen Radlaternen mit Gummischlauch in schlechten Gedächtnis. Gar zu oft kam es beim Ködern vor, daß durch einen versehentlichen Druck auf den Gummischlauch plötzlich die Gaszufuhr abgeschnitten wurde und man im Dunkeln stand.

Da haben wir Braunschweiger Sammler diese Laternenfrage doch meiner Ansicht nach viel einfacher gelöst. Wohl die meisten Schmetterlingssammler sind Radfahrer, und wenn sie dies aus irgend einem Grunde nicht sind, so benutzen sie doch eine Acetylen-Radlaterne zum Ködern, da diese und deren Ersatzteile selbst an den kleinsten Plätzen zu haben sind. Eine solche Laterne wird auf folgende Weise vor der Brust getragen: Auf einem ca. 20 cm langen und 12 cm breiten, kräftigen Holzbrett befestigt man in der Mitte einen Radlaternenhalter. An den beiden oberen Ecken des Brettes bringt man ein Band oder eine Kordel in der Länge an, daß man bei abgenommenem Hut bequem den Kopf durch die Schlinge stecken kann. Die Laterne wird nun an dem Halter genau wie am Rade befestigt und hängt so mitten auf der Brust, vollständig fest und doch in jeder Weise beweglich. Ich habe diese Sache noch etwas vervollständigt, indem ich an dem oberen Teile des Brettes eine Polsterung angebracht und dann das ganze Brett mit Tuch überzogen habe und dadurch ein Nadelkissen hergestellt. Zu beiden Seiten des Laternenhalters sind kleine Täschchen in dem Tuche angebracht, sogenannte Blasebalgtaschen, für Aetherglas, Nadelbüchsen usw. Unten am Brett noch einen Uhrkettenring zum Anhängen von Radschlüssel, Pinzette oder sonstige Utensilien.

So habe ich alles leicht zur Hand, beide Hände frei und gehe nun schon seit Jahren meistens allein zum Ködern, Kätzchen- und Lichtfang. Verbrannt habe ich mich noch nie und das Nadeln der gefangenen Falter vor der Laterne kann gar nicht angenehmer sein, da man das Licht direkt auf der Hand hat.

Meistens lasse ich auf der Nachhausefahrt auch die Laterne auf der Brust hängen, da dieselbe von dort ebensogut leuchtet wie vom Rade.

Selbstverständlich ist es durchaus nicht meine Absicht, die Methode des Herrn Boin herabzusetzen. Ich bin im Gegenteil Herrn Boin dankbar, mal eine derartige Frage angeregt zu haben. Vielleicht veröffentlicht noch der eine oder der andere der Herren Sammelkollegen eine andere Methode, und so können dann die verehrten Vereinsmitglieder sich das Beste aussuchen.

Kleine Mitteilungen.

Eine volkskundliche Insektensammlung. Eine Insektensammlung eigentümlicher Art, wie sie wohl bisher, wenigstens im größeren Maßstabe, keine wissenschaftliche Sammlung der Welt besitzt, wird das schwedische Reichsmuseum demnächst erhalten: eine Zusammenstellung aller Insekten, die in Religion und Kultur der Negervölker des Kongogebietes eine Rolle spielen. Der schwedische Missionar K. E. Laman ist es, der mit dem Zusammenbringen dieser Sammlung betraut ist. Seit längerer Zeit ist er bereits im Kongogebiete mit volkskundlichen Arbeiten anderer Art, als Tiersammler, vor allem aber als Sprachforscher neben seinem Hauptberufe tätig, und nach einem Briefe, der im April abgesandt und dieser Tage in Stockholm angelangt ist, machen alle seine Arbeiten gute Fortschritte. Die Anzahl der Insekten, die in die volkskundliche Insektensammlung gehören, ist, soweit sich bisher sagen läßt, über Erwarten groß; sehr zahlreich sind besonders die, die an Halsbändern, Armringen und anderen Schmuckstücken Verwendung finden.

Literatur.

Die Tierwelt im Weltkrieg. Von Wilhelm Schuster, Pastor, Ehrenmitglied naturkundlicher Vereine. 208 Seiten. Preis 1.25 Mk. Verlag von Albert Oskar Müller, Heilbronn a. N.

Die Rolle der Tierwelt im Weltkrieg ist viel größer, als der Uneingeweihte glaubt, und jedenfalls ungemein interessant. Im vorliegenden köstlich unterhaltenden Buche sind alle diese Beziehungen aufgedeckt und — alles fesselt! Ob die weißen Mäuse im U-Boot das Leben der tapferen Mannschaft erhalten helfen, ob das Pferd eine Todesvorahnung vor der Schlacht hat, wie sich die hungernden Vögel zum Backverbot stellen, ob die Zahl der beschwingten Tiere der Lüfte durch Kriegsbedrängnis vermindert wird (Verdrängung aus Brutrevieren, Fehlen der Zugvögel, Abänderung der Zugstraßen, merkwürdiges Verhalten der Singvögel bei Kriegsereignissen in Luxemburg, Verhalten gegenüber modernen Kampfmitteln wie Flugzeugen und Luftschiffen, Meldung feindlicher Flieger durch Papageien), das alles wird hier sachgemäß und wissenschaftlich erörtert. Der bekannte Naturforscher und Schriftsteller hat erzählen, was die Schwalbe im Aegypterland sah und die Nachtigall im Trentino hörte. Der zweite Teil „Säugetiere im Weltkrieg" behandelt den Hasen als Prophet im Kriege, Kaninchenpost zwischen Schützengräben, die verkannten Delphine im Suezkanal, Schweine und Kühe als „Vorposten", den Elefant in der deutschen Armee u. a. Teil 3 ist ausschließlich dem Pferd im Kriege (auch den Elberfeldern Rechenkünstlern), Teil 4 dem Hund (Sanitätshund) gewidmet; hier findet man den Nachweis, daß die Franzosen sogar tollwütige Hunde auf uns loslassen, und der Mannheimer denkende Hund Rolf äußert in der Klopfsprache seine Ansicht über den Weltkrieg. Die Jagd und was unsere Feldgrauen an Tierabenteuern in fremden Ländern (namentlich Balkan) erlebten, ein Nachruf aus Freundesmund dem gefallenen Löns im Heldengrab machen den Beschluß, den Anfang das berühmte Kriegs-Krähenlied. Ein köstliches, lesenswertes Buch!

Für die Redaktion des wissenschaftlichen Teiles: Dr. F. Meyer, Saarbrücken, Bahnhofstraße 65. — Verlag der Entomologischen Zeitschrift Internationaler Entomologischer Verein E. V., Frankfurt a. M. — Für Inserate: Geschäftsstelle der Entomologischen Zeitschrift, Töngesgasse 22 (R. Block) — Druck von Aug. Weisbrod, Frankfurt a. M., Buchgasse 12.

Frankfurt a. M., 4. August 1917.   Nr. 9.   XXXI. Jahrgang.

ENTOMOLOGISCHE ZEITSCHRIFT

Central-Organ des
Internationalen Entomologischen
Vereins E. V.

mit
Fauna exotica.

Herausgegeben unter Mitwirkung hervorragender Entomologen und Naturforscher.

Abonnements: Vierteljährlich durch Post oder Buchhandel M. 3.— Jahresabonnement bei direkter Zustellung unter Kreuzband nach Deutschland und Oesterreich M. 8.—, Ausland M. 10.—. Mitglieder des Intern. Entom. Vereins zahlen jährlich M.7.— (Ausland [ohne Oesterreich-Ungarn] M. 2.50 Portozuschlag).	**Anzeigen:** Insertionspreis pro dreigespaltene Petitzeile oder deren Raum 30 Pfg. Anzeigen von Naturalien-Handlungen und -Fabriken pro dreigespaltene Petitzeile oder deren Raum 20 Pfg. — Mitglieder haben in entomologischen Angelegenheiten in jedem Vereinsjahr 100 Zeilen oder deren Raum frei, die Ueberzeile kostet 10 Pfg.

Schluß der Inseraten-Annahme für die nächste Nummer am 18. August 1917
Dienstag, den 14. August, abends 7 Uhr.

Inhalt: Aporia crataegi in Rumänien. Von Assistenzarzt Dr. Pfaff. — Die Ichneumonidengattung Amblyteles und ihre Wirte. Von Professor Dr. Rudow, Naumburg a. S. — Zur Kenntnis der männlichen Kopulationsorgane der Anisotomiden (Gattung Anisotoma). Von Theo Vaternahm in Frankfurt a. M. — Literatur.

Aporia crataegi in Rumänien.

Von Assistenzarzt Dr. *Pfaff*.

Der Baumweißling, der ja auch bei uns in der Heimat zeitweise sehr häufig auftritt, ist hier in Rumänien, dank der Gleichgültigkeit der Rumänen, in seinem wahren Element. Als ich im Frühjahr hierher kam, war ich erstaunt über die vielen Raupennester auf den Obstbäumen und Weißdornhecken. Als dann die Blätter hervorkamen, ließen sich die Raupen von A. crataegi und E. chrysorrhoea das junge Grün gut schmecken und fraßen in ganz kurzer Zeit die Bäume einfach kahl. Es war geradezu ein Jammer. Auf manchen einzeln stehenden Hecken und Bäumen war bald jedes Blatt aufgezehrt, und die hungernden Raupen gingen teils zugrunde, teils gingen sie, soweit sie eben dem Verpuppungsstadium nahe waren, zur Verpuppung. An den Aesten, Zweigen und Stämmen, an Zäunen und Mauern fanden sich die Weißlingspuppen in solchen Mengen, daß ich in etwa einer halben Stunde über 200 davon einsammeln konnte.

Die zahlreichen Puppen boten ein interessantes Beispiel der Anpassung. An Zäunen und Mauern und Stämmen waren die Puppen von weißer Grundfarbe, reichlich schwarz gesprenkelt, so daß aus der Entfernung die Puppe in der Farbe der Unterlage erschien. Je mehr sich die Puppenlage der Blätterzone näherte, desto mehr ging die Grundfarbe in ein grünliches Gelb über, und an den grünen frischen Stengeln war die Farbe ausgesprochen gelbgrün mit wenig kleinen schwarzen Punkten. Die Puppen waren durchweg nur bei genauerem Zusehen zu finden. Aus einiger Entfernung zerflossen sie mit der Umgebung.

Seit der Mitte des Monats Mai fliegt nun der Falter. Nein, er fliegt nicht, er wimmelt einfach. An jeder Pfütze, an den feuchten Straßenrändern der sogenannten Boulevards, wie die Rumänen ihre Hauptstraßen nennen, sitzen die Baumweißlinge zu Hunderten. An den hier in tropischer Pracht blühenden Akazien schwärmen sie in wahren Unmengen.

Der Baumweißling scheint wenig Feinde zu haben. Ich habe trotz eifrigen Beobachtens kein einziges Mal gesehen, daß Vögel den Falter oder die Raupe gefressen hätten. Keine von Vögeln ausgefressene Puppe habe ich entdeckt. Nur einen Kuckuck, der hier in Ermangelung der Wälder in den Obstgärten haust, beobachtete ich eines Tages, wie er fleißig Raupe um Raupe verzehrte. Auch durch Insekten gehen wenige zugrunde. Von den 200 wahllos eingetragenen Puppen ergaben 80 % den Falter. Nur 20 % gingen an Schmarotzern etc. zugrunde.

Bei dieser geringen Anzahl natürlicher Feinde ist es eigentlich zu verwundern, daß nicht alles, was Baum heißt, vernichtet wird. Aber das Land hier ist so fruchtbar, daß die Bäume sich rasch erholen und trotz der Beschädigung reichlich Früchte tragen. Glücklicherweise gibt es eine Erscheinung, die eine Vermehrung der Weißlinge ins Ungemessene verhindert. Es sind das die wahrhaft tropischen Regengüsse, nach denen man in den zu Bächen gewordenen Straßenrändern eine Menge toter Falter den Flüssen zutreiben sieht. So hat die Natur auch hier ein Mittel, damit auch im Baumweißlingsreich die Bäume nicht in den Himmel wachsen.

Die Ichneumonidengattung Amblyteles und ihre Wirte.

Von Professor Dr. *Rudow*, Naumburg a. S.

(Schluß.)

Anomalon fibulator Gr. Smerinthus ocellatus. Pseudophia lunaris.

  „   *procerum* Gr. Sphinx ligustri.

  „   *perspicillator* Gr. Symira nervosa.

  „   *flaveolatum* Gr. Earias chlorana, Hibernia defoliaria, Cheimatobia brumata. Eupithecia actaeata.

Anomalon clandestinum Gr. Hyponomeuta padella.
„ capillosum Htg. Geometra betularia.
„ tenuicorna Fbr. Cheimatobia brumata. Thais polyxena.
„ arqualum Gr. Lophyrus pini.
„ batis Rbg. Thyatira batis.
„ canaliculatum Rbg. Geometrapuppen.
„ nigricorne Wsm. Sphingidenpuppen.
„ latro Boye. Thais polyxena.
„ Wesmaëli Hgr. Sphinx pinastri.
„ brevicorne Gr. Acronycta.
„ Heros Wesm. Sphinx pinastri. Bombyx pini.
„ tenuitarse Gr. Thais polyxena.
„ trochanteratum Hgr. Geometrapuppen.
„ giganteum Wsm. Lasiocampa otus.
Ophion obscurus Fbr. Hadena porphyrea. Sesia formicae-formis. Pseudopterna cythisaria.
„ luteus L. Cymatophora flavicornis. Harpygia bifida. Sesia formicaeformis. Demas coryli. Acronycta aceris.
„ merdarius Gr. Dianthoecia echii. Cucullia argentea. Lycaena.
„ ramidulus L. Panolis piniperda.
„ inflexus Rbg. Gastropacha lanestris.
„ bombycivorus Gr. Stauropus fagi.
„ repentinus Hgr. Thais rumina.
„ combustus Gr. Lophyruspuppen.
„ undulatus Fbr. Bombyx pini. trifolii.
„ giganteum L. Sphinx ligustri, pinastri.
„ costatus Rbg. Acronycta aceris.
„ ventricosus Gr. Bombyx Milhauseri.
„ vinulae Steph. Cerura vinula.

Einige Pimplarier.

Rhyssa atrata Ftch. Sirex. Amerika.
„ amoena Rbg. Cerambyx Heros.
„ clavata Fbr. Sirex fuscicornis. Dorcadion, Saperda.
„ curvipes Gr. Xiphidria camelus. Sirex juvencus.
„ gloriosa Rd. Sirex gigas.
„ lateralis Rd. Saperda. Oberea. Sirex juvencus.
„ lunator Fbr. Sirex. Amerika.
„ leucogaster Gr. Sirex gigas. Rhagium.
„ superba Schrk. Sirex fuscicornis.
Ephialtes albicinctus Gr. Cerambyx cerdo.
„ carbonarius Chr. Saperda.
„ extensor Pz. Astynomus. Hylotrypes.
„ imperator Krb. Cerambyx cerdo.
„ manifestator Gr. Sirex.
„ mediator Fbr. Xiphidria camelus.
„ mesocentrus Gr. Sirex. Callidium.
„ messor Gr. Galleria melonella.
„ rex Krb. Trypoxylon. Hylotrypes. Oberea. Agapanthia.
„ scanicus Pz. Pogonochaerus.
„ ruficollis Hgr. Cossus.
„ strobilorum Rbg. Tortrix strobilina, piceana, abietis.
„ tenuiventris Hgr. Dorcadion, Clytus. Retinia resinana.
„ tuberculatus Frcr. Monohamnus Toxotus.
„ varius Gr. Astynomus.
Xylonomus ater Gr. Hylotrypes.
„ caligatus Gr. Sesia.
„ ferrugatus Gr. Asemum.
„ filicornis Gr. Astynomus, Liopus. Rhagium.
„ gracilicornis Gr. Oberea.
„ irrigator Fbr. Rhagium, Leptura quadrimaculatta. Liparis dispar, monacha.

Xylonomus pilicornis Gr. Saperda populnea.
„ scaber Gr. Rhagium mondax.
„ sepulcralis Gr. Spondylis.
Xorides albitarsus Gr. Bostrychus stenographus.
„ collaris Gr. Callidium luridum. Tortrix.
„ cornutus Rbg. Cerambyx.
Banchus compressus Fbr. Panolis piniperda. Bombyx auriflua.
„ falcator Ns. Mamestra. Acronycta pisi.
„ fornicator Gr. Lophyruspuppen.
„ fulvipes Ltr. Geometra betularia. Bombyx pini.
„ monileatus Gr. Hadena baltica.
„ pictus Gr. Lophyruspuppen. Panolis piniperda.
„ rufipes Gr. Cheimatobia brumata.
„ volutatorius L. Panolis piniperda.
„ zonatus Rd. Panolis. Lophyrus, Cimbexpuppen.
Exetastes bilineatus Gr. Agrotis collina. Lophyruspuppen.
„ clavator Gr. Allantus. Porthesia auriflua.
„ crassus Gr. Colocasia coryli.
„ colobatus Gr. Allantus.
„ fornicator Gr. Cucullia balsamitae. Sesia. Cimbex sorbi.
„ flavitarsus Gr. Satyrus. Macroglossa.
„ guttatorius Gr. Allantus, Lophyrus.
„ illusor Gr. Hadena contigua. Allantus.
„ inquisitor Gr. Porthesia auriflua.
„ geniculosus Hgr. Allantus, Hylotoma.
„ laevigator Gr. Geometra betularia. Cheimatobia brumata.
„ nigripes Gr. Mamestra.
„ notatus Hgr. Cucullia argentea.
„ osculatorius Hgr. Allantus, Lophyrus.
„ tarsator Fbr. Mamestra brassicae.
Scolobatus auriculatus Fbr. Hylotoma rosarum.
Tryphon bicornutus Hgr. Geometra betularia. Cheimatobia brumata.
„ braccatus Gr. Panolis piniperda. Cheimatobia brumata.
„ brachyacanthus Gr. Satyrus, Psyché. Cheimatobia.
„ appropinquatus Gr. Nematus salicis.
„ brunniventris Gr. Athalia. Hylotoma.
„ consobrinus Hr. Agrotis collina. Hylotoma.
„ elegantulus Schrk. Acronycta aceris, rumicis. Melitaea. Allantus.
„ elongator Gr. Mamestra. Atlantus.
„ ephippium Hgr. Gracilaria. Psyche.
„ flavus Rd. Nematus salicis.
„ impressus Gr. Lophyrus.
„ incestus Hgr. Cheimatobia brumata. Hibernia defoliaria.
„ rutilator Gr. Lophyrus. Cimbex.
„ signator Gr. „ „
„ signatus Gr. „ „
„ sorbi Sax. „ „
„ tricolor Rd. „ „
„ trochanteratus Hgr. „ „
„ vesparum Rbg. Vespa holsatica, saxonica.
„ vulgaris Fbr. Allantus, Noctuapuppen. Pieris.

Evaniadae. Chalcidiae.

Leucaspis gigas Fbr. Eumenes unguiculus. Tirol.
„ dorsigera Fbr. Chalicodoma muraria. Eumenes pomiformis.
„ ligustica Klg. Eumenes Sicheli, arbustorum, pomiformis.
„ minuta Rd. Colias Edusa. Libythea celtis.

Leucaspis haematomera Duf. Eumenes pomiformis.
Chalcis intermedia Ns. Hoplopus. Leionotus, in Rubus-
    stengeln.
   „ *flavipes* Ns. Ancistrocerus parietum, renimacula.
   „ *erythromerus* Df. Libythea celtis.
   „ *pectinicornis* Ltr. Odynerus, Sizilien.
   „ *immaculata* Rsi. Cassidapuppen.
   „ *pusilla* Fbr. Osmia, Odynerus in Rohrstengeln.
   „ *femorata* Dlm. Pontia crataegi.·
   „ *minuta* Fbr. Libythea. Psyche. Lycaena.
Halticella armata Lep. Muscidenpuppen. Lucilia.
   „ *rufipes* Lep. Muscidenpuppen.
Smicra slavipes Fbr. Donacia.
   „ *cecropiae* Rd. Saturnia Cecropia.
   „ *sispes* Fbr. Donacia.
Phasganophora conica Fbr. Tipula ochracea.
   „ *Miegi* Schh. Clytus und andere Cerambyx-
    püppen.
Trigonalys Hahni Sp. Oryssus. Polistes. Vespa hol-
    satica. Sphegiden in alten Weiden.
Aulacus-Arten. Xiphidria und Cerambyciden.
Foenus affectator Fbr. Sphegiden und Cerambyciden
    in alten Weidenstämmen.
   „ *jaculator* Fbr.
Evania appendigaster L. Blatta americana, orientalis.
    Panchlora Madeirae.
Brachygaster minutes Ol. Blatta lapponica, germanica,
    livida, cricetorum. Eierballen von Spinnen.

Zur Kenntnis der männlichen Kopulations= organe der Anisotomiden (Gattung Anisotoma).

Von *Theo Vaternahm* in Frankfurt a. M.

(Schluß.)

Was die Technik anbelangt, so wurden die Tiere
in warmem Wasser aufgeweicht, der Hinterleib ge-
spalten und der Penis herauspräpariert. Je eine
halbe Stunde in Alkohol und Xylol, in Kanadabalsam
eingebettet und in durchfallendem Licht beobachtet.
Photogramme mit Mikroprojektionsapparat nach
Prof. Edinger bei einer Lichtstärke von 1250 HK.
(Osram-Azo-Projektionslampe). Vergrößerung 52 : 1.
Dauer der Belichtung 4 Sekunden.

Spezieller Teil.

Ich gehe nunmehr dazu über, die von mir untersuchten Kopulationsorgane in ihren Einzelheiten zu
beschreiben. Rein äußerlich betrachtet, kann man sie
in zwei Gruppen einteilen, zu der ersteren gehören
humeralis mit ihrer Varietät, axillaris und orbicularis;
zu der anderen castanea und glabra.

Anisotoma humeralis.

Bei Ventralansicht schlanke, zarte, fingerförmige
Gestalt, von der Peniswurzel ab leicht verdickt, sich
gegen das Ende zu verjüngend, wobei die Spitze
konisch abgedreht ist. Bei Lateralansicht S-förmig
gekrümmt, der Bogen an der Wurzel scharf gebogen,
der Bogen an der Spitze nur angedeutet. Der obere
Teil ist kolbig verdickt, verjüngt sich aber mehr und
mehr, um in eine scharfe Spitze auszulaufen. Die Parameren sind schmal, gleichlang, liegen dem Penis in
der Ruhe während ihres ganzen Verlaufes fest an und
endigen unterhalb der Penisspitze. An den Enden
tragen sie je einen längeren und kürzeren Reizdorn,
dessen Enden der Spitze zustreben. Die Mündung
des Ductus liegt ventral etwa in gleicher Höhe mit
den Paramerenenden. Die Praeputialadnexe sind
schlank und zierlich entsprechend der ganzen Form

Flügel breiter und spitz ohne Winkelung zulaufend
der Knopf ungeteilt. Die Mündung des Ductus liegt
gebaut, mit ungleichlangen Flügeln, kurzem Mittelstück und geteiltem Knopf. Länge von Peniswurzel
bis Spitze 0,9152 mm.

Anisotoma humeralis, var. globosa.

Analog humeralis gebaut, auf den ersten Blick
die Artzugehörigkeit zu humeralis darlegend. Die
Form vielleicht noch schlanker, die Einbuchtung an
der Wurzel verstrichen. Die S-förmige Krümmung
in Lateralansicht dieselbe, aber gleichmäßig verdickt
bis zur Spitze. Die Adnexe geben dasselbe Bild wie
humeralis. Länge von Peniswurzel bis Spitze: 0,856 mm.

Anisotoma castanea.

In Ventralansicht vollkommen parallelwandig.
Dicht unterhalb der Spitze zieht sich der Chitinkörper
zusammen, um als Eigentümlichkeit bei der Art zangen-
förmig zu endigen. Die Schenkel der Zange sind
dabei gespreizt gestellt und kongruent. Lateral stark
S-förmig gekrümmt, spitz endigend, aber viel kräftiger
im ganzen Verlauf wie humeralis. Die Parameren
liegen in der Ruhe dem Penis an, lösen sich aber
an der Stelle, wo er zur Bildung der Zange über-
geht, von ihm ab, um frei zu endigen, wobei sie bis
dicht unter die Penisspitze ragen. Die Reizdorne,
von denen eine jede zwei besitzt, sind gleichlang und
sehr kurz. Die Adnexe sind gedrungen gebaut, die

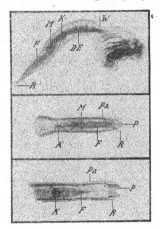

Erklärung zu den Abbildungen:
P. = Penis; Pa. = Parameren; D. E. = Ductus ejaculatorius; W. = Peniswurzel; A. = Praeputialadnexe; R. = Reizdorn; C. = Chitinstück; F. = Flügel; M. = Mittelstück;
O. = Orificium (Mündung des Ductus).

in der Einsenkung der Zange. Länge von Peniswurzel bis Penisspitze 1,144 mm.

Anisotoma glabra.

Aeußerst kurz, breit und derb gebaut. Ventral gesehen läuft der Penis gegen die Spitze zusammen und endigt in zwei scharfen Spitzen. Lateral ist er sichelförmig und fast gleichmäßig dick bis zur Spitze. Die Parameren sind sehr dünn und zierlich, liegen in der Ruhe am Penis an, ohne die Spitze zu überragen und tragen je zwei winzige Reizdorne. Die Mündung des Samenleiters liegt in der kraterförmigen Einsenkung zwischen den beiden Schenkeln. Die Adnexe sind analog kurz und breit; die Flügel sind bis dicht unter die Penisspitze vorgeschoben. Länge von Peniswurzel bis Spitze 0,734 mm.

Anisotoma axillaris.

Ventral ähnelt die Form humeralis und Varietät. Die Seitenwände sind parallelwandiger und die konisch abgedrehte Spitze trägt als Eigentümlichkeit bei dieser Art ein konzentrisch aufgesetztes kurzes, warzenartiges Gebilde. Lateralform sichelförmig, gleichmäßig dick bis zur Spitze, um dann unvermittelt rasch die Penisspitze zu bilden. Die Parameren liegen in der Ruhe fest am Penis an, endigen ein beträchtliches Stück unterhalb der Spitze und tragen je einen sehr langen und einen kurzen Reizdorn. Die Adnexe gleichen viel in ihrer Form humeralis, die Flügel sind jedoch gleichlang und klaffen sehr weit auseinander, auch sind sie mehr gegen die Spitze hin verschoben. Länge von Peniswurzel bis Spitze 0,754 mm.

Zur Untersuchung des Kopulationsorgans von Anisotoma serricornis stand mir leider kein Tier dieser seltenen Art zur Verfügung.

Ich habe mit Absicht immer bei den einzelnen Arten die Penisgröße des untersuchten Materials beigefügt, um die Frage des vergleichenden Zusammenhangs zwischen Penisgröße und Tiergröße berühren zu können. Ich füge hier die Tabelle an:

Art:	Tiergröße:	Penisgröße:
humeralis . . .	3,1	0,915
var. globosa . .	2,9	0,856
castanea . . .	3,4	1,144
glabra	3,6	0,734
axillaris . . .	2,5	0,754

Das Resultat zeigt, daß die Größe von Penis und untersuchtem Exemplar in keinerlei Zusammenhang miteinander stehen. Die überaus abnormen Größenverhältnisse von Penis und Hinterleib habe ich ja schon weiter oben erwähnt.

Morphologisch können wir aus der Betrachtung einen Schluß ziehen auf die Höhe der Entwicklungsstufe, auf der die Gattung Anisotoma unter den Coleopteren steht. Obwohl zwar die Ventral- und Dorsalplatten des Abdomens den letzten Ausschlag dafür geben, wie dies Verhoeff zum Beispiel in seiner unten zitierten Arbeit erschöpfend dargelegt hat, so sprechen doch auch der undifferenzierte Penis, die einfach freie Form der Parameren dafür, daß wir es mit einer Art zu tun haben, die auf einer der niedersten Stufen unter den Coleopteren steht.

Literatur.

Verhoeff, C.: Vergleichende Untersuchungen über die Abdominalsegmente und die Kopulationsorgane der männlichen Coleopteren (Deutsche Ent. Zeitschrift, 1893).
Sharp and Muir: The Comparative anatomy of the male genital tube in coleoptera (London 1912).

Eichelbaum, Dr. med. F.: Untersuchungen über den Bau des männlichen und weiblichen Abdominalendes der Staphilinidae (Zeitschrift für wissenschaftliche Insektenbiologie, Berlin 1916).
Kolbé, J. H.: Einführung in das Studium der Insekten, 1893.

Literatur.

Duftorgane der männlichen Schmetterlinge. Von Karl Gottwalt Illig. Stuttgart, Verlag von Erwin Nägele. 1902. Preis Mk. 38.—.

Das Vorhandensein von Duftorganen bei weiblichen Schmetterlingen ist unseren meisten Sammlern bekannt und wird beim Fange der Spinner und Schwärmer mit gutem Erfolge benutzt. Auch die Männchen vieler Schmetterlingsarten besitzen Duftorgane und zwar viel häufiger wie die Weibchen, doch wird diesen manchmal recht auffälligen Organen von den Sammlern der einheimischen Falterwelt zumeist wenig Beachtung geschenkt und die schöne Arbeit von Deegener über die Duftorgane bei Hepiolus in Jahrgang 25 unserer Zeitschrift ist wohl vielen unserer Mitglieder nicht mehr in Erinnerung.

Von der nicht allzugroßen Zahl der Forscher, die sich mit diesen Organen beschäftigen, wurde die Anatomie der Duftorgane, auf deren Notwendigkeit u. a. August Weismann hinwies, ziemlich vernachlässigt, bis Gottwalt Illig es unternahm, in dem vorliegenden Werk diese Lücke auszufüllen. Der Zweck seiner Arbeit ist, die Duftorgane der männlichen Schmetterlinge besonders auf ihren anatomischen Bau und, soweit es möglich, auch auf ihre Funktion und Entwicklung hin zu untersuchen.

Die bei den Schmetterlingsmännchen an den verschiedensten Körperstellen zur Ausbildung gelangten Duftorgane werden wie folgt aufgeführt und untersucht: Organe auf den Flügeln: die zerstreut stehenden Duftschuppen bei Pieriden und Lycaeniden; die Duftflecke bei Colias und Euploea; Organe im Umschlag des Flügelrandes bei Hesperiden und in der Flügelfalte der Danaiden. Weiter Organe an den Beinen bei Hesperiden und Noctuen und schließlich am Hinterleib bei Sphingiden, Danaiden und Euploeen. Es ist im Rahmen einer kurzen Besprechung nicht möglich, auf die mit größter Genauigkeit und Liebe zur Sache ausgeführten Untersuchungen näher einzugehen, sondern es muß den Lesern überlassen bleiben, sich mit dem überaus reichen Inhalt des Buches vertraut zu machen. Als besonders bemerkenswert möge nur hervorgehoben werden: Die neue Erklärung der Duftschuppen bei Lycaeniden, für die Illig den sehr bezeichnenden Namen „Löffelschuppen" prägt und die Gruppe der Porenschuppen bei Euploea und Eurema. Die Arbeit schließt mit einer Zusammenfassung der darin untersuchten und beschriebenen Duftschuppen und einem Erklärungsversuche der phylogenetischen Entwicklung jener merkwürdigen Organe, die trotz aller Verschiedenheit im Bau dem gleichen Zweck zu dienen scheinen.

Die miskroskopischen Präparate (Schnitte usw.), die der Arbeit zu Grunde lagen, sind in 87 Abbildungen auf 5 Tafeln der bekannten Firma Werner & Winter in Frankfurt a. M. auf lithographischem Wege in Vielfarbendruck hergestellten Tafeln beigefügt. Die von der bekannten Firma Werner & Winter in Frankfurt a. M. auf lithographischem Wege in Vielfarbendruck hergestellten Tafeln sind technisch meisterhaft ausgeführt und tragen zu dem hohen Werte der Arbeit nicht unwesentlich bei. Allen Entomologen sei das wertvolle, eine Fülle von Arbeit bergende Werk, auf das beste empfohlen.

L. P.

Für die Redaktion des wissenschaftlichen Teiles: Dr. F. Meyer, Saarbrücken, Bahnhofstraße 65. — Verlag der Entomologischen Zeitschrift Internationaler Entomologischer Verein E. V., Frankfurt a. M. — Für Inserate: Geschäftsstelle der Entomologischen Zeitschrift, Töngesgasse 22 (R. Block) — Druck von Aug. Weisbrod, Frankfurt a. M., Buchgasse 13.

Frankfurt a. M., 18. August 1917.   Nr. 10.   XXXI. Jahrgang.

ENTOMOLOGISCHE ZEITSCHRIFT

Central-Organ des Internationalen Entomologischen Vereins E. V.

mit Fauna exotica.

Herausgegeben unter Mitwirkung hervorragender Entomologen und Naturforscher.

Abonnements: Vierteljährlich durch Post oder Buchhandel M. 3.— Jahresabonnement bei direkter Zustellung unter Kreuzband nach Deutschland und Oesterreich M. 8.—, Ausland M. 10.—. Mitglieder des Intern. Entom. Vereins zahlen jährlich M. 7.— (Ausland [ohne Oester- reich-Ungarn] M. 2.50 Portozuschlag).

Anzeigen: Insertionspreis pro dreigespaltene Petitzeile oder deren Raum 30 Pfg. Anzeigen von Naturalien-Handlungen und -Fabriken pro dreigespaltene Petitzeile oder deren Raum 20 Pfg. — Mitglieder haben in entomologischen Angelegenheiten in jedem Vereinsjahr 100 Zeilen oder deren Raum frei, die Ueberzeile kostet 10 Pfg.

Schluß der Inseraten-Annahme für die nächste Nummer am 1. September 1917
Dienstag, den 28. August, abends 7 Uhr.

Inhalt: Beobachtungen an gefangenen Sattelschrecken. Von Otto Meißner, Potsdam. — Entomologie und Mikroskopie. Von Walter Reum, Rostock. — Acrolepia betulella Curt. ab. unicolorella n. aberr. Von Oberlehrer Franz Hauder in Linz a. D. — Die Gattung Torymus nebst Verwandten und ihre Wirte. Von Professor Dr. Rudow, Naumburg a. S. — Kleine Mitteilungen. — Literatur. — Auskunftstelle.

Beobachtungen an gefangenen Sattelschrecken.

Von *Otto Meissner*, Potsdam.

Am 26. September 1916 erhielt ich aus Mainz vier Stück Sattelschrecken, Ephippigera vitium moguntiaca, die dort — als die genannte Lokalrasse — die Nordgrenze ihres Verbreitungsbezirkes haben. Tümpel gibt als Verbreitungsbezirk das südliche Europa bis Freiburg im Breisgau an. Seine Angaben über die Körpermaße sind ziemlich zutreffend; ich maß bei einem Weibchen die

Länge der Fühler zu . . . . 35 mm
„ des Körpers . . . . 25 „
„ der Hinterbeine . . . 35 „
„ der Vorder- u. Mittelbeine 20 „
„ des Legestachels . . . 20 „
Breite des Körpers etwa . . 9 „

Ich hatte zwei braune Männchen, ein braunes und ein grünes Weibchen. Die Männchen waren beide genau so lang wie die Weibchen. Die interessanten Tiere zirpen mit den kurzen, unter dem „Sattel" des Pronotums verborgenen Vorderflügeln, wobei das Pronotum stark erhoben wird; beim Anfassen zirpen sie andauernd, was Tümpel von einer anderen Art angibt. Freiwillig zirpten bei mir nur die Männchen. Originell waren die Duette, die ich gelegentlich hörte; wenn a das Zirpen des einen, b das des anderen Männchens bezeichnet, ging es: a b b a b b . . lange Zeit regelmäßig! Die Häufigkeit des Zirpens hatte ein Hauptmaximum vormittags, etwa von 8—12 Uhr, ein schwächeres abends gegen 9—10 Uhr. Nachmittags zirpten sie sehr selten, nachts, soweit ich vom Nebenzimmer aus bemerken konnte, kaum. Noch bis ein Tag vor dem Tode, der ziemlich schnell eintritt, zirpten die Tiere wie sonst. Die Männchen starben am 7. und 11., die Weibchen am 15. und 16. Oktober.

Ich hielt die Tiere in einem Holzkäfig mit Gazewänden. Sie fraßen nicht nur die Dolden der mitgeschickten Mohrrübe (Daucus carota), sondern auch andere Doldenblüten, Schafgarbe, Blätter, Knospen, Früchte und Stiele vom „wilden Wein" (Ampelopsis quinquefolia) sehr gern, auch echten (Vitis sp.); ebenso Tradescantia und Rose; nicht merkwürdigerweise, vielleicht doch nur zufällig, Erdbeerblätter. Sie knabberten sogar das Kastenholz an. Wie ich früher bei Dix. mor. beobachtete, färbten sich auch ihre Exkremente nach Fütterung mit rotem wilden Weinlaub rötlich!

Die von Tümpel (nach Hörensagen) geschilderte Begattung habe ich nie beobachtet. Das Zirpen ließ die Weibchen völlig gleichgültig! Beißereien habe ich niemals gesehen.

Interessant aber ist, was ich über die Eiablage zu berichten habe, insbesondere da es von den Tümpelschen Angaben abweicht, wonach Pflanzenteile mit dem Legestachel angebohrt werden sollen. Als das erste Weibchen im Sterben war, sah ich ein Ei auf dem Boden liegen (das Ei ist rötlichgrau, etwas gebogen, 3½ mm lang, ¾ mm breit, ⅔ mm dick). Jetzt erst setzte ich ein Schälchen feuchte Erde hinein und fand (am 11. Oktober) abends 8 Uhr das lebende Weibchen mit gespreizten Hinterbeinen, den Legestachel in der Erde! Am nächsten Morgen zählte ich 42 Eier, die ich herausnahm. Teilweise waren sie regelmäßig nebeneinander angeordnet, teils unregelmäßig zerstreut. Am 13. um 3 Uhr nachmittags war das Weibchen wieder bei der Eiablage. Am 15. zählte ich noch 51 Eier; das Weibchen war aber matt und zeigte den bekannten Altersdurst. Offenbar findet also öftere Eiablage statt — ob auch öftere, vielleicht nächtliche Paarung? Jedenfalls waren die Tiere nicht bloß tagsüber, sondern auch spät abends noch lebhaft. Möglich wäre es ja, daß nur aus Not, mangels geeigneter Pflanzenteile, die Eiablage in die Erde erfolgte, doch glaube ich das nicht.

Was aus den Eiern wird, ergibt hoffentlich das nächste Jahr. Bis zum 28. Juli 1917 war noch kein Tier ausgeschlüpft.

Entomologie und Mikroskopie.*)

Von *Walter Reum*, Rostock.

Noch viel zu wenig wird von den Entomologen der Wert der Mikroskopie in bezug auf entomologische Studien gewürdigt. Und doch sollte die praktische Entomologie mit der Mikroskopie Hand in Hand gehen. Der Entomologe ist wohl bewandert in der Klassifizierung der Insekten, er kennt die verschiedenen Aberrationen, Unterschiede im Bau der Gliedmaßen verwandter Genera etc., aber die wenigsten werden sich wohl schon des ästhetischen Genusses erfreut haben, den die formenreichen Gebilde der inneren und äußeren Glieder bei mikroskopischer Vergrößerung dem Auge bieten. Das Insekt und Teile desselben in allen ihren Entwicklungsstadien bieten eine reiche Fülle ungeahnter Schönheiten, die erst dann voll und ganz in Erscheinung treten, wenn man das Mikroskop mit zu Rate zieht.

Man sollte seinen Sammlungen nicht nur die Tiere oder ihre Biologien einverleiben, sondern auch besonders charakteristische Kleinteile des Insektenkörpers im Bilde festhalten, das man an der Hand des Mikroskopes angefertigt hat, entweder als Handzeichnung oder als Mikrophotographie.

Greifen wir unter dem Massenmaterial z. B. die Eier irgend einer kleinen Lepidopterengattung heraus. Zu Biologien werden solche Eier entweder trocken oder in Konservierungsflüssigkeiten präpariert. Im ersteren Falle sind sie meist stark eingetrocknet, in letzterem durch die Feuchtigkeit aufgequollen und sehen nur entfernt dem Originalgelege ähnlich. Die schönen Formen der Eier mit ihren oft recht hübschen Zeichnungen sind dem unbewaffneten Auge nur schwer erkennbar. Wie ganz anders zeigen sie sich dem Auge unter dem Mikroskop. Reizende Gebilde einer Kleinkunst der Natur offenbaren sich in einer Formenschönheit, die dem Kunstgewerbe direkt als Muster dienen könnten.

Bei Insekteneiern, die immer in größerer Anzahl vorhanden sind, kommt es meist nicht so genau darauf an, wenn mal eines oder mehrere aus dem Gelege dem mikroskopischen Studium widmet. Anders verhält es sich mit dem fertig ausgebildeten Insekt. Von vielen Insekten wird man aber das eine oder das andere in mehrfacher Anzahl besitzen, darunter werden sich auch wieder defekte Stücke befinden, die nicht in die Sammlung kommen und daher für unsere Zwecke wertvolles Beobachtungsmaterial liefern.

Die Flügel der Hautflügler mit ihrem wunderbaren Aderverlauf, die Stech- und Freßwerkzeuge, die Haftflächen und Krallen der Beine, die Spinndrüsen von Spinnerraupen und Spinnen, die Schuppen der Schmetterlingsflügel in ihrem großen Formenreichtum, die Sinnesorgane und schließlich auch die reizend gefiederten Fühler der Spinner etc., ferner Gespinstfäden, Nerven, Tracheen, Muskelfasern, Eierstöcke usw.; alle diese Teile sollte man mikroskopisch betrachten und den Sammlungen im Bild beifügen.

Ein spezielles Studium würde die mikroskopische Untersuchung der verschiedenen Larven in frühestem Jugendzustand sein, ebenso die Untersuchung von Regenerations-Erscheinungen. Auch insektenpathologische Untersuchungen sind zu empfehlen. Letztere bedingen jedoch eine genaue Kenntnis der oft recht komplizierten mikroskopischen Färbe- und Schneidetechnik.

Noch vieles andere ließe sich erwähnen, doch würde der Raum unserer Zeitung dazu nicht ausreichen, alles anzuführen, was das Insekt in den verschiedensten Stadien seiner Entwicklung für unsere Zwecke liefern könnte.

Man könnte schließlich den Sammlungen mikroskopische Insektenpräparate im Original beifügen.

Für die erwähnten Untersuchungen braucht man nun vorsichtig eines der teuersten Mikroskope anzuschaffen. Es gibt schon recht brauchbare billige Apparate, ja in vielen Fällen genügt ein sogenanntes Taschenmikroskop.

Was die Herstellung von entomologischen mikroskopischen Dauerpräparaten betrifft, so würde es zu weit führen, hier alle Methoden der mikroskopischen Technik aufzuzählen. Man lese darüber Spezialwerke. Für Anfänger genügt folgende Anweisung: Man trennt die zu präparierenden Gliedmaßen der Insekten mit einer Schere ab und legt sie etwa 5 Stunden in absoluten Alkohol und dann die gleiche Zeit in 80- und 90prozentigen Alkohol. Hierauf überträgt man die Teile in reines Nelkenöl; man läßt sie solange darin, bis sie genügend aufgehellt sind, was etwa in 24 Stunden der Fall sein dürfte. Die Objekte werden dann auf einem sauberen Objektträger geordnet und mit einem Tropfen Kanadabalsam beschickt. Zum Schluß legt man vorsichtig ein gut gereinigtes Deckgläschen auf. Das Präparat ist damit fertig und man versehe es mit dem Namen des Insektes, bezw. des betreffenden Gliedes. Da der Kanadabalsam längere Zeit braucht, um hart zu werden, hebe man das Präparat in wagerechter Lage staubsicher auf.

Acrolepia betulella Curt. ab. unicolorella n. aberr.

Von Oberlehrer *Franz Hauder* in Linz a. D.

In meinem „Beitrage zur Mikrolepidopteren-Fauna Oberösterreichs" (Linz a. d. D. Museum Francisco-Carolineum, 1912) S. 278 Nr. 1193 ist verzeichnet, daß ich Acrolepia betulella Curt. am 19. August 1909 und am 13. und 22. August 1910 bei Kirchdorf a. K. erbeutet habe. Ein weiteres Stück fing ich am 13. August 1912 und am gleichen Tage Fachlehrer Karl Mittenberger ines in Trattenbach a. Enns in Ober-Oesterreich. Die Ueberprüfung der Bestimmung durch Professor Dr. H. Rebel ergab deren Richtigkeit und die vollständige Uebereinstimmung der Originalabbildung bei Curtis (B. E. XV. 679). Zur Beschreibung lagen dem Autor bekanntlich nur Exemplare aus England vor, da die Art damals, wie es den Anschein hat, auf dem Festland noch unbekannt war. Die weiteren Vaterlandsangaben im Kataloge von Dr. O. Staudinger und Dr. H. Rebel; II. Teil, Nr. 4481, Schlesien und Elsaß, sind mit Fragezeichen versehen, und Heinemann-Wocke, 2. Band, 2. Heft, S. 97, hält das Vorkommen in Deutschland für zweifelhaft. Es war daher die Auffindung dieser Art in dem von England weit entlegenen Oberösterreich sehr überraschend und hinsichtlich ihrer Verbreitung von besonderem Interesse. Sollte sie wirklich in dem dazwischen liegenden Gebiete fehlen? Das ist kaum anzunehmen. Vielleicht ist sie nur durch Zufall der Beobachtung entgangen. Die Funde in Oberösterreich dürften die Berechtigung der Fragezeichen bei den erwähnten Vaterlandsangaben mindern und lassen die Vermutung

---

*) Verfasser dieses Artikels ist gern bereit, Interessenten auf Wunsch kostenlos gegen Rückporto Näheres über die Anfertigung von mikroskopischen Präparaten und über die Technik des Mikroskopierens zu geben.

zu, daß betulella Curt. wohl eine größere als die bisher bekannte, beschränkte Verbreitung besitzt. Von weiterer Durchforschung des Zwischengebietes lassen sich neue Fundorte erwarten, wozu ich hiermit die Anregung geben möchte.

Der Kirchdorfer Fundort liegt auf dem Flysche (Kalkmergel). Er ist eine kleine schattige, mit Pflanzenwuchs reich bestandene Waldblöße. Die Tiere wurden durch Streifen mit dem Netze aus niedrigen Pflanzen, zwei aus dichten Fichtenzweigen erbeutet. Der Fundort in Trattenbach gehört dem Alpenkalke an.

Die dermalen noch wenigen oberösterreichischen Stücke, von denen Belegexemplare dem k. k. Naturhistorischen Hofmuseum in Wien überlassen worden sind, zeigen eine Unbeständigkeit des weißen Innenrandfleckes. Er ist nicht so breit, wie Heinemann-Wocke angibt, sondern schmal und ohne dunkle Teilungslinie. Bei zwei Stücken fehlt dieses charakteristische Zeichnungsmerkmal gänzlich. Nur wenige winzige, weiße Schüppchen am Innenrande deuten noch darauf hin. Die Vorderflügel sind daher völlig einfarbig dunkelbraun.

Da nun diese Abänderung schon bei zwei unter sechs Exemplaren, also mit einem Drittelanteil auftritt, kann ich sie nicht als eine bloß zufällige, individuelle Form ansehen. Zeichnungslose und einfarbige Formen anderer Arten sind wiederholt mit Namen belegt worden, weshalb ich auch diese Form von betulella Curt., die sich durch den gänzlichen Mangel des weißen Innenrandfleckes auszeichnet, ab. unicolorella benenne.

Die Gattung Torymus nebst Verwandten und ihre Wirte.

Von Professor Dr. *Rudow*, Naumburg a. S.

Seit vielen Jahren mit der Zucht von Gallen aller Art beschäftigt, mußte ich natürlich meine Aufmerksamkeit auch auf die ausschlüpfenden Schmarotzer lenken, welche wegen ihrer zierlichen Körperformen und glänzenden Farben in die Augen fallen. Da fügte es sich, daß ähnlich gebildete Tierchen, auch aus anderen Insekten erzogen, ebenfalls Beachtung fanden. So ist denn eine Zusammenstellung zustande gekommen, die auch manche anderen Gattungen mit einschließt. Die Insekten gehören zu den kleineren, der Reihe der Pteromalinen zugehörig, äußerlich einander sehr ähnlich, bei genauer Betrachtung aber manche Unterschiede darbietend, sodaß die Sammlung immerhin einen netten Anblick gewährt. Der Regel nach schlüpfen die Schmarotzer recht bald aus den Wirten aus, doch kann man beobachten, daß manche bis zu 18 Monaten Larvenruhe haben. Die Zucht beansprucht keine Mühe, nur muß man die Wirte natürlich gesondert aufbewahren, um sich viele Mühe bei der Bestimmung zu ersparen. Oft schlüpfen mehrere Arten, verschiedenen Gattungen angehörig, aus, manchmal in solcher Menge, daß die Wirte gänzlich unterdrückt werden.

Das größte Verdienst um die Kenntnis dieser Insekten hat sich der verstorbene Wiener Professor G. Mayr erworben, der alle zerstreuten Angaben gesammelt und Ordnung in die Bestimmung gebracht hat, während die meisten Sammler sich nur mit der Bestimmung begnügten, hat Mayr Gewicht auf die Herkunft gelegt. Alle angeführten Arten befinden sich in meiner Sammlung, die eine stattliche Reihe derselben aufweist.

Aulogymnus aceris Fst. Bathyaspis aceris Fst.

Diomorus calcaratus Ns. Cynips Kollari, mit Stigmus pendulus.

„ *armatus* Boh. Diastrophus, Cecidomyi rubi.

„ *ignëiventris* Costa. Eierballen von Mantis.

„ *Kollari* Fst. Crabronidenzellen in Brombeerstengeln.

„ *violaceus* Rd. Sphegidenzellen in Brombeerzweigen.

Entedon, Lonchentodon, elongatus Htg. Hormomyia fagi.

Glyphomerus azureus Rd. Odyneruszellen in Rohrstengeln.

„ *splendens* Rd. Eumeneszellen. Tirol.

„ *stigma* Fst. Aulaxgallen. Zellen von kleinen Sphegiden. Microgaster.

„ *tibialis* Fst. Gallen von Aulax sabaudi.

Holaspis militaris Boh. Gallen von Aulax rhoeadis.

„ *stachyos* Fst. Gallen von Stachys silvatica.

Lochites cynipidum Rd. Cynips conglomerata u. a.

„ *papaveris* Fst. Gallen von Aulax rhoeadis.

Megastigmus bipunctatus Boh. Gallen von Sphegiden in Brombeerzweigen.

„ *collaris* Boh. Rhodites rosarum.

„ *dorsalis* Fst. Cynips cerricola.

„ *pendulus* Fst. Aulax hieracii, Phanacis centaureae.

„ *stigmaticans* Fst. Cynips Kollari.

„ *synophri* Mr. Synophrus politus.

Monodontomerus aënëus Wlk. Caput medusae, Cynipidengallen, Aporia crataegi.

„ *bedeguaris* Rd. Rhodites rosae.

„ *chalicodomae* Fst. Chalicodoma muraria.

„ *dentipes* Boh. Cimbex betulae. Aporia. Pontia.

„ *obscurus* Westw. Sphegiden in Holz. Odyneruszellen in Rohrstengeln.

„ *obsoletus* Fbr. Cimbex amerinae. Psyche. Aporia.

„ *strobili* Mr. Zapfen von Koniferen.

„ *tibialis* Rd. Cynipidengallen.

Oligosthenus stigma Fbr. Rhodites rosae. Sphegidenzellen in Zweigen.

Podagrion azureus Rd. Eierballen von Mantis.

Palmon chalybaeus Rd. Eierballen von Mantis und Blatta-Arten.

„ *pachymerus* Wlk. Eierballen von Mantis.

Psilophorus longicornis Wlk. Coccus an Eichen.

Pachychirus (Chiropachys) quadrum Wlk. Bostrychiden.

Rhaphitelus maculatus Wlk. Hylesinus fraxini. Phloeophthorus.

Rhoptocnemis papaveris Fst. Aulax rhoeadis.

Syntomaspis caudata Ns. Neuroterus lenticularis.

„ *cyanea* Fousc. Dryophantagallen.

„ *druparum* Fst. Bruchus.

„ *fastuosa* Boh. Trigonaspis megaptera.

„ *lazulina* Fst. Dryophanta longiventris.

„ *pubescens* Boh. Rhodites eglanterias.

Torymus } *abbreviatus* Boh. Cecidomyia rosae.
Callimome } *abdominalis* Boh. Cynips. Andricus. Dryophanta.

„ *amoenus* Boh. Aphilothrix radicis. Trigonaspis.

„ *artemisiae* Mr. Cecidomyia absynthii. Rhodites.

„ *arundinis* Wlk. Cecidomyia inclusa.

„ *auratus* Fousc. Neuroterus, Andricus, Teras.

„ *azureus* Boh. Tortrix strobilina. Anobium.

„ *bedeguaris* L. Rhodites rosae.

„ *calcaratus* Ns. Cynips Kollari.

„ *caudatus* Ns. Neuroterus lenticularis.

„ *chrysocephalus* Boh. Cynipidengallen.

Torymus cultriventris Rbg. Hormomyia fagi.

Torymus cyanimus Boh. Trypeta an Cirsium, Carduus, Centaurea, Serratula, Inula u. a.

„ *dauci* Curt. Cecidomyia pimpinellae, pastinacae und Daucus.

„ *eglanteriae* Mr. Rhodites eglanteriae.

„ *elegans* Boh. Cecidomyia rosariae an Salix.

„ *erucarum* Schrk. Aphilothrix radicis, Cynips cerricola.

„ *flavipes* Wlk. Trigonaspis megaptera.

„ *fulgens* Fbr. Hormomyia fagi.

„ *fuscipes* Boh. Cynipidengallen.

„ *glechomae* Mr. Aulax glechomae.

„ *galii* Boh. Cecidomyia galii.

„ *hieracii* Mr. Aulax hieracii.

„ *incertus* Fst. Cecidomyia circinnans. Quercus cerris.

„ *lasiopterae* Gir. Cecidomyia inclusa; Rohrhalme.

„ *lini* Mr. Früchte von Flachs, Linum usitatissimum.

„ *macropterus* Wlk. Diastrophus rubi, Rhodites rosarum, spinosissimae.

„ *numismatis* Ol. Neuroterus numismatis.

„ *nobilis* Boh. Biorhiza aptera, Aphilothrix radicis, Sieboldti.

„ *purpurascens* Boh. Rhodites rosae.

„ *pygmaeus* Mr. Cecidomyia subulifex an Eichen.

„ *quercinus* Boh. Saperda populnea.

„ *rubi* Fst. Diastrophus rubi.

„ *regius* Ns. Cynips, Aphilothrix, Synophrus, Teras, Dryophanta, Andricus, Spathegastergallen.

„ *socius* Mr. Samen von Pimpinella, Pastinaca, Daucus.

„ *sodalis* Mr. Neuroterus lenticularis; laeviusculus.

„ *speciosus* Boh. Hormomyia fagi.

„ *saphyrinus* Fousc. Lasioptera eryngii.

„ *tipulariarum* Zett. Cecidomyia salicis.

„ *urticae* Perr. Cecidomyia urticae.

„ *ventralis* Fusc. Cynipidengallen.

„ *viridis* Fst. Rhodites eglanteriae.

„ *solidaginis* Rd. Aulax solidaginis.

„ *saliciperdae* Rd. Cecidomyia saliciperda.

„ *submuticus* Mr. Aulax hieracii.

Tragocarpus Ballestrieri Roud. Gallen an Eucalyptus.

Xestonotus refulgens Fst. Cynips conglomeratus, Kollari.

Kleine Mitteilungen.

Trommelnde Spinnen. In der Umgebung Tübingens hat gelegentlich eines Waldspazierganges Heinrich Prell eine fesselnde Beobachtung an Spinnen gemacht. Seine Aufmerksamkeit wurde auf ein eigentümliches Geräusch gelenkt, das aus dem dürren Laube am Graben eines Waldweges ertönte. Es erinnerte an die Töne, die durch Hinwegstreichen mit einem Fingernagel über eine Feile erzeugt werden. Als Urheber des Geräusches fand Prell das Männchen einer Spinnenart, Pisaura mirabilis. Er fing ein Paar der Spinnen und setzte sie in ein Glas. Hier setzten sie die Trommelversuche zunächst fort, so daß sich der Vorgang mittels einer Lupe bequem beobachten ließ. Will die Spinne trommeln, so nimmt sie eine charakteristische Stellung ein: sämtliche Beine sind aufgesetzt und nur im Kniegelenk gebeugt, sonst aber fast gerade ausgestreckt. Dann wird der Hinterleib stark abwärts gebogen und, während die Taster sich abwechselnd schnell auf- und niederbewegen, eine rasche, zitternde Bewegung versetzt, so daß seine Spitze in schneller Folge auf die Unterlage aufschlägt. Ist diese nun ein dürres Blatt, so muß durch das wiederholte Pochen ein Knarren entstehen. Es kann fraglich erscheinen, ob das Hämmern mit den Tastern oder die Bewegung des Hinterleibes den Ton hervorbringt. Prell bekennt sich zu der zweiten Annahme. Was die biologische Bedeutung des Trommelns angeht, so handelt es sich wohl mit Sicherheit um eine Fähigkeit, die die Annäherung der Geschlechter erleichtert. So konnte Prell in mehreren Fällen beobachten, daß beim Aufsuchen eines trommelnden Männchens auch ein in der Nähe befindliches Weibchen aufgeschreckt wurde. Wie es scheint, können nur die Männchen von Pisaura mirabilis trommeln. Die beiden Bewegungen während der Tonerzeugung, das Hämmern mit den Tastern und das Schwingen des Hinterleibes, kommen bei sehr vielen Spinnen vor; ob diese dann unter geeigneten Umständen ihre Unterlage zum Tönen bringen, muß dahingestellt bleiben. Besonderes Interesse dürfte das Trommeln bei Pisaura deshalb beanspruchen, weil bei Spinnen musikalische Fähigkeiten wenig verbreitet sind, und weil es sich um ein neues Beispiel für die verhältnismäßig seltene Erscheinung handelt, daß sich Tiere lebloser Gegenstände zur Erzeugung von Geräuschen bedienen.

Literatur.

Die Wunder der Kleinwelt zu schauen, ist ein Wunsch vieler. Haben doch gerade die kleinsten Lebewesen im Haushalt der Natur oft die größte Bedeutung; zahlreiche Berufe brauchen zur Prüfung ihrer Rohstoffe oder Erzeugnisse geradezu dringend die Betrachtung im Mikroskop, das für sie so zu einem unentbehrlichen Instrument geworden ist. Den Landwirt und Gärtner lehrt es, Pflanzenkrankheiten zu erkennen und zu bekämpfen. Für den Gewerbetreibenden ist die Mikroskopie der Nahrungs- und Genußmittel, der Faserstoffe, des Holzes usw. wertvoll. Der Chemiker, Arzt, Lehrer, der Naturfreund, kurz jeder, der tiefer in das Leben der Natur blicken will, benötigt das Mikroskop und muß sich daher mit Bau und Handhabung dieses Instruments vertraut machen. Der „Mikrokosmos" (Stuttgart, Pfizerstraße 5), eine Arbeitsgemeinschaft tätiger Mikroskopiker, hat sich somit ein Verdienst erworben, wenn er als Band I eines groß angelegten „Handbuches der mikroskopischen Technik" soeben ein Werk über das „Mikroskop und seine Nebenapparate", bearbeitet von Hanns Günther (gebd. M. 3.—) erscheinen läßt, das über die Eigenschaften des Mikroskops, seine optischen und mechanischen Teile, das Messen, Zählen und Zeichnen mikroskopischer Gegenstände erschöpfend Bescheid gibt und so ein unentbehrlicher Ratgeber für jeden Naturfreund ist.

Auskunftstelle des Int. Entomol. Vereins.

Anfrage:

Wie überwintert man Räupchen aus der Gattung Zygaenae? Mehrmalige Versuche sind mir mißlungen. Die Tierchen vertrockneten meist schon im Winter oder doch bevor das entsprechende Kleefutter wieder zu haben war. Mitgl. 381.

Für die Redaktion des wissenschaftlichen Teiles: Dr. F. Meyer, Saarbrücken, Bahnhofstraße, 86. — Verlag der Entomologischen Zeitschrift Internationaler Entomologischer Verein E. V., Frankfurt a. M. — Für Inserate: Geschäftsstelle der Entomologischen Zeitschrift, Töngesgasse 22 (R. Block) — Druck von Aug. Weisbrod, Frankfurt a. M., Buchgasse 12.

Frankfurt a. M., 1. September 1917.   Nr. 11.   XXXI. Jahrgang.

ENTOMOLOGISCHE ZEITSCHRIFT

Central-Organ des
Internationalen Entomologischen
Vereins E. V.

mit
Fauna exotica.

Herausgegeben unter Mitwirkung hervorragender Entomologen und Naturforscher.

Abonnements: Vierteljährlich durch Post oder Buchhandel M. 3.— Jahresabonnement bei direkter Zustellung unter Kreuzband nach Deutschland und Oesterreich M. 8.—, Ausland M. 10.—. Mitglieder des Intern. Eptom. Vereins zahlen jährlich M. 7.— (Ausland [ohne Oester- reich-Ungarn] M. 2.50 Portozuschlag).

Anzeigen: Insertionspreis pro dreigespaltene Petitzeile oder deren Raum 30 Pfg. Anzeigen von Naturalien-Handlungen und -Fabriken pro dreigespaltene Petitzeile oder deren Raum 20 Pfg. — Mitglieder haben in entomologischen Angelegenheiten in jedem Vereinsjahr 100 Zeilen oder deren Raum frei, die Ueberzeile kostet 10 Pfg.

Schluß der Inseraten-Annahme für die nächste Nummer am 15. September 1917
Dienstag, den 11. September, abends 7 Uhr.

Inhalt: Von unseren wilden Bienen. Von Max Bachmann, München. — Adjektiv-Geschlechtsform bei Aberrationsnamen. Von R. Heinrich, Charlottenburg. — Kleine Mitteilungen.

Von unseren wilden Bienen.

Von *Max Bachmann*, München

„Unsere Honigbiene", sagt Prof. Sajo, „ist hoch- adeligen Geschlechts, mit dessen Nobilität kein anderes Insekt wetteifern kann." War sie doch schon in den grauesten, entferntesten Epochen überlieferter Ge- schichte als Abkömmling überirdischer Götter gefeiert. Daher ist unsere Kenntnis vom Leben und Treiben dieser interessanten Geschöpfe ganz allgemein ver- breitet und die Literatur der edlen Imkerei ins Un- gemessene gewachsen. Das macht freilich vor allem die gewinnbringende Beschäftigung mit den Honig erzeugenden Hausbienchen, deren Nutzen ziffermäßig festgestellt worden ist.

In Gegenden mit bescheidener Flora erntet man 10—12 Kilogramm Honig pro Stock. Frank Benton erwähnt einen Fall mit beinahe unglaublich reicher Tracht, wo in den Vereinigten Staaten in einem Jahre von einem einzigen Bienenstock 500 Kilogramm Honig gewonnen wurden. Dazu kommt jener Nutzen, den ein Bienenvolk der Landwirtschaft liefert durch Bestäubung der Blüten und welchen Buttel-Reepen in seinem Leben und Wesen der Bienen aufs ge- naueste berechnet hat.

Ein gewöhnliches Volk enthält durchschnittlich im Sommer 20 000 Bienen; 80 fliegen davon in jeder Minute aus, macht 48 000 von 7 Uhr morgens bis 5 Uhr nachmittags. Jede Biene besucht während ihres Ausfluges mindestens 50 Blüten, d. i. pro Tag 2 400 000 Blüten, sagen wir rund 2 Millionen; da im Mittel hundert schöne Tage gezählt werden, kommt man zu der enormen Summe von 200 Millionen Blüten, welche von den Bienen eines einzigen Stockes besucht werden. Angenommen, daß nur der zehnte Teil dieser Blumen ihre Befruchtung der Biene ver- dankt, so hat man noch immer 20 Millionen Befruch- tungen per Volk. Schätzen wir den Wert von 500 Befruchtungen nur auf 1 Pfennig, so schuldet die Landwirtschaft jedem Bienenvolk 40 Mark.

Wie dankbar müßte sie erst unseren wilden Bienen für die Bestäubungsarbeit sein, da doch diese in einigen hundert Arten in Deutschland vorkommen. Aber wir wissen von dem Leben und Treiben dieser Tierchen so gut wie nichts, obschon nicht geringe Rätsel zu lösen wären.

Nur der Hymenopterologe begrüßt sie mit Freuden. Kaum hat die Märzensonne den Schnee geschmolzen, da wird es lebendig in den sandigen Blößen und Halden; die ersten Sand- und Furchen- bienchen schlüpfen hervor aus dem Dunkel der Erde, um sich, meist nur auf ganz kurze Zeit, am Frühlings- fest zu beteiligen.

An einem juniwarmen Märztag traf ich auf den gelben Huflattichköpfen eine lustige Gesellschaft von unseren kleinsten Sandbienen, die ein sorgenloses Spiel betrieben. Ihr Flug war so hurtig, daß ich ihm nicht mit den Augen folgen konnte und Mühe hatte, die Tierchen ins Netz zu bringen. Nur wenn sie Pollen sammelten oder aus den Honigschüsselchen des Huflattichs tranken, gaben sie sich der Muße hin. Erst werden die Fühler gereinigt, dann Wangen, Kopf, Hals und Nacken mit den Vorderbeinen abge- bürstet. Sofort reichen diese den Pollen an die Mittel- beine und diese unmittelbar an die Hinterbeine. Dabei verfahren die Mittelbeine langsam und ziehen, wie man die Strümpfe heraufzieht, mit den Klauen das Pollenhäuflein an und befestigen es. Auch streifen die Hinterfüße an der Bauchwand, um die Pollen- reste aufzunehmen. Zuletzt sieht man wie bei Wieder- käuern das Zusammenklappen der Mundteile beim Verspeisen des Pollenbrotes.

Wie Puppenschüsselchen, nur etwa 4 mm tief, sind die Nektar bergenden 300 Glöckchen rings um die Blütenscheibe des Huflattichs aufgestellt, woraus die zwerghaften Bienchen, selbst nur $^1/_2$ cm groß, mit Begierde, gleichsam wie Kätzchen, das dargereichte Honigwasser aufschlecken. Ist doch ihr gespaltenes Zünglein nicht länger als 1 mm.

Aber auch ihnen gilt der Ernst des Lebens.

in Weibchen wurde von einer lauernden Spinne
ngefallen und ich sah, wie sie die Giftklauen in
en Chitinpanzer treiben wollte, was aber wegen
einer Härte nicht gelang. So konnte das Bienchen
u seinem Glück entweichen und die Spinne begnügte
ich mit einer dummen Fliege, in deren Leib die
Ilauen leichter einschneiden können. Alfken berichtet
ber ein eigentümliches Gebaren dieser Zwerg-
iandbienchens, welches zur Rettung vor den auflau-
fnden Krabbenspinnen angewandt wird. Wenn diese
iefahr droht, lassen sie sich fallen und stellen sich tot.
Manchmal kann man die eigentümliche Erscheinung
les Sichfallenlassens schon bemerken, wenn ein
Schatten über die kurz vorher besonnte Blüte, auf
velcher die Biene ruhte, dahinhuscht, oder wenn
ein größeres Tier ziemlich dicht darüber hinfliegt.

Ich konnte das gleiche Benehmen, welches Alfken
ils eine erblich gewordene Bewegung ansieht, bei
einem Weibchen unserer gemeinsten Furchenbiene
feststellen, welches sich bei der geringsten Störung
iugenblicklich von einer Löwenzahnblüte zu Boden
allen ließ, wo es im Grase geschützt lag. Da ein
sehr heftiger Wind wehte, wählte es diese Art Ver-
eidigung anstatt des Fliegens, nicht mit Unrecht.

Die Weibchen der zwerghaften Sandbiene spielten
interdessen mit ihren zahlreichen Männchen unbe-
kümmert so lange, als die Sonnenstrahlen ihre
Flügelchen wärmten. Hat sich aber, wie Friese sagt,
las Weibchen der Liebe hingegeben, so schlägt
plötzlich das Temperament um und das Weibchen
hat den Impuls zu neuem Leben empfangen. Es
bereitet sich mit einer gewissen Hast auf seinen
ruhelosen, aufreibenden Beruf vor. Nicht mehr zum
Vergnügen wird der Nektar mit Ruhe und Behagen
eingesogen, jetzt geht es an das Abschaben und
Anhäufen des Pollens und schwerbeladen sieht man
sie den frischgegrabenen Neste zueilen.

Ein günstiges Beobachtungsfeld sind auch die
frühblühenden Weidensträucher, an deren Kätzchen
Alfken nahe an 30 verschiedene Arten von Sandbienen gezählt hat. Es sind darunter Tiere bis zur
Größe unserer Honigbiene. Sie haben alle dieselbe
Aufgabe, nämlich ihr Brutgeschäft so schnell als
möglich zu vollenden, denn Witterung und Klima
üben einen mächtigen Einfluß auf die Tiere aus.

Während sie im Sonnenschein hurtig hin und
her summen, läßt ein sie treffender Wolkenschatten
sofort eine gewisse Lähmung eintreten und veranlaßt
sie, bei längerem Anhalt die Heimfahrt anzutreten.
Kommen dann raube Märzenstürme, so suchen jene
Arten, deren Brutgeschäft in 4 bis 5 Tagen vollendet
sein muß, mit aller Macht an den Weidenbüschen
die nötige Nahrung, um die Brut zu versorgen. Und
ihr Opfermut bringt auch Früchte, denn Friese sah,
daß die Nachkommenschaft in der Nähe der Nist-
plätze nicht vermindert war.

Unter jenen Zwerg-Sandbienchen, welche am
16. März das Frühlingsfest auf den Blüten des Huflattichs feierten, waren 2 Weibchen, welche auf ihrem
Rücken je ein paar winzige Bienchen trugen,
die sich aber wohlweislich festgekrallt hatten und
zwischen den Rückensegmenten mit ihren braunen
Köpfchen hervorschauten. Es sind dies Stylops, eine
rätselhafte Art von Schmarotzern, welche Kirby im
Jahre 1800 im Leib der Bienen gefunden hat. Bei
ropischen Holzbienen ist, wie Scholz mitteilt, ein
eigenartiges Freundschaftsverhältnis mit gewissen
Milben neu entdeckt worden. Am Bienenkörper ist
sogar eine taschenartige Einstülpung vorhanden, die

als Unterkunftsraum jener Milhen m
gewiesen werden konnte. Im Nest unse
bohren sich die Schmarotzer in die Bie
ohne daß aber das Wirtstier zugru
halten in ihrer eigenen Entwicklung g
wie das Wohntier. Sobald die junge S
Andrene aus der Puppe schlüpft, str
bald die reife Larve des Stylops zwisch
hervor. Während sich nun abenteuerli
Stylopsmännchen zu einem freilebe
menen Insekt entwickelt, freilich nur mi
den Lebensdauer, die der Fortpflanz
sind, verharrt das Weibchen in einem la
unbeweglichen Zustand und schaut mi
teil des Körpers aus den Rückens
Trägers heraus. Nach einiger Zeit s
Hinterteil der Sandbienen wie mit Stai
unter einer scharfen Lupe wird ma
winziger Tierchen erblicken, die Larve
Die Eier nämlich haben sich im Le
entwickelt und die Larven sind durch ei
die dicht hinter der Mundöffnung li
geschlüpft und suchen alsbald im N
bienen auf deren Larven zu geraten.
würdige Entwicklungsgang ist umso r
die von Stylops befallenen Bienenmän
sekundären Geschlechtsmerkmalen eine
Beeinflussung erfahren. Solche styl
morphosierte Exemplare sind dann
übereifrige Systematikern als bes
beschrieben worden.

Anfängern ist daher nicht zu rate
Bestimmung der nahe an 100 Arten
bienen einzulassen. Indessen haben
Erkennungszeichen, nämlich neben e
stimmenden Flügelgeäder eine weiße
der Mittelbrust, welche zwei verschie
mit einem Schlage dient. Zunächs
Zierde der Weibchen, im Gegensatz zur
und dient jedenfalls als Zeichen d
lichen Zuchtwahl, zur Heranlockung
Hauptsächlich ist aber die Haarflocke
und hat die Aufgabe, den Blütenstau
großen Mengen nach Hause zu bringen
erzielen denn auch unter allen a
lebenden Bienen die größtmöglichste
tief ins einzelne die Vorsorge der Na
man aus folgendem ersehen. Die mei
weibchen, labialis ausgenommen, bürs
staub, wie sie ihn auf den Blüten
Haarkleid an den Häften und Schenke
biene bespeichelt bekanntlich den Blüt
sie ihn in die Körbchen füllt, wodur
erzielt wird. Die Sandbienen und au
trocken sammelnden Bienen besitzen
seitig oder allseits befiederte Haare,
ihre starke Differenzierung das Pollen
ordentlich erleichtern.

In einer hochinteressanten Arb
Pollensammelapparate der beinsamm
1913 hat Aug. Braue festgestellt, d
haare der Weibchen eine besonde
erfahren haben gegenüber den Haare
Beine oder dem Haarkleid des ni
Männchens. Die mannigfaltigen Un
Haare richten sich einzig danach, ob
alleinigen Hilfsmittel zum Eintragen
noch andere Hilfsmittel herangezogen
dem Bespeien bei der Honigbiene gib

das Verschlucken und spätere Ausbrechen des Pollens bei der Keulhorn- und Maskenbiene. Es kommen also. die höchstkompliziertesten Haarformen den Trockensammlern zu, sobald aber die Pollenmassen feucht zu einem Klumpen zusammengeballt werden, geht. die Differenzierung der Sammelhaare wieder stark zurück, bis sie ganz glatt und einfach werden.

(Fortsetzung folgt.)

Adjektiv-Geschlechtsform bei Aberrations-namen.

Von *R. Heinrich*, Charlottenburg.

In dem Aufsatze „Dendrolimus pini" schreibt der Verfasser Arthur Gustav Lahn-Berlin in Nr. 6 des laufenden Jahrgangs dieser Zeitschrift S. 22 wörtlich: „Ich möchte noch bemerken, daß die genannten lateinischen Namen nach „aberratio" die weibliche Endung haben müssen; ab. brunneus, ab. impunctatus usw., ist demnach falsch."

Ich kann der damit zum Ausdruck gebrachten Ansicht nicht beipflichten. Die „Internationalen Regeln der zoologischen Nomenklatur" besagen in

art. 11: Art- und Unterartnamen unterliegen denselben Regeln und Ratschlägen; sie sind vom Standpunkt der Nomenklatur koordiniert, d. h. gleichwertig.

art. 14: Artnamen sind

  a) Eigenschaftswörter, die im Geschlecht mit dem Namen der Gattung übereinstimmen. Beispiel Felis marmorata.

art. 17: Ist ein Unterartname anzuführen, so wird er hinter den Artnamen ohne Dazwischentreten irgend eines Satzzeichens geschrieben. Beispiel Rana esculenta marmorata.

Hiernach scheint mir festzustehen, daß sich bei Unterarten, unter welchen, an der angegebenen Stelle leider nicht näher erläuterten, Begriff man mindestens doch die Varietät (var.) einbezieht, nicht das grammatikalische Geschlecht der systematischen Kategoriebezeichnung „subsp. oder var.", sondern das Geschlecht der Artbezeichnung, bezw. wenn diese etwa eine Genitivendung hat, wie bei pini, das der Gattung, hier also Dendrolimus, maßgebend ist. Hiernach müßte also sofern man die beiden Formen als var. oder subsp. bezeichnen könnte, die Endung auf us lauten, obwohl subspecies und varietas weiblichen Geschlechts sind. Wenn nun auch vielleicht nach Ansicht mancher Entomologen obige Regeln eine Bindung für die Benennung von Individualformen oder Aberrationen nicht enthalten mögen, so ist doch andererseits meines Erachtens auch nicht der geringste Grund vorhanden, die Endigung der Aberrationsnamen nach anderen Grundsätzen zu bilden als diejenige der Varietäten, zumal die Grenzen zwischen beiden sich oft gar nicht festlegen lassen (zu vgl. die zahlreichen Fälle in Staudingers Katalog, wo die Bezeichnung var. et ab. angewendet ist). Ich stehe auf dem Standpunkt, daß die Bezeichnung Dendrolimus pini ab. brunneus oder besser Dendrolimus pini brunneus, wenn nicht die allein richtige, so doch der Form brunnea vorzuziehen ist. Sowohl Spuler als Berge-Rebel[1]) sprechen sich über diesen Punkt in der Einleitung nicht deutlich aus. Aus der Behandlung

---

[1]) Berge-Rebel richtet sich nach der Priorität, ohne auf sprachliche Gesetze Rücksicht zu nehmen; so findet sich dort: Lycaena minimus, Trochilium apiformis, Zusammenstellungen, bei denen ein des Lateins Kundiger ungefähr die Empfindung hat, als wenn ein Messer am Tellerrand geschärft wird. (Anm d. Red.)

der Namen bei den einzelnen Arten läßt sich nichts entnehmen, da beide Bücher hier die von den Autoren gegebenen Namen unverändert übernommen zu haben scheinen. Immerhin kommen vielfach männliche Endungen vor, vgl. bei Berge-Rebel z. B. Bupalus piniarius ab. anomalarius Huene und nigricarius Backhaus neben var. (ab.) mughusaria Gmppbg.

Da aber im ganzen hinsichtlich dieses Punktes in der Praxis der Namengebung und in den Handbüchern eine ziemliche Verwirrung herrscht, so daß nicht einmal die geschlechtliche Uebereinstimmung zwischen Gattungs- und Artnamen in letzteren überal, durchgeführt ist, so würde es wohl von Interesse sein! wenn zu der Frage Systematiker von Ruf (und Philologen! Die Red.) das Wort ergriffen.

Kleine Mitteilungen.

Ein Musterstaat im Tierreiche. Die Kunst der Staatenbildung ist bekanntlich nicht nur unter den Menschen, sondern auch bei den Tieren verbreitet. Regelrechte Staatswesen in unserem Sinne gibt es allerdings nur in der Welt der Insekten und zwar sind hier Hummel-, Wespen-, Bienen-, Ameisen- und Termitenstaaten bekannt. Diese Tierstaaten, von sog. sozialen Insekten gebildet, sind besonders psychologisch für den Menschen interessant, da man bei ihnen in mannigfacher Beziehung die Gewohnheiten und Gesetze beobachten kann, die auch unser Gesellschaftsleben beherrschen. Da die Staatsmaschine der sozialen Insekten aber viel einfacher ist und bedeutend ruhiger und sicherer arbeitet. als die der Menschen, läßt sie sich in ihren Einzelheiten mit ziemlicher Genauigkeit feststellen.

Das am wenigsten ausgebildete Staatswesen besitzen die Hummeln, eine höhere Stufe nehmen bereits die Wespen ein, hierauf folgen die Bienen und Ameisen, die unstreitig höchste Entwicklung der Staatsform aber wurde von den Termiten erreicht.

Nach den Forschungen des Münchener Professors K. Escherich, über. die Dr. phil. O. Damm im „Prometheus" ganz neuartige Mitteilungen macht, hat man bei den Termiten sozusagen den Mrsterstaat im Tierreich aufgedeckt. Vorbemerkt sei, daß die Termiten nicht, wie häufig angenommen, mit den Ameisen verwandt sind, sondern vielmehr zur Familie der niedrigst organisierten Insekten, etwa zu den bei uns bekannten Küchenschaben, die meisten Aehnlichkeiten aufweisen. Wenn man den Bau eines Termitenstaates — z. B. der Termes bellicosus — vor Beginn der Regenzeit untersucht, findet man darin sechs verschiedene Formen. Und zwar erstens das königliche Paar, zweitens geflügelte Tiere, drittens die in der überwiegenden Mehrzahl vorkommenden Arbeiter, viertens große Soldaten, fünftens kleine Soldaten, und sechstens die Jugendstadien. Uebrigens ist die Zusammensetzung bei den einzelnen Termitenstaaten verschieden und hängt auch von der Zeit ab. Derselbe Termitenbau enthält z. B. im Trockenzeit z. B. keine geflügelten Tiere. Bei anderen Termitenarten findet man nur eine Art von Soldaten, oder gar keine oder auch drei verschiedene Soldatengruppen. Die höchst organisierte Art hat natürlich auch die ausgeprägteste Kastenbildung. Das königliche Paar und die geflügelten sind als die eigentlichen Fortpflanzungstiere des Staatswesens zu betrachten. Der König und die Königin haben nach dem Hochzeitsfluge die Flügel durch Selbstverstümmelung verloren. Die Königin ist ausschließlich da, um für den ganzen Stamm das Geschäft des Eierlegens zu besorgen.

Eine Königin allein vermag die Staatseinwohnerschaft auf Hunderttausende, selbst auf Millionen zu vermehren. Im Gegensatz zu anderen staatsbildenden Insekten bleibt der König auch nach dem Hochzeitsfluge am Leben. Gleich dem Königspaar sind auch die geflügelten Tiere beträchtlich größer als die übrigen Staatsmitglieder, da die Arbeiter- und Soldatengruppen sich aus verkümmerten Tieren zusammensetzen. Im Gegensatz zu den Bienen und Ameisen gehören der Arbeiterklasse nicht nur Weibchen, sondern auch Männchen an.

Die Arbeit selbst ist außerordentlich vielartig. Die Hauptarbeiten sind Nestbau, Herbeischaffen der Nahrung, Fütterung und Reinigung des königlichen Paares und der Soldaten, Reinhalten der Wohnungen, Pflege der Brut usw.

Die zur Verteidigung des Staates berufenen Soldaten sind sozusagen hochspezialisierte Arbeiter mit besonderer Ausbildung des Kopfes und der Mundteile. Man unterscheidet die normal gebauten Soldaten mit stark entwickelten, langen und oft phantastisch gekrümmten Kiefern, und die sogen. Nasuti mit retortenförmig ausgezogenem Kopf. Bei den einen werden die Kiefer als Waffe benützt, bei den anderen sondert der nasenförmige Fortsatz des Kopfes ein klebriges Sekret ab, das durch seine ätzende Wirkung als Kampfmittel gebraucht wird.

Bezeichnend für das Organisationstalent der Termiten ist der heute besonders interessierende Umstand, daß sie auch über eine regelrechte Nahrungsmittelorganisation verfügen. Ein Teil der aufgenommenen Stoffe wird als verarbeitete Nahrung zur Fütterung der zahlreichen Larven verwendet. Besonders wichtig bei der Ernährungsfrage ist die Zucht gewisser Pilzarten. Zu diesem Zweck stellen die Termiten schwammartige Körper, die „Pilzkuchen", her, welche sozusagen als Mistbeete dienen. Sie bestehen aus Holz, sind mit Poren übersät, die zu labyrinthartig gewundenen Gängen führen, und ihr Gerüst wird von dem Fadengeflecht des Pilzes durchwuchert. Wie hoch entwickelt die Termiten sind, kann man an dem Abbeißen der Unkräuter erkennen, so daß sie auch eine regelrechte gärtnerische Tätigkeit zur Schaffung ihrer Nahrungsmittelvorräte ausüben.

Ueber die Kraftleistungen der Kerbtiere macht Professor A. Mayer in der im Franckhschen Verlage in Stuttgart erscheinenden Monatsschrift „Kosmos" (Jahrgang 1916, S. 276) folgende interessante Mitteilungen. Nicht selten findet man in volkstümlichen naturwissenschaftlichen Abhandlungen geradezu wunderbare Kraftleistungen der Kerbtiere (z. B. beim Heuschrecken- oder Flohsprung) erwähnt, denen in der höheren Tierwelt nichts Aehnliches entgegengestellt werden könnte. Liest man doch, daß ein Mensch, der es dem Floh gleichtun wollte, zweimal so hoch springen müßte, als der Kölner Dom hoch ist, und dergleichen erstaunliche Dinge mehr! Diese Behauptungen können indes einer wissenschaftlichen Prüfung nicht standhalten, denn sie beruhen lediglich auf einem Trugschluß, da man hierbei die Kraft nach dem Verhältnis der Länge des Weges oder der Höhe des Sprunges zur Körperlänge mißt. Um dies einzusehen, mache man sich klar, wovon die Sprunghöhe bei gleichem Vorrat an Bewegungsenergie im springenden Körper abhängig ist: nicht von der bewegten Masse oder deren Abmessungen, die mit dieser Masse in einfachen Beziehungen stehen, son-

dern im umgekehrten Verhältnis, denn Arbeit mathematisch ausgedrückt gleich Gewicht mal d Weg, über den es gehoben wird — auf unsern I also angewendet, hebt der Floh beim Springen sein eigenes Gewicht. Die Bewegungsenergie andererseits von der Masse der Muskelsubstanz hängig, so daß, wenn wir die Sprunghöhe in ein Bruch ausdrücken, die Körpermasse im Zähler im Nenner vorkommt und somit wegfällt.

Wollen wir nun diesen abstrakten, mathe tischen Satz auf unser Beispiel anwenden, so wü es sich ergeben, daß, wenn uns ein ganzes Regim von Flöhen zur Verfügung stände, die meinetwe wie ein Rattenkönig zusammengewachsen wären, di größere Masse auch nicht höher springen könnte, ein einziger winziger Floh. Von einer besonde Kraftleistung dieser Kerbtiere könnte hier nur ir fern die Rede sein, als sie eine ziemlich stark a geprägte, mechanische Energie besitzen müssen, den der kleineren Masse sich entgegenstellen größeren Luftwiderstand zu überwinden. Erst w der Floh einen Menschen auf den Rücken näh und mit dieser Last noch 40 cm hoch springen wü würde diese Leistung der eines Menschen gle kommen, der zweimal höher als der Kölner D nämlich 320 m hoch, zu springen imstande w Zu solchen phantastischen Vergleichen führt, wie n sieht, derselbe Trugschluß, der Kinder veranlaßt, glauben, größere Steine würden rascher fallen kleine. Allerdings ist die Fallenergie der ersten sprechend größer als die der letzten, indes ver es sich aber genau so mit dem Trägheitsmoment; beide zu überwinden haben. Aus demselben Gru fliegen z. B. auch kleine Vögel ebenso schnell große. Man wird also leicht einsehen, daß der F selbst wenn er 200 mal höher als seine Leibeslä beträgt, springen könnte, er damit doch keine hältnismäßig größere Leistung vollbringen würde, ein Kind, das 40 cm hoch springt. Die Muskelk der Kerbtiere ist allerdings groß, wie z. B. aus Leistungen des Pillenkäfers hervorgeht, der bein das Hundertfache seines Körpergewichts fortzuschie vermag. Allein man sollte bei derartigen Vergleic niemals auf den Irrtum verfallen, die Sprungh dieser Tiere als Maßstab für die Berechnung i Kraftleistungen zu gebrauchen.

Aglia tau-Weibchen erst nach zweimaliger gattung befruchtet. Ein am 20. Mai, vorm. 10 l in copula gefundenes Pärchen ging nach 1 Stu auseinander, da das Männchen beim Tragen an ei Zweige infolge böigen Windes durch eine Zw spitze an der Flügelwurzel festgeklemmt wurde. das Weibchen bis zum Mittag des 22. Mai ke Eier abgelegt hatte, ließ ich das Männchen 2 Uhr wieder anfliegen, mit diesem blieb es 6 Uhr nachm. vereinigt. Am gleichen Abend gann die Eiablage. Das Weibchen ging am 25. ein, nachdem es 81 Eier gelegt hatte. Die Rau schlüpften am 6. Juni.

Ein seltenes Schauspiel bot sich am 27. Juli mor in der Nähe von Grafenort. Aus der Richtung Glatz herkommend, zogen Millionen und aber Millic von Kohlweißlingen vorüber, die Richtung auf He schwerdt zu nehmen. Man vermeinte, mitten Winter zu sein, denn wie lichtes Flockengewim nahm sich der 1½ Stunden dauernde Zug der Schme linge aus.

Für die Redaktion des wissenschaftlichen Teiles: Dr. F. Meyer, Saarbrücken, Bahnhofstraße 65. — Verlag der Entomologischen Zeits Internationaler Entomologischer Verein E. V., Frankfurt a. M. — Für Inserate: Geschäftsstelle der Entomologischen Zeitschrift, Töngesga (R. Block) — Druck von Aug. Weisbrod, Frankfurt a. M., Buchgasse 12.

Frankfurt a. M., 15. September 1917.   Nr. 12.   XXXI. Jahrgang.

ENTOMOLOGISCHE ZEITSCHRIFT

Central-Organ des Internationalen Entomologischen Vereins E. V.

mit Fauna exotica.

Herausgegeben unter Mitwirkung hervorragender Entomologen und Naturforscher.

Abonnements: Vierteljährlich durch Post oder Buchhandel M. 3.— Jahresabonnement bei direkter Zustellung unter Kreuzband nach Deutschland und Oesterreich M. 8.—, Ausland M. 10.—. Mitglieder des Intern. Entom. Vereins zahlen jährlich M. 7.— (Ausland [ohne Oesterreich-Ungarn] M. 2.50 Portozuschlag).

Anzeigen: Insertionspreis pro dreigespaltene Petitzeile oder deren Raum 30 Pfg. Anzeigen von Naturalien-Handlungen und -Fabriken pro dreigespaltene Petitzeile oder deren Raum 20 Pfg. — Mitglieder haben in entomologischen Angelegenheiten in jedem Vereinsjahr 100 Zeilen oder deren Raum frei, die Ueberzeile kostet 10 Pfg.

Schluß der Inseraten-Annahme für die nächste Nummer am 29. September 1917
Dienstag, den 25. September, abends 7 Uhr.

Inhalt: Kärntner Berge. Von Josef Thurner, Klagenfurt. — Weiteres über die Zucht von Bacillus Rossii F. Von Otto Meißner, Potsdam. — Von unseren wilden Bienen. Von Max Bachmann, München. — Vier seltene Aberrationen des Wolfsmilchschwärmers Deilephila (Celerio) euphorbiae L. Von Franz Bandermann, Halle a. d. S. — Kleine Mitteilungen.

Kärntner Berge.

Von *Josef Thurner*, Klagenfurt.[*)]

V. Die Matschacheralpe in den Karawanken und der Kossiak (2016 m).

Ein Hauptausflugsziel in das Gebiet der südlich unserer Landeshauptstadt Klagenfurt gelegenen Gebirgskette der Karawanken bildet unstreitig die Matschacheralpe mit der Klagenfurterhütte (1660 m Seehöhe), weil sich von dort aus mehrere hübsche Wanderungen in den Hauptstock dieses Gebirges bewerkstelligen lassen.

So habe auch ich in den verflossenen Jahren mehrfach diese Alpe aufgesucht und gastliche Unterkunft in der übrigens ausgezeichnet, vom Gau Karawanken des Deutschen und Oesterreichischen Alpenvereines bewirtschafteten Unterkunftshütte gefunden. Daß alle meine Ausflüge in dieses Gebiet vorzüglich unseren Lieblingen galten, braucht wohl nicht besonders betont zu werden.

Auch im vorigen Jahre (1916) besuchte ich die Matschacheralpe dreimal und so will ich im Nachstehenden versuchen, durch Zusammenfassung meiner bisherigen Sammelerfolge eine beiläufige Beschreibung der Falterwelt dieser Oertlichkeit zu geben.

Den Aufstieg bewerkstelligte ich in der Regel von der Station Weistritz im Rosentale durch das malerische Landeshauptstadt. Der reizende Weg schlängelt sich bis zur sog. Stouhütte (ca. 1000 m Seehöhe) neben dem wildrauschenden Feistritzbach dahin, diese mehrfach übersetzend. Romantische Felsenszenerien lassen uns die Schönheiten des Kalkgebirges bewundern. In den unteren Teilen des Bärengrabens fanden sich zu den bezüglichen Flugzeiten regelmäßig Papilio podalirius, Pieris napi mit der Sommerform napaeae und den Formen radiata, lutescens, sulphurea, flavescens, meta und flavometa, kurz fast alle auch

im Wienerwalde vorkommenden napi-Abarten. Besonders mehrfach fliegen diese Tiere in der Nähe der Stouhütte. Des weiteren erscheinen auch verschiedene Coliaden, wie edusa, myrmidone mit ab. alba und Uebergängen zu dieser Form, hyale und Vanessen allenthalben, wo sich das sonst enge Tal etwas erweitert und kleinen Rasenplätzen und Waldschlägen Platz läßt. Nemeobius lucina, höher droben zur ab. schwingenschussi neigend, findet sich häufig, einzelner in den unteren Teilen des Tales Apatura iris, Limenitis sybilla, Neptis lucilla, Argynnis amathusia und adippe, häufiger wieder niobe v. eris und Melitaea athalia. Auch Arg. paphia mit der weiblichen Aberration valesina zeigt sich vertreten, letztere allerdings nur sehr einzeln. An sterilen Stellen tummeln sich Pararge maera, an schattigen Wegstellen huscht zwischen den Buchenstämmen wieder Pararge achine durch. Erebia aethiops mit der ab. leucotera besucht in Gemeinschaft verschiedener Lycaenen (argus, argyrognomon, icarus, bellargus, corydon) gerne nasse Wegstellen in der Nähe der Quellen, welche im Bärentale reichlich aus dem Waldhange hervorsprudeln. Hesperia malvae, serratulae, Adopaea lineola, Augiades comma, Thanaos tages sind stete Begleiter der vorigen. Auch die Spinner Saturnia pavonia und Aglia tau, zu etwas späterer Jahreszeit auch Lasiocampa quercus beleben die Gegend. Tropische Kolibris gleich huschen hin und wieder Callimorpha dominula und quadripunctaria beim Herannahen von den Distelblüten weg den Abhang hinauf. Diacrisia sanio und etliche Lithosien wie complana, sororcula, Syntomis phegea und Zygaena transalpina, filipendulae, carniolica mit ab. hedysari und berolinensis, Ino statices zeigen sich zurzeit nicht selten, einzelner lonicerae und meliloti.

Säcke der Acantopsyche opacella, Pachytelia unicolor, Fumea casta sind allenthalben auf den Wegrampen und den Leitungsstangen der Starkstromleitung, welche ein Werk tief im Graben speist, zu bekommen. An Geometriden finden sich nur wenige Arten, aber diese dafür zahlreich, vor. Außer den gewöhnlichen,

---

[*)] Siehe die früheren Veröffentlichungen in dieser Zeitschrift Jahrg. XXIX, Seite 25 und Folge, Seite 101 und Folge.

wohl überall vertretenen Arten birgt der Graben noch folgende der Erwähnung werte Vertreter dieser Faltergruppe: Numeria pulveraria, Larentia alaudaria, procellata, albicillata, scripturata, Gnophos dilucidaria, sordaria v. mendicaria, Ephyra pendularia, punctaria.

Nach der Stouhütte tritt man eine Zeitlang in hochstämmigen Buchenwald, in welchem es nicht viel zu erbeuten gibt. Einzelne Waldlichtungen beherbergen die schon erwähnten Arten. So geht es sanft ansteigend auf verhältnismäßig gutem Fahrwege bis zur sog. Tratten, einer reizend gelegenen Waldwiese mit einzig schönem Einblicke in die Felsmassive der umliegenden Karawankenberge. Auch hier ist es mit dem Falterfange nicht besonders bestellt. Außer etlichen Nemeobius lucina und Larentia albulata ist nicht viel anderes zu bekommen. Am Ende der Tratten erbeutete ich die ersten Pieris napi ab. bryoniae. Nun windet sich der Weg in Serpentinen hinauf der Matschacheralpe zu (1600 bis 1700 m Seehöhe). Häufig erscheint in den höher gelegenen Gegenden Larentia alaudaria besonders Ende Juni in ganz frischen Tieren. Die Futterpflanze dieser Art, Atragene alpina, ist überall häufig zu bemerken. Mit dem allmählichen Aufhören des Waldes beginnt die Falterwelt alpine Form anzunehmen. Argynnis pales und Erebia lappona eröffnen die Reihe der Alpentiere. Dann folgen der Reihe nach Erebia gorge mit der ab. impunctata und erinnys, sowie verschiedene Uebergänge von der Stammform zu diesen Formen. Erebia tyndarus ist nur spärlich, Erebia pronoe besonders anfangs August häufig. Darunter erbeutete ich auch oft Stücke der v. almangiviae, welche Abart, wie es mir scheint, wohl überall unter der Stammform vertreten ist.

Während den westlichen Teil des Talkessels der Matschacheralpe, welche als Standort der Viola Zoysii besonders den Botanikern bekannt ist, die Aufstiegsmulde von Bärentale bildet, wird die Alpe im Süden von mächtigen unersteiglichen Felsmassen des Hochstuhls und Wainasch, den Osten vom Felsberge der Bielschitza begrenzt, der Nordteil der Alpe verläuft in den bis zur Spitze begrünten Südhang des Kossiak, welcher Berg, wie übrigens alle Karawankenberge, nach Norden in unerklimmbaren Felsenriffen unvermittelt bis tief in die Waldzone abfällt.

Auf diesem der Matschacheralpe zugekehrten begrünten Teil des Kossiak mit seinen zahlreichen windgeschützten Einschnitten, in denen nebst zahlreichem Unterholz besonders die Blumenlese mit der dort besonders häufigen, betäubend duftenden Daphne striata reich vertreten ist, sammelte ich regelmäßig wie die Matschacheralpe. Nebst den vorerwähnten Erebien erbeutete ich dortselbst noch Erebia nerine und Erebia v. cassiope. Am 11. Juni 1914 bekam ich im Vereine mit einem Sammelgenossen beim Käfersuchen das Weibchen des Biston. alpinus, mehrfach auf den flachen, von der Sonne erwärmten Steinen herumkriechend. (Fortsetzung folgt.)

Weiteres über die Zucht von Bacillus Rossii F.

Von *Otto Meissner*, Potsdam.

In Fortsetzung meiner früher (Ent. Zeitschr. XXX S. 105—106) gemachten Mitteilungen über die Zucht von Bacillus Rossii F. möge nachstehendes berichtet werden:

1. Aus den im März 1916 gelegten Eiern der gelben Imago ist bis jetzt (Mitte April 1917) noch nicht ein einziges Tier ausgeschlüpft; dagegen ist eine weitere, größere Anzahl der Eier schlecht

geworden; die Schale ist brüchig und die Eier kleben an infolge des teilweise herausgetretenen Inhalts. Woran das liegt, ist mir unklar.

2. Aus den von der grünen Imago im Mai 1916 abgelegten Eiern schlüpften vom 13.—20. August vier Larven, von denen eine nach einigen Wochen starb oder entwischte. Seitdem ist auch aus diesen Eiern keine Larve mehr ausgekrochen! Die Liegezeit beträgt für diese vier Eier also 100 bis 110 Tage, für die anderen über ein Jahr — falls sich überhaupt noch Tiere daraus entwickeln.

3. Die drei Larven brachte ich ohne besondere Mühe bis zum Imagostadium. Allerdings mußte ihr Futter, das im Winter ausschließlich aus Erdbeerblättern bestand — an Tradescantien knabberten sie nur gelegentlich einmal — bei der Kälte vom Januar bis März 1917 aus Schnee und Eis hervorgegraben werden, aber die aufgetauten, halbvertrockneten Blätter wurden ohne sichtlichen Schaden gefressen. Die sonst an ihnen überwinternden Blattläuse, die im Zimmer munter wurden und an den Fenstern umherflogen, fanden sich dieses Jahr nicht mehr vor; die Kälte, die in der Umgebung von Potsdam bis zu —33° C betrug und auch auf dem Hofe, woher die Blätter stammten, sicher —25° erreichte, war ihnen wohl doch zu streng gewesen! So mußte der Bücherskorpion, den ich damit zu füttern gedachte, statt dessen mit Vogelmilben und Federfressern (Mallophaga) vorlieb nehmen, die aber — zum Glück! — auch nicht häufig waren. Die einfache, alte, aber zweckmäßige Methode, den Vogelkäfig abends mit einem hellen Tuche zu überdecken und die sich darauf ansammelnden Parasiten zu töten, hatte meine beiden Vögel, ein Kanarienweibchen und einen männlichen Kanarienstieglitz (aus Stieglitz ♂ × Kanarien ♀), im Sommer stark befallen waren, im Laufe des Herbstes fast völlig von ihren Schmarotzern befreit. — Auch eine Käsemade saugte der Bücherskorpion aus. — Leider starb er mir bald, nachdem er zuvor eine größere (etwa 1 cm lange) Käferlarve zu bewältigen versucht hatte; wegen ihres kräftigen Umherschlagens hatte er ihr nur eine, — wie es, scheint ungefährliche — Wunde im Rücken beibringen können. Ein Bücherskorpion kann wochenlang fasten; daß er bei geöffneter Schachtel Tiere aussaugt, habe ich nur beobachten können, wenn er sehr hungrig war, und auch da nur 2—3 mal. Er faßte die Tiere erst mit der einen, dann mit der anderen Schere und führte sie hierauf ans Maul. Doch dies mehr nebenbei.

4. Die Bacillus erwiesen sich als Sechshäuter, und so ist wohl — entgegen meiner Vermutung in der vorigen Arbeit — als sicher anzunehmen, daß auch ihre Vorfahren dazu gehörten, und mit Berücksichtigung einer schon früher von mir ausgeführten Zucht, zu vermuten, daß Bacillus Rossii F. ebenso wie Carausius morosus Br. überhaupt sechs Häutungen durchmacht, wobei ich nochmals darauf aufmerksam machen möchte, dass dabei die beim Verlassen der Eischale stattfindende Häutung nicht mitgezählt ist.

Die Ueberwinterung der Tiere fand im geheizten Zimmer statt, aber auf dem Fensterbrett, und da nachts ein dünnes Rouleau vorgezogen wurde, außerhalb dessen der Zuchtkasten stand, dürfte die Temperatur, bei der die Tiere saßen — denn tagsüber fressen sie wie Car. mor. nur bei stärkerem Hunger — kaum über 15°, manchmal, bei scharfem Ostwind, erheblich weniger, gewesen sein. Alle drei Tiere sind grün geblieben. Die folgende Tabelle gibt über die Häutungen nähere Auskunft. Auffällig ist der relative kurze Zwischenraum zwischen IV. und V. Häutung.

		Zwischenraum	Länge
Schlüpfen 1916 VIII. 15			10 mm
		34 Tage	
I. Häutung	IX. 18.		20 mm
		22 Tage	
II. „	X. 10.		28 mm
		36 Tage	
III. „	XI. 15.		37 mm
		51 Tage	
IV. „ 1917	I. 5.		47 mm
		31 Tage	
V. „	II. 5.		63 mm
		43 Tage	
VI. „	III. 20.		80 mm
		18 Tage	
Erste Eiablage	IV. 7.		

Bei den beiden letzten Häutungen findet also eine rapide Größenzunahme statt. Diese hatte mich zu der irrtümlichen Annahme von sieben statt sechs Häutungen verleitet.

Die Länge der Imagines variiert übrigens anscheinend (auch nach Tümpel, dessen Größenangaben mir sonst recht problematisch vorkommen, weil offenbar meist nach gänzlich eingeschrumpften Museumsexemplaren gegeben) merklich mehr als bei Cär. mor., wo sie fast stets in den Grenzen von 70—80 mm bleibt, während ich das erste Mal Imagines von 65—70 mm, vor einem Jahre von 88—96, diesmal von 82—77 mm Länge hatte. Ob etwa die Nahrung Schuld hätte, bleibt noch dahingestellt; die zu mittelstgenannten größten hatten jedenfalls in der Larvenzeit die beste Nahrung erhalten, die erstgenannten zuletzt zu trockenes Futter, die letztgenannten die in diesem Winter meist steif gefrorenen, oft auch teilweise vertrockneten Erdbeerblätter.

Von unseren wilden Bienen.

Von *Max Bachmann*, München

(Fortsetzung).

Eine zweite große Gruppe der solitären Bienen sind neben den Sandbienen die ihnen nahe verwandten Furchenbienen. An einer eingeschnittenen Längsfurche auf dem letzten Hinterleibsabschnitt sind die Weibchen gut zu erkennen. Systematisch haben die Tierchen nur für den Kenner Interesse, doch hat ihre Lebensweise Anlaß gegeben zu reicher Forschertätigkeit. Zu den exaktesten Darstellern zählt J. Fabre, dessen „Bilder aus der Insektenwelt" nicht ungelesen bleiben sollen.

Es sind weniger die kleineren Arten der Furchenbienen, welche unser besonderes Interesse erregen. Vielmehr obliegen die Tiere in ähnlich harmonischer Weise wie die Sandbienchen ihren mütterlichen Pflichten. Sie bauen ein einfaches Erdnest, d. i. ein aufgeschärrtes Erdloch mit Höhle und Gang, und hinterlegen in jedes ein Ei mitsamt dem nötigen Nahrungsvorrat. Um Sein oder Nichtsein ihrer Kinder ängstigen sie sich nicht, sie bekommen auch keines davon zu Gesicht. Anders bei jenen unter den 37 Arten der Furchenbienen, welche auf ihrem langgestreckten Rücken 4 oder 6 hele weiße Binden tragen und daher leicht kenntlich sind. Sie bauen ein freistehendes Nest bis zu 24 Zellen in einer Höhlung wie in einem Gewölbe, so daß die Luft zirkulieren kann und die Schimmelpilze als größte Feinde keinen Zutritt haben. Im gewissen Sinn leitet ihr Nestbau zu dem der Hummeln über. Während bei quadri-

cinctus, der größten Furchenbiene, die es überhaupt auf der Erde gibt, der erste Wabenbau zu bewundern ist, kommt bei sexcinctus der früheste Kontakt zwischen Mutter und Kind. Bei den Hummeln und Honigbienen sind die Beziehungen zur Brut die Grundlage des zu bildenden Staates im Gegensatz zu den einsam lebenden Bienen. Nur die genannte Furchenbiene beginnt in günstigen Gegenden im Mai den Nestbau und kommt im Juni—Juli in direkte Berührung mit ihren Kindern, eine merkwürdige Erscheinung, welche Buttel-Reepen veranlaßt hat, einen biologischen Stammbaum der Apiden aufzustellen.

Dieser Forscher berichtet auch über einen besonders gearteten Instinkt einzelner Sand- und Furchenbienen, u. a. ihre Erdnester in Kolonien zu 100 oder gar 1000 anzulegen, wodurch dann die Tiere in der Abwehr ihrer Feinde viel mutiger sind, als wenn sie einsam nisten.

Bei ihren Blumenbesuchen, die sie wegen ihrer kurzen Rüssellänge von etwa 4 Millimeter nur mitteltiefen Blütenröhren, besonders Korbblütlern abstatten, kann der Beobachter die Lebensgewohnheiten der Immen genauer studieren.

Auf einer schneeweißen Lippenblüte des Berg-Ziest saßen des Morgens um 9 Uhr eine Blumenbiene mit Wespentaille und gelber Rückenzeichnung und eine etwas größere Sandbiene. Beide blieben regungslos an der Spitze des Blütenstandes und ließen mich in nächste Nähe kommen. Auf eine Störung durch kräftiges Anblasen summte die Wespenbiene mit den Flügeln und streckte dabei das mittlere Bein träge aus. Die Kiefer öffneten sich und umfaßten die jüngsten Blütenteile am Gipfel der Blütenähre. Nach fünf Minuten nahm ich die Blüte in die Hand, worauf das Tier mit seinen Kiefern die Blütenteile frei ließ. Es schritt vorwärts, ruhte längere Zeit auf meinem Finger und begann nach einer Viertelstunde die Blüten in normaler Weise zu besuchen. Offenbar handelte es sich um ein Bienenmännchen, denn von ihnen schildert Friese das sonderbare Gebaren, sich an einem Blattstiel oder einem kleinen Zweiglein festzubeißen und in dieser Stellung, regungslos mit hängendem Leib, bis zum Morgen zu verharren, worauf Licht und Wärme ihnen wieder neues Leben bringen.

Beim Erwachen sind die Tierchen noch ziemlich schläftrunken und lassen sich kaum aus Morpheus Armen reißen. So wollte ich ein schlankgewachsenes Männchen aus der Familie der Furchenbienen, welches zwischen den Blüten der Braunwurz während einer Gewitternacht geschlafen hatte, zum Erwachen bringen. Es war fast nicht zu entdecken zwischen den braunen, blaßgrünen, frischen und dunkelgefärbten älteren Blüten. Das Aussehen war wie von einer ins Wasser getauchten Maus oder etwa einer frisch von einer Spinne eingewickelten Fliege. Die Fühler waren völlig verklebt und als ich das Tierchen sanft berührte, fuhr es mit einem Strich die Vorderbeine. Die Flügel waren so naß und verpicht, daß man rechts und links nicht unterscheiden konnte. Nun begann mit Bürsten und Reinigen. Mit beiden Hinterfüßen wurde der leicht bewegliche Hinterleib gehoben, an dem die Schenkel sich seitlich rieben. Mit einem Schütteln des Körpers wurden die Flügel in Ordnung gerichtet, die völlig durchnäßt waren. Die Mittelbeine strichen liebkosend den Thorax. Die Vorderbeine reinigten Augen und Kinn, mittels einer Kopfdrehung vermochten sie sogar die Mitte des Gesichts zu erreichen.

Wie wichtig das Tierchen das Reinigungsgeschäft nahm, ersah ich aus der absonderlichen Stellung. Mit den beiden Vorderbeinen klammerte es sich an den Rand eines Schilfblattes und fegte gleichzeitig mit Hinter- und Mittelbeinen derart, daß die Mittelbeine vorwärts nach dem Kopf, die Hinterbeine aber rückwärts nach dem Abdomen führen. Besonders liebevoll wurden zuletzt die Fühler gestriegelt. So war es 9 Uhr vormittags geworden, als das Bienenmännchen, man kann wohl sagen geschniegelt und gebügelt, seinen ersten Flugversuch unternahm. Dieser endete komischerweise unglücklich in dem Blätterwerk der Braunwurz. Doch war der Schaden bald behoben und es ging zur Stärkung in die Blütenschenke der Braunwurz. Volle 50 Sekunden verblieb der Kopf in dem Blütenbecher, und es mag der Durst nicht gering gewesen sein.

Von den Bienenmännchen hat man mit berechtigter Geringschätzung gesagt, daß ihre Lebenspole Genuß und Spiel seien. Aber es ist doch verwunderlich, daß bei den Mauerbienen stets die Männchen als die Bevorzugten zuerst erscheinen und zwar zirka acht Tage vor ihren weiblichen Geschwistern. Nach seinen Beobachtungen erklärt dies der Armbruster damit, daß in jenen Zellen, welche dem Flugloch am nächsten liegen, männliche Eier abgelegt werden, so daß einleuchtenderweise stets die Männchen zuerst da sein müssen. Dabei ist freilich vorauszusetzen, daß die männlichen Eier sich rascher entwickeln als die weiblichen. Die Eigentümlichkeit, daß die Männchen absurderweise den Vortritt erhalten, von den Gelehrten als Proterandrie bezeichnet, ist übrigens in der ganzen Insektenwelt verbreitet.

Die Frage wird dadurch verwickelter, daß Friese in einzelnen Nestern der Mauerbienen nur in Geschlecht gefunden hat, und daß Fabre durch Versuche fertigbrachte, ein Geschlecht im Gelege willkürlich zu unterdrücken, so daß er in engen, künstlichen Nestern fast nur männliche Brut erhielt. So entstehen nach dieser Regel in größeren Zellen mit vielem Futter die Weibchen, in engen Zellen mit wenig Futter die Männchen.

Dies erinnert uns an die Schenksche Theorie, bei welcher bekanntlich durch intensiven Stoffwechsel bei Ueberfluß von Stickstoffsubstanz im Organismus der Mutter das männliche Geschlecht bestimmt werden sollte.   (Fortsetzung folgt.)

Vier seltene Aberrationen des Wolfsmilchschwärmers Deilephila (Celerio) euphorbiae L.

Von *Franz Bandermann*, Halle a. S.

Wenn ich heute wiederholt einige neue Aberrationen dieses Falters kurz beschreibe, so tue ich es darum, weil sie in sich zwei bis drei bereits beschriebene Formen vereinigen.

I.

1. ab. demaculata (Schultz). Der Distalfleck in der Spitze fehlt.
2. ab. rubescens (Garb). Vorderflügel rot rosa übergossen.
3. ab. helioscopiae (Selys). Hinterflügel rot, ohne schwarze Binde.

II.

1. ab. annellata (Cloß). Die beiden Costalflecke verbunden.
2. ab. latefasciata (Schultz). Die schwarze Binde stark verbreitert.

III.

1. ab. demaculata (Schultz).
2. ab. mediofasciata (Mayer). Vorderflügel kräftiges Ockergelb.
3. ab. . . . . Nur schwarzer Keilfleck vorhanden.

IV.

1. ab. Görmeri (Bandermann). Der große Fleck verbindet sich mit der Schrägbinde.
2. ab. Grentzenbergi, stark rot übergossen.
3. ab. Lafitolei (Mieg), gelbe statt rote Binde.

Diese letztere Aberration benenne ich als Celerio euphorbiae L. ab. Elliana, zu Ehren meiner kleiner Tochter, welche mir am 9. August 1916 über 60 Raupen von euphorbiae überbrachte. Aus 54 Puppen schlüpfte dieser merkwürdige Falter. Er vereinigt in sich die oben angegebenen drei Aberrationen. Ich möchte die Herrn Züchter und Sammler bitten, ihre Erfahrungen über diese oder jene besondere Form zu veröffentlichen.

Kleine Mitteilungen.

Acrolepia betulella Curt. Diese Art findet sich auch in Steiermark. Da Hauder in Nr. 10 d. Bl. (XXXI. Jahrgang) die Anregung gibt, weitere Fundorte bekannt zu machen, so teile ich hier mit, daß Prohaska-Graz ein Stück am 13. April (1902—1905) bei der Ruine Gösting bei Graz gefangen hat. (Siehe Beitrag zur Mikrolepidopteren-Fauna von Steiermark und Kärnten von Karl Prohaska-Graz, 1905.)

Fritz Hoffmann, Wildon.

Vom Ohrwurm. Die Frage, ob der Ohrwurm zu den schädlichen oder nützlichen Insekten zu rechnen sei war bisher strittig. Professor Dr. G. Lästner hat nun den sichersten Weg, sie zu lösen, beschritten, indem er den Kropfinhalt von zahlreichen Ohrwürmern unter suchte. Im „Zentralblatt für Bakteriologie" teilt er die Ergebnisse seiner Untersuchungen mit und faßt sie schließlich folgendermaßen zusammen: „Auf Grund des Ergebnisses unserer Kropfuntersuchungen sind wir der Ansicht, daß die Nahrung des Ohrwurmes je nach seinem Aufenthaltsorte verschieden ist. Es ist im allgemeinen als ein Allesfresser in des Wortes weitester Bedeutung zu betrachten, dessen Futter unter gewöhnlichen Verhältnissen vorwiegend aus abgestorbenen Pflanzenteilen, Rußtau und einer auf Bäumen häufigen Pilze besteht. Damit hängt das häufige Vorkommen von Pilzen und Pilzsporen in seinem Kropf und Magen zusammen. Bei sich ihm bietender Gelegenheit greift er jedoch auch lebende Pflanzenteile — Blätter und besonders Blüten — an und wird da durch zum Schädling. Auffallend dabei ist seine be sondere Vorliebe für die Staubbeutel der Staubgefäße Tierische Stoffe scheint er meist nur in totem Zustande zu fressen. Er kann infolgedessen nicht als Nützling betrachtet werden. Alles in allem genommen ist der Ohrwurm ein harmloses Tier, das nur in den Fällen in denen er zum Gelegenheitsschädling wird, zu bekämpfen ist."

Für die Redaktion des wissenschaftlichen Teiles: Dr. F. Meyer, Saarbrücken, Bahnhofstraße 65. — Verlag der Entomologischen Zeitschrift Internationaler Entomologischer Verein E. V., Frankfurt a. M. — Für Inserate: Geschäftsstelle der Entomologischen Zeitschrift, Töngesgasse 2 (R. Block) — Druck von Aug. Weisbrod, Frankfurt a. M., Buchgasse 12.

Frankfurt a. M., 29. September 1917.   Nr. 13.   XXXI. Jahrgang.

ENTOMOLOGISCHE ZEITSCHRIFT

Central-Organ des
Internationalen Entomologischen
Vereins E. V.

mit
Fauna exotica.

Herausgegeben unter Mitwirkung hervorragender Entomologen und Naturforscher.

Abonnements: Vierteljährlich durch Post oder Buchhandel M. 3.— Jahresabonnement bei direkter Zustellung unter Kreuzband nach Deutschland und Oesterreich M. 8.—, Ausland M. 10.—. Mitglieder des Intern. Entom. Vereins zahlen jährlich M. 7.— (Ausland [ohne Oesterreich-Ungarn] M. 2.50 Portozuschlag).

Anzeigen: Insertionspreis pro dreigespaltene Petitzeile oder deren Raum 30 Pfg. Anzeigen von Naturalien-Handlungen und -Fabriken pro dreigespaltene Petitzeile oder deren Raum 20 Pfg. — Mitglieder haben in entomologischen Angelegenheiten in jedem Vereinsjahr 100 Zeilen oder deren Raum frei, die Ueberzeile kostet 10 Pfg.

¦Schluß der¨Inseraten-Annahme für die nächste Nummer am 13. Oktober 1917
Dienstag, den 9. Oktober, abends 7 Uhr.

Inhalt: Von unseren wilden Bienen. Von Max Bachmann, München. — Kärntner Berge. Von Josef Thurner, Klagenfurt. Eigenartige (pathologische) Zeichnungsabänderung bei Dasychira pudibunda L. Von L. Pfeiffer, Frankfurt a. M. — Amphidasys betularius L. ab. carbonaria Jord. auch bei Cöthen (Anhalt). Von Professor M. Gillmer, Cöthen (Anhalt). — Kleine Mitteilungen.

Von unseren wilden Bienen.

Von *Max Bachmann*, München

(Fortsetzung).

Ueber die Geschlechtsbestimmungsweise bei Bienen hat Armbruster 1916 eine Arbeit geliefert, in welcher er neben der Dzierzonschen Theorie, nach der alle Männchen aus unbefruchteten, alle Weibchen aus befruchteten Eiern hervorgehen, einen eigenen Typus gelten läßt, welcher die verwickelten Verhältnisse bei den wilden Bienen erklären soll. Er lautet: Alle befruchteten Eier geben Weibchen, aber nicht alle unbefruchteten Eier geben ohne Ausnahme Männchen.

Dadurch, daß von Anfang an mit Geschlechtsbestimmungsfragen das Chromosomenstudium verbunden wurde, auch hier hat neben Nachtsheim wieder Armbruster eine wertvolle Studie über die Chromosomenverhältnisse bei Mauerbienen bearbeitet, sind die Fragen schwieriger, aber noch interessanter geworden.

Durch die Arbeiten des Würzburger Forschers Boveri, der leider viel zu früh der Wissenschaft durch den Tod entrissen wurde, kamen die kinetischen Vorgänge in der Zelle bei Befruchtung und darauffolgender Teilung in voller Klarheit zu weiterster Verbreitung. Es ist bekannt, daß innerhalb jeder Zelle im Zellkern substanzielle Erblichkeitsträger, Chromosome genannt, in einer feststehenden, jedem Lebewesen eigentümlichen Zahl vorhanden sind. Während diese beim Pferdespulwurm 2, bei der Heuschrecke 12, bei der Ameise 20, bei der Maus 24 beträgt (beim Menschen ist sie 48), hat man sie bei den Bienen normalerweise auf 32 festgesetzt. Wenn nun bei Drohnen die Chromosomenzahl 16 gefunden wurde, während die weibliche Honigbiene 32 aufweist, so ist in diesem Falle sichergestellt, daß die Weibchen durch Befruchtung entstanden sind (Zusammentritt der 16 männlichen und 16 weiblichen Chromosome), während bei den Drohnen der Befruchtungskern mit seinen 16 Chromosomen fehlt. Hier ist die Dzierzonsche Theorie durch die cytologische Forschung glänzend gestützt. Ob die noch verwickelteren Fragen der weiblichen Parthenogenese ebenso klar gelöst werden, hängt von zukünftigen Forschungen ab. Geheimrat Richard Hertwig deutet sie (1912) an, wenn er sagt: Wir stehen bei den Chromosomverhältnissen der Apiden vor einer Reihe unentschiedener Fragen, welche der zukünftigen Forschung ein reiches Feld eröffnen. Die Ursache dieser Schwierigkeiten sind ohne Zweifel die Bienenmännchen, darunter vor allen jene der Mauerbienen. Die Weibchen der Mauerbienen erregen in anderer Weise unser volles Interesse. Sie tragen nämlich auf dem Bauch eine Haarbürste mit sich herum, mittels deren sie in einfachster Art den Pollen dadurch gewinnen, daß sie z. B. auf den Korbblütlern spazieren gehen. Wenn man bedenkt, mit welcher Mühe die Sand- und Furchenbienen, sowie alle anderen Schienensammler den Blütenstaub zusammenstreifen, jede Art nach einer anderen Methode — Alfken erzählt, daß Andrena albicans in den Blütenkörbchen des Löwenzahns, auf der Seite liegend, sich in der Blüte herumwühlt, gleichsam wollüstig im Kreise sich fortbewegend — so wird man der Einfachheit der Bauchsammelmethode alle Achtung zollen. Neben Mauerbienen sind auch noch die Tapezier- oder Blattschneiderbienen, ferner Löcher-, Mauer- und Wollbienen mit der Bauchbürste ausgerüstet.

Die Mauerbienen oder Osmien sind übrigens mehr in den Mittelmeerländern heimisch, weil von den 88 europäischen Arten nur 39 in Deutschland leben. Auch hier suchen sie die südlicheren Gegenden mit Vorliebe auf, so daß M. Müller in der Mark Brandenburg nur 19 Arten antraf, während Ducke im Karst von Trient vier Fünftel aller Bienen als Osmien erkannte.

Was das Studium der Mauerbienen, die übrigens auch von Anfängern leicht zu unterscheiden sind, besonders anziehend macht, ist ihre Kunst im Aufbau ihrer Nestgelege.

Am verhältnismäßig einfachsten ist der Nestbau von Osmia papaveris. Im Juni oder Juli gräbt das Weibchen eine einfache Höhle senkrecht in den Sandboden, dann wird die Wiege mit den purpurleuchtenden Blütenblättern unseres Klatschmohns ausgekleidet. Nun wird von Centaurea Cyanus Blütenstaub und Nektar eingetragen und oben darauf ein Ei gelegt. Streifen von Mohnblättern dienen zum Verschluß des Zellenhalses, worauf das Weibchen Erdkörnchen herbeiträgt, bis die Oeffnung gefüllt ist, so daß das schärfste Auge keine Spur des Nestbaues mehr entdecken kann.   (Schluß folgt.)

Kärntner Berge.

Von *Josef Thurner*, Klagenfurt.[*])

V. Die Matschacheralpe in den Karawanken und der Kossiak (2016 m).

(Fortsetzung und Schluß.)

In der Meinung, die Männchen dieser Art beim Lichte zu bekommen, unternahm ich am 10. Juni eine Partie auf diese Alpe, in voller Lichtfangausrüstung, jedoch verdarb mir das Wetter meine Sammelei gründlich. Es fiel ca. 20 cm Schnee und ich mußte unverrichteter Dinge, lediglich mit einigen Larentia alaudaria in meiner Sammelschachtel, wieder heimkehren.

Am 1. Juli unternahm ich abermals einen Sammelausflug auf diese Alpe, wieder mit meiner Azetylenlampe bepackt und in der Hoffnung, Biston alpinus-Männchen und vielleicht auch alpine Noctuen und dergl. zu bekommen. Diesmal kam ich auch zum Leuchten, doch Biston alpinus blieb aus, dafür brachte mir aber der Abend trotz des gegen ¼ 10 Uhr abends einsetzenden heftigen Sturmwindes einen wahren Massenanflug der Mamestra dentina und Larentia turbata. Eine einzige Mamestra marmorosa v. microdon und ein Stück der Larentia caesiata brachten Abwechslung in diesen Schwarm von Faltern. Obwohl das Azetylenlicht infolge des Windes kaum so hell wie eine Kerze brannte (ich mußte ohne Zylinder leuchten, da mir derselbe gebrochen und trotz Bemühungen kein passender zu bekommen war), war das Leintuch gegen ¼ 12 Uhr nachts förmlich gespickt mit vorgenannten zwei Arten. Beide brachte ich in vielen Stücken nach Hause, doch könnte ich eine Abänderung derselben bei keinem Stücke feststellen. Ein zweiter Lichtfangabend am 22. Juli 1916 brachte mir außer Mamestra dentina und Larentia turbata (diese Arten wieder häufig, aber nicht mehr frisch) noch Larentia caesiata, truncata, Triphosa dubitata mehrfach, Mamestra marmorosa v. microdon und Gnophos glaucinaria in je einem Stücke, während mein Sammelfreund Machatschek mit zwei microdon und ebenfalls einem glaucinaria-Falter abschnitt. Ersehnte alpine Agrotis-Arten blieben zu unserm Bedauern ganz aus.

Die Hüttenwärterin, Frau Maria Briggl, überreichte mir am folgenden Tag einen etliche Tage vorher von ihr gefangenen Biston alpinus-Mann in schönem Zustande. Das Tier flog bei Tage.

Im Laufe meiner Aufzählung hätte ich bald der Scioptera schiffermilleri vergessen, welche vor Jahren anfangs Juli mein Freund Eberz fing und mir zur Ansicht mitbrachte. Er hat sie damals mehrfach in

der Nähe der Klagenfurter Hütte beobachtet. Ich konnte bei meinen Partien von diesem Tiere nichts bemerken.

Durch Schütteln der auf der Alpe vereinzelt stehenden Buchenbüsche gelangte ich in den Besitz mehrerer Larentia minorata v. monticola, Machatschek und ich erbeuteten ferner je ein Stück der Numeria cupreolaria. Auf den Abhängen des Kossiak findet sich noch Hesperia serratulae, Parasemia plantaginis, Psodos quadrifaria, alpinata und Hepiolus carna. Agrotis ocellina beobachtete ich 1914 dort einzeln.

Der Abstieg von der Alpe wurde von mir in der Regel über die sog. Stinze, zu deutsch Stiege, einem gut gesicherten Felsenwege ins Bodental und durch dasselbe nach Windisch-Bleiberg und durchs Loibltal hinaus nach Unterbergen im Rosentale genommen, wo mich die Eisenbahn wieder in meinen Wohnort zurückführte.

Von der Matschacheralpe führt der Weg über den Felsensteig der Stinze vorerst zur sog. Ogrisalpe. Wegen des steilen und stellenweise gefährlichen Geländes kann man sich auf der Stinze dem Falterfange nur an einzelnen Stellen widmen. Es kommen dort aber auch nur die auf der Matschacheralpe heimischen Arten vor. Als neu wäre höchstens Parnassius apollo zu erwähnen, welcher dort sehr spärlich anzutreffen ist.

Die Ogrisalpe bietet dem Sammler sozusagen gar nichts. Ich habe dort trotz häufigen Vorbeikommens noch keinen einzigen Falter erbeutet. Nun beginnt abermals Hochwald. Erstaus einzeln stehenden Lärchen bestanden, verdichtet sich der Wald alsbald zu einem einheitlichen Lärchen- und Buchenhochwalde, in welchen Larentia caesiata und verberata, letztere meistens an mit Büschen bewachsenen Lichtungen, zu erbeuten sind. Tiefer drunten, dem Bodentale zu, findet sich Epinephele lycaon mit der ab. schlosseri, und auch Erebia pronoe reicht bis hinab zur Talsohle beim Bodenbauer (ca. 1000 m Seehöhe). Beim Bodenbauer fiel mir besonders das massenhafte Erscheinen der Larentia albulata Ende Juni auf. Lygris populata und Larentia dotata, Anaitis praeformata und plagiata beleben massenhaft die Unterholzdickichte und fast bei jedem Schlage mit dem Stocke oder einen Baumstamm oder einen Bretterzaun fliegen Dutzende aufgescheuchter Larentia caesiata und Gnophos dilucidaria davon. Weiter durch das Bodental hinunter finden wir unsere alten Talbewohner wieder. In der Nähe von Windisch-Bleiberg, einem alten Bleibergwerkdorfe, stieß ich von den Blüten des Alpendostes (Adenostyles alpina) eine reine Plusia hochenwarthi im Fluge! Dieser Fang erscheint, abgesehen von dem niedrigen Fangorte (nur ca. 1000 m Seehöhe), um so bemerkenswerter, als diese Art bis heute in den Karawanken noch nicht aufgefunden wurde und auch ich noch nie Gelegenheit hatte, gelegentlich meiner gewiß häufigen Ausflüge in dieses Gebiet das Tier, welches im Urgebirge, z. B. der Saualpe und im Glocknergebiete, häufig auftritt, zu bemerken.

Von Wind.-Bleiberg geht es dann ca. ¼ Stunde einem Fahrwege entlang, welcher dann in die Loiblstraße einbiegt. Man tritt wieder ins eigentliche Loibltal, über dessen Falterfauna ich schon seinerzeit (siehe Jahrg. XXX dieser Zeitschrift, Seite 4) kurz berichtet habe. Nur einiges wenige, das ich neu erbeutet habe, will ich an dieser Stelle noch nachtragen.

So bekam ich Ende Juni mehrfach Raupen der Macroglossa stellatarum, Arctia villica und der Cerura bifida, ferner, meist an Felsen angeheftet, einige mir damals noch unbekannte Melitaea-Puppen, welche sich zuhause dann als der Melitaea didyma v. alpina und meridionalis angehörend herausstellten. Diese Tiere erfreuten mich besonders durch ihr vornehmes Aussehen, sodaß ich mich entschloß, Mitte Juli dem Loibltale wieder einen Besuch abzustatten, um noch mehr solcher Falter im Freilande zu bekommen. Ich hatte wenig Glück. Die Tiere fanden sich an der Fundstelle wohl mehrfach, doch schon in beschädigten Zustande. Nur zwei Weibchen waren noch annehmbar. Gelegentlich dieser Tour bekam ich unter anderem auch noch Lycaena orion mehrfach, Lycaena euphemus in einem melanotischen männlichen Stücke, Hylophila prasinana und Dysauxes ancilla, letztere drei Arten jedoch nur in je einem Stücke.

Gerade wie ich diese Arbeit abschließen will, überbringt mir der Hüttenwärterin der Klagenfurter Hütte einige für mich eingesammelte Falter. Es sind dies etliche Larentia caesiata mit einer ab. glaciata, ein Stück Plusia gamma und ein Weibchen des für die Karawanken bisher noch nicht, für das Kronland Kärnten erst von der Koralpe nachgewiesenen Hepiolus humuli. Das Tier wurde abends beim erleuchteten Hüttenfenster gefangen.

Da es mir diesmal vorzüglich an der nötigen Zeit gebrach, größere Sammelpartien in die Kärntner Berge zu unternehmen, muß ich mit dieser einzigen Schilderung abschließen. Hoffen wir indes, daß ein baldiger Friede uns mehr in dieser unserer Wissenschaft tun läßt, als es derzeit wohl den meisten Lepidopterologen möglich ist.

Eigenartige (pathologische) Zeichnungsabänderung bei Dasychira pudibunda L.

Von *L. Pfeiffer*, Frankfurt a. M.

In den letzten Jahren tritt D. pudibunda L. in den Wäldern von Frankfurt a. M. in stets wachsender Anzahl auf. Wie fast stets bei Massenvorkommen sind auch hier die verschiedenen Färbungs- und Zeichnungsmöglichkeiten dieser Art vertreten, besonders scheinen die dunkel überstäubten Formen (var. concolor und Uebergänge dazu) häufiger zu werden. Unter den im Frühjahr (1916) aufgefundenen Faltern befindet sich ein Weibchen, bei dem jedenfalls infolge einseitiger Verletzung der Puppe die Spitze des linken Vorderflügels auf ungefähr ¹/₄ Flügellänge fehlt. Die Costal- und Radialadern sind jenseits der Zelle nach unten gebogen. Die beiden Querbinden reichen nur bis zur Zelle, sind einander längs dem Innenrand und der vorderen Medianader bis zur Berührung genähert und bilden dadurch einen vollständigen Ring, der auf der durch die äußere Querbinde gebildeten Seite breiter und dunkler ist. Der linke Fühler ist ebenfalls durch die Verletzung der Puppe dergestalt verbildet, daß er wie aus zwei Fühlern zusammengesetzt erscheint. Der erste Teil erreicht ungefähr die Hälfte der normalen Länge und endigt in eine zahnartig nach unten gebogene scharfe Spitze (umgebildete Fieder?). Daran sitzt der zweite Teil wie ein weiterer kleiner Fühler mit normaler Spitze. Die Gesamtlänge entspricht der normalen rechten Fühler. Das rechte Flügelpaar ist ohne besondere Kennzeichen.

Eine ähnliche Ringzeichnung wie dieser Falter zeigt ein zweites Weibchen, das ein hiesiger Sammler (Herr Gondolf) ebenfalls im Frühjahr (1916) gefunden hat. Hierbei ist jedoch die Annäherung der beiden Binden und Verschmelzung zum Ringe nicht so vollständig wie bei dem oben beschriebenen Falter, auch

laufen die Binden über die ganze Flügelbreite. Eine Wachstumsstörung ist bei diesem Exemplar nicht erkennbar.

Amphidasys betularius. L. ab. carbonaria Jord. auch bei Cöthen (Anh.).

Von Professor *M. Gillmer*, Cöthen (Anh.).

Treitschke[1]) schreibt *Amphidasis* und leitet von *Ἀμφίδασις* „von beiden Seiten rauh" ab. Diese Schreibweise kommt in griechischen Wörterbüchern nicht vor, sondern nur *ἀμφιδασύς* „ringsum dicht, ganz rauh" usw.; es wird in der Ilias 15, 309 als Beiwort der Aegis, des Götterschildes, gebraucht. Als Eigenschaftswort dreier Endungen stellt *Amphidasys* das männliche Geschlecht dar und muß, wenn es als Gattungsname verwandt wird, den Artnamen gleichfalls im männlichen Geschlecht zu sich nehmen, so daß *Amphidasys betularius* zu schreiben wäre. Infolgedessen schrieben auch Speyer[2]) und Speiser[3]) richtig *Amphidasys betularius*, während Herrich-Schäffer[4]) fälschlich *Amphidasys betularia* setzte.

Nach der Wortableitung hätte also Treitschke *Amphidasys* schreiben sollen; er schrieb aber *Amphidasis*, woraus zweierlei gefolgert werden kann: 1. entweder liegt ein Versehen oder Irrtum in der Schreibung vor, oder 2. Treitschke beabsichtigte, weil *amphidasys* immerhin ein Eigenschaftswort ist, eine substantivische Neubildung und verwandte deshalb die Endung „*is*". In diesem Falle brachte er den Linnéischen Artnamen *betularia* geschlechtlich mit seinem willkürlich gebildeten Hauptworte *Amphidasis* in Einklang, weil die meisten griechischen Wörter auf „*is*" weiblich sind.

Hier wird die Schreibweise des Gattungsnamens nach der Wortabstammung beibehalten. Auch im Deutschen gebrauchen wir Eigenschaftswörter wie „groß", „klein" usw. als Personennamen, und die Griechen taten es gleichfalls, wie z. B. der Name Perikles = „rundum berühmt" beweist.[5])

Die bisher übliche Benennung der schwarzen Abart des Birkenspanners (oder, wie Ratzeburg lieber sagen möchte, Astspanners) ab. *Doubledayaria* Mill. ist neuerdings durch die ältere ab. *carbonaria* Jord. (der Köhler, wie sie z. B. auch im 4. Bande des Seitzschen Paläarkten-Werkes S. 358 heißt) ersetzt worden. Denn noch in der 2. Auflage des Katalogs von Staudinger und Wocke (1871) S. 163 heißt es, daß der Name *Doubledayaria* Mill. Ic. 111, 1. bis Ende Januar 1871 noch nicht veröffentlicht war („nondum editum"). Es hat daher die ältere Benennung *carbonaria* Jord. an die Stelle zu treten. R. C. R. Jordan in Birmingham schrieb schon im 6. Bande des Entomologist's Monthly Magazine, London 1869—1870, in der Juli-Nummer des Jahres 1869: „Note on the black variety of Amphidasis betularia. — Last autumn, at the usual time, I found a very pale larva of A. betularia; it was almost fawn-coloured.

[1]) In der Fortsetzung des Ochsenheimerschen Werkes Die Schmetterlinge von Europa", 6. Bd., 1. Abt., S. 229 (1827). Schon im Entwurf einer systematischen Folge der Spanner, 5. Bd., 2. Abt., S. 434 (1825) aufgeführt.
[2]) Dr. A. Speyer, Lepidopteren-Fauna des Fürstentums Waldeck, 1867, S. 235: Amphidasys (Tr.) betularius (aria) L.
[3]) Dr. P. Speiser, Schmetterlings-Fauna der Provinzen Ost- und Westpreußen, 1903, S. 79.
[4]) Dr. G. A. W. Herrich-Schäffer, Systematische Bearbeitung der Schmetterlinge von Europa, 3. Bd., 1847, S. 99.
[5]) Es mag hier noch auf die richtige Schreibung des griechischen Wortes δασύς in den Gattungsnamen Dasychira (Rauhhand), Dasydia (rauhähnlich), Dasypolia (rauhgrau) und Dasystoma (Rauhmund) hingewiesen werden.

On the 25 th. inst. [i. e. May 1869] it produced a fine female of the dark variety, known as *carbonaria*. This is passing strange — the larva wanting pigment, the moth having more than enough. (28 May 1869.)"

Die, in den Industrie-Gebieten Englands seit etwa 1850 bekannt gewordene *„negro-aberration"* hat sich in den 90 er Jahren auch in Deutschland gezeigt, indem sie zunächst im rheinisch-westfälischen Industrie-Gebiete auftauchte und jetzt schon aus dem Osten und Süden Deutschlands gemeldet worden ist. 1910 teilte Carl Herz in der Internationalen Entomologischen Zeitschrift Guben, 4. Jahrgang, S. 206, mit, daß die schwarze Abart schon 1907 und 1908 bei Bernburg a. d. Saale gefunden worden sei. Bei Cöthen, wie auch in der Dessauer Heide war mir *Betularius* bisher nur in normalen Stücken bekannt. Am 7. Juni 1917 aber fing Herr Max Windt am Fenster seiner Schützenstraße 2 a belegenen Wohnung ein ganz schwarzes Weib, das nur an der Vorderflügelwurzel der Oberseite einen feinen weißen Punkt und eine Flugweite von 54 mm besitzt.

Das plötzliche Auftauchen der *Carbonaria* bei Cöthen überrascht insofern, als in den vorhergehenden Jahren keine Uebergangsformen beobachtet worden sind und der sogenannte „Industrie-Melanismus" nicht zur Erklärung herangezogen werden kann. Man könnte vielleicht auf die diesjährigen Witterungsverhältnisse zurückgreifen, denen die Puppe ausgesetzt war. Der schneereiche Winter 1916/17, die starken Kältegrade im Februar und März (15°—20° R.), die warme, ja heiße und trockene zweite Maihälfte und der kühle Juni könnten immerhin im Endstadium der Puppe die Färbung des Falters beeinflußt haben. Allein die Ursachen des Melanismus sind noch so wenig geklärt, daß man mit diesen Erwägungen allein nicht auskommen wird. Aehnliche Witterungsverhältnisse werden schon vor 100 Jahren hierorts obgewaltet haben, ohne daß man einen schwarzen Falter, sondern nur normal gefärbte gefunden hat. Der plötzliche Sprung vom Weißen ins Schwarze ohne Mittelfärbungen ist hier ganz besonders auffallend. Das erwähnte schwarze Weib kann nur aus den Gärten der Schützenstraße stammen, in denen Birken, Linden, Ulmen, Eichen usw. wachsen, oder aus dem einige 100 m entfernten Fasanenbusche zugeflogen sein, da es ganz rein war. Auch die Verwendung der sehr zweifelhaften Selektionstheorie ist unmöglich, denn unsere Baumstämme, Zäune und Mauern sind nicht durch Ruß geschwärzt, so daß *Carbonaria* besser geschützt wäre als *Betularius*. Außer den starken Schneefällen und den ungewöhnlichen Temperaturen des diesjährigen Winters und Frühjahrs bleibt für einen weiteren Erklärungsversuch dieses Fundes vor der Hand nichts übrig.

Hiermit soll aber nicht gesagt werden, daß diese Ursachen allein in ihrer einmaligen Wirkung den sprunghaften Uebergang des Stückes von Weiß in Schwarz zur Folge hatten. Es können schon vor Jahren durch derartige Einwirkungen Stücke entstanden sein, die den Uebergang von Weiß in Schwarz allmählich vorbereiteten, aber hierorts sich der Beobachtung entzogen. Die Nachkommen dieser Zwischenfärbungen können durch weitere Witterungs-Einflüsse ihre Schwarzsucht verstärkt haben, bis schließlich einige ganz schwarze Stücke zu Wege kamen, die ihre Färbung auf ihre Nachkommen nach Mendelschen Grundsätzen forterbten. Da das Schwarz

sehr echt zu sein und, einmal erworben, ohne die es ursprünglich erzeugenden Ursachen fortzubestehen scheint, so wird festzustellen sein, wie weit die Schwarzsucht des Birkenspanners hierorts schon fortgeschritten ist, was durch die Zucht hiesiger Raupen leicht zu ermitteln sein wird.

Kleine Mitteilungen.

Lebendes Licht. Seit alters haben die Leuchterscheinungen bei manchen Tieren den Forschern zu denken gegeben; warum Tiere leuchten und wie dies geschieht, konnte die Wissenschaft aber bisher nicht angeben. Ein Zoologe und ein Chemiker, der Prager Forscher E. Trojan und der Chemiker R. Heller, sind nun gleichzeitig, aber unabhängig voneinander, dieser Frage nachgegangen und sind dabei zu Ergebnissen gelangt, die miteinander in Einklang stehen. Trojan berichtet darüber in der „Naturwissenschaftlichen Wochenschrift" (Verlag von Gustav Fischer, Jena). Frühere Forscher hatten zunächst nach dem Sitze des Leuchtens bei den verschiedenen Tieren gesucht, die Licht auszusenden imstande sind, und dabei auch besondere Leuchtorgane gefunden; bei der Suche nach besonderen Leuchtstoffen aber hatten sich Unstimmigkeiten herausgestellt. Trojan hat nun den tierischen Leuchtvorgang unter dem Gesichtspunkte des allgemeinen Stoffwechselgetriebes betrachtet und herausgefunden, daß das Leuchten den Endstoffen des Stoffwechsels zukommt. Bei Tieren, die zur genaueren Untersuchung nicht besonders geeignet waren, hatte er sich mit der Annahme begnügt, daß das Leuchten eine zufällige Begleiterscheinung des Stoffwechsels sei; da er bei niederen Wesen aber die Lichterscheinung stets an eine Ausscheidung geknüpft sah, kam ihm der Gedanke, ob sich nicht etwa der Organismus bei dieser Gelegenheit eines Balastes entledigte. Die alte Beobachtung, daß menschlicher Harn leuchten kann, sowie das Leuchten menschlichen Schweißes, konnte diesem Gedanken nur förderlich sein, ebenso der Umstand, daß in der Nähe der Leuchtdrüsen mitunter harnsaures Ammoniak, harnsaures Kali, harnsaurer Kalk oder Guanin vorhanden sind. So war Trojan bei den Purinsubstanzen angelangt, die er in Verbindung mit dem Leuchten brachte. Heller hat in Laboratoriumsversuchen rein chemischer Art, zunächst vom Lophin ausgehend, herausgefunden, daß die Bioluminiszenz an die Imidazolverbindungen als allgemeine Endprodukte des Abbaues stickstoffhaltiger Verbindungen im Organismen geknüpft ist, mutmaßlich an die letzte Phase des Abbaues, die zur Ausscheidung von Purinkörpern führt. Für eine ganze Reihe von Purinderivaten hat Heller das Leuchten nachweisen können. In welcher Phase des Abbaues das Licht auftritt, ist freilich im einzelnen noch nicht geklärt. Soweit es sich um die biologische Seite der Erscheinung handelt, ist Trojan auf die Analogie mit den Farbstoffen der Tiere gekommen, die ebenfalls auf der Ablagerung gewisser Abbauprodukte des Dissimilationsprozesses beruhen. Zuweilen führen sie zur Ausbildung sekundärer Geschlechtsmerkmale, als welche die Leuchterscheinungen dieser Tiere sich ebenfalls deuten lassen. Demnach spricht vieles dafür, daß das Leuchten der Tiere — wenigstens in vielen Fällen — ein Seitenstück zum Hochzeitskleide sein kann, und das ist tatsächlich die Vermutung, die Trojan ausspricht.

Für die Redaktion des wissenschaftlichen Teiles: Dr. F. Meyer, Saarbrücken, Bahnhofstraße 65. — Verlag der Entomologischen Zeitschrift Internationaler Entomologischer Verein E. V., Frankfurt a. M. — Für Inserate: Geschäftsstelle der Entomologischen Zeitschrift, Töngesgasse 22 (R. Block) — Druck von Aug. Weisbrod, Frankfurt a. M., Buchgasse 12.

Frankfurt a. M., 13. Oktober 1917.   Nr. 14.   XXXI. Jahrgang.

ENTOMOLOGISCHE ZEITSCHRIFT

Central-Organ des Internationalen Entomologischen Vereins E. V.

mit Fauna exotica.

Herausgegeben unter Mitwirkung hervorragender Entomologen und Naturforscher.

Abonnements: Vierteljährlich durch Post oder Buchhandel M. 3.— Jahresabonnement bei direkter Zustellung unter Kreuzband nach Deutschland und Oesterreich M. 8.—, Ausland M. 10.—. Mitglieder des Intern. Entom. Vereins zahlen jährlich M. 7.— (Ausland [ohne Oesterreich-Ungarn] M. 2.50 Portozuschlag).

Anzeigen: Insertionspreis pro dreigespaltene Petitzeile oder deren Raum 30 Pfg. Anzeigen von Naturalien-Handlungen und -Fabriken pro dreigespaltene Petitzeile oder deren Raum 20 Pfg. — Mitglieder haben in entomologischen Angelegenheiten in jedem Vereinsjahr 100 Zeilen oder deren Raum frei, die Ueberzeile kostet 10 Pfg.

Schluß der Inseraten-Annahme für die nächste Nummer am 27. Oktober 1917
Dienstag, den 23. Oktober, abends 7 Uhr.

Inhalt: Ueber die Wirkung starker Lichtquellen auf Coccinella. Von Theo Vaternahm. — Eine interessante Zucht im Winter. Von Rob. Tetzner, Nowawes. — Aus Rumänien. Von Assistenzarzt Dr. Pfaff. — Von unseren wilden Bienen. Von Max Bachmann, München. — Kleine Mitteilungen. — Auskunftstelle.

Ueber die Wirkung starker Lichtquellen auf Coccinella.

Von *Theo Vaternahm.*

In seiner Arbeit „Ueber das Totstellen der Käfer" (Ent. Blätter 1915, Heft 1—3) stellt Reisinger in der Zusammenfassung am Schluß der Beobachtung die These auf, daß sich der Zustand des „Totstellens" auf Grund seiner Betrachtung nur durch Berührungsreize auslösen läßt. Versuche mit starken Lichtquellen, die ich anstellte, ergaben jedoch, daß wenigstens was die beiden von mir untersuchten Arten *Coccinella septempunctata* und *variabilis* betreffen, dieselbe Wirkung auch durch optische Reize erzielt werden kann. Reisinger hat zweifelsohne Versuche mit Licht angestellt, denn er betont an einer Stelle der Arbeit: „optische Reize erwiesen sich als unwirksam". Worauf das negative Ergebnis seines Versuches beruht, kann ich nicht feststellen, vielleicht an der Schwäche der Lichtquelle. Auch Fabre hat in seinen „Souv. entomologiques" Lichtversuche erwähnt, speziell mit der Sonne, doch führt er nur die Wärme als agierendes Moment an, und dies nur zur Erzielung der Gegenwirkung, nämlich zur Aufhebung des Zustandes der Starre. Um die Versuche mit gutem Erfolg zu betreiben, mußte erst die richtige Art der Technik gefunden werden, um Momente wie Wärmewirkung von vornherein auszuschließen, ein Weg, der mitunter vieler Proben bedurfte. Ich erreichte die beste Anordnung derart, daß ich die Lichtquelle vollkommen abblendete und die ganze Intensität auf die Oeffnung eines engen Röhrchens von etwa 10 cm Länge richtete, durch dessen verjüngte Oeffnung die Lichtstrahlen auf jeden beliebigen Punkt gerichtet werden konnten. Die Wärmewirkung war gleich Null; ein vorgelegtes Thermometer zeigte eine normale Temperatur und keine weitere Erhöhung in der Folgezeit. Ich benutzte zuerst eine elektrische Lampe von etwa 100 H.-K., immer den Strahl fest auf die Augen des Tieres richtend. Es zeigte sich keinerlei Wirkung. Die Tiere krochen auf der Unterlage ruhig weiter, ohne irgend welche Notiz von dem scharfen Licht zu nehmen oder eine ausgeprägte Bewegung in der Richtung der Lichtquelle verratend. Jetzt setzte ich die Tiere dem Licht einer Lampe von 1200 H.-K. aus. Das Bild änderte sich sofort. Die Käfer zeigten eine eine lebhafte Bewegung und suchten dem Licht zu entfliehen. Nach einer Bestrahlungszeit bei *Septempunctata* von etwa 40 Sekunden und *Variabilis* 30 Sekunden gerieten die Käfer in den Zustand des Scheintods, sie stellten sich tot, indem sie dabei Antennen und Beine in die für den Zustand des „Totstellens" charakteristische Lage brachten. Jetzt wurde der Lichtreiz sofort unterbrochen. Das Erwachen aus dem Scheintod nimmt ziemlich lange Zeit in Anspruch. Beide Tiere lösten erst nach einem Zeitraum, der zwischen 3 und 5 Sekunden liegt, die Starre und zeigten beim Erwachen zunächst eine lebhafte, aber noch sehr unbeholfene Bewegung aller Gliedmaßen und sind außerstande, sich vorwärts zu bewegen. Allmählich kriechen sie, wobei sie mehr hin und her torkeln und durch übermäßiges Heben des einen oder des anderen Beines von der einen auf die andere Seite fallen. Nach etwa fünf Minuten ist der ursprüngliche Zustand wieder erreicht mit völliger Beweglichkeit aller Glieder. Nachträgliche Wirkungen konnte ich in keinem Falle feststellen.

Der Lichtreiz kann nur durch ein Organ des Körpers vermittelt wirken, nämlich durch die Augen. Um trotzdem aber ganz sicher zu sein, ob nicht doch vielleicht eine Wärmewirkung mitspiele, verdunkelte ich diese und konnte danach trotz fast fünfminütlichem intensivem Bestrahlen den Zustand nicht herbeiführen.

Zweifelsohne war der erzielte Zustand das, was man als „Totstellen" bei gewissen Käferarten bezeichnet, was schon aus der Art des Eintritts der Starre und der Beteiligung der Gliedmaßen in der charakteristischen Weise hervorgeht. Man darf also wohl in Zukunft behaupten, daß der Zustand des

„Totstellens" auch durch optische Reize erzielt werden kann.

Aber noch eine weitere These R e i s i n g e r s ist erschüttert, nämlich die siebente, die also lautet: „Der Scheintod der Käfer ist als tonischer Reflex aufzufassen, der von den Ganglien des Schlundrings ausgeht." Aus seiner Arbeit erlangt man den Eindruck, wie ich es wenigstens auffasse, daß der Berührungsreiz direkt diesen Teil des Nervenorgans angreift. Verfolgen wir den Weg des Lichtreizes: Die Augen stehen durch den Sehnerv in Verbindung mit dem Augenganglion (ganglion opticum) und direkt dann mit dem Gehirn, also dem Oberschlundganglion. Der Schlundring ist aber der Ring, der das Schlundrohr, den Oesophagus, umgibt, gewissermaßen die Medulla. Gewiß mag dies der weitere Weg auch sein, vielleicht das Endziel des Reizes, aber zu sagen, daß der Reiz unmittelbar zum Schlundring geht und von hier aus das Totstellen bewirkt, dürfte nach dem oben Gesagten doch etwas gewagt sein.

Eine interessante Zucht im Winter.

Von *Rob. Tetzner*, Nowawes.

Am 14. Januar 1916 schlüpfte mir bei einer Stubentemperatur von + 10° C ein Männchen von Brahmaea japonica. Dem folgte anderen Tages noch ein Männchen und am 19. Januar schlüpfte ein Weibchen dieser Art. Besagtes Weibchen gab ich in einen kleinen Kasten mit einer Gazewand. Da die Tiere bis 10 Uhr abends keine Kopula eingegangen waren, setzte ich den Kasten mit Inhalt auf den Balkon. Früh 5 Uhr waren die Tiere in Begattung. Das Thermometer zeigte + 2° C. Ich setzte die Falter in die Stube, und als ich um 5 Uhr nachmittags aus dem Geschäft kam, war die Kopula noch nicht beendet. Erst nach Eintritt der Dunkelheit hatte sich das Männchen von seiner Gesponsin befreit.

Am 21. Januar legte das Weibchen die ersten Eier, und zwar 20 Stück, am anderen Tag zirka 30, und bis zum 28. Januar hatte es 180 Stück abgesetzt. Die Eier wurden in ungleichen Reihen in kleineren und größeren Posten an die Wände des Kastens gelegt. Das Ei ist kugelig, an der Basis abgeplattet. Es hat einen Durchmesser von 2,1 mm und ist 1,9 mm hoch. Die Farbe ist nach der Ablage gelblich, nach einigen Tagen färbt es sich grünlich-grau. In der Mitte des Eies ist ein kleiner schwarzer Punkt. Die Eier beließ ich fürs erste in dem Zimmer, in welchem sie gelegt wurden. Die Temperatur in diesem Raume bewegte sich zwischen + 10 bis + 12° C, da wir denselben nur der darinstehenden Zimmerpflanzen wegen heizten.

Nach 8 Tagen setzte ich eine kleine Anzahl Eier einer Temperatur von + 16 bis 18° C aus und am 12. Februar schlüpften die ersten Räupchen. Ich hatte vorsorglich Fliederzweige getrieben und gab die kleinen Blättchen den Raupen als Futter. Die Räupchen nahmen die Nahrung nicht gleich an, haben sie aber einmal Geschmack daran gefunden, dann ist die Zucht nicht schwer. Das frischgeschlüpfte Räupchen ist von schwarzbrauner Farbe und hat gelbe Ringe um den Leib. Am ersten und zweiten Leibesring stehen je zwei bewegliche Hörner und am vorletzten und letzten Ring drei solche Verzierungen.

Für angemessene Wärme sind die Tierchen dankbar; sie gedeihen bei einer Temperatur von + 16 bis 18° C ganz vortrefflich. Ist die Temperatur niedriger, hört die Freßlust auf und die Tiere wollen nicht recht vorwärtskommen. Außer getriebenem Flieder gab

ich den Räupchen vorjährige Ligusterblätter, welche mir zur Genüge zur Verfügung standen. Die Raupen nahmen auch dieses Futter an, und im Verlauf der Zucht habe ich fast ausschließlich Liguster gefüttert.

Am 19. Februar hatten sich die ersten Räupchen zum erstenmal gehäutet. Grundfarbe: weißlichblau, von den Beinen nach dem Rücken zu grünlichgelb; die gelben Ringe erscheinen jetzt schwarz und die glänzend schwarzen Hörner haben sich bedeutend verlängert. Der Kopf ist gelb mit brauner Zeichnung. Am 25. Februar hatten einige Raupen bereits die 2. Häutung hinter sich. Die Gestalt und Farbe ist wie vorher. Es tritt aber noch ein dunkler Längsstreifen an beiden Seiten der Luftlöcher in Erscheinung. Die 3. Häutung haben am 3. März einige Raupen durchgemacht. Bemerken will ich noch, daß die Zucht unbedingt im Glase vorgenommen werden muß, da die Tiere zur Entwicklung feuchtwarme Temperatur beanspruchen. Ich habe die Leinwand oder die Gaze auch immer etwas angefeuchtet, ehe ich sie über die Zuchtgläser band. Das Futter selbst anzufeuchten, will ich nicht raten, da direkte Feuchtigkeit auf die Raupen nachteilig wirken kann. Die feuchtwarme Luft bewirkt in erster Linie ein glattes Häuten der Raupen und dann wirkt sie auch günstig auf die Freßlust derselben ein.

Da der getriebene Flieder zur Neige geht, gebe ich den Raupen ausnahmslos vorjähriges Ligusterlaub, welches mir, wie ich schon oben erwähnte, in bester Beschaffenheit zur Verfügung steht. Die Tiere gedeihen bei dieser Fütterung sehr gut und haben am 9. März zum Teil bereits die 4. Häutung durchgemacht. Die Farbe und die Zeichnung sind wie vorher. Die schwarzglänzenden Hörner auf dem 1. und 2. Leibesring sowie an den Afterringen haben eine stattliche Länge erreicht. Am 15. März häuten sich die drei ersten Raupen zum fünftenmal. Die Hörner haben die Raupen nach dieser Häutung abgelegt; Farbe und Zeichnung bleibt konstant. Am 24. März sind die ersten Raupen erwachsen. Sie nehmen eine orangegelbe Farbe an, ein Zeichen, daß sie in das Puppenstadium eintreten wollen. Nun gibt man die Tiere in ein Glas oder in einen Blumentopf zu ²/₃ mit trockenem Sand gefüllt und überläßt sie ihrem Schicksal. Die Raupe puppt, ohne jedes Gespinst gemacht zu haben, in der Erde, nach Art unserer großen Schwärmerarten. Das beste ist nun, die Puppen darin bis zum Schlüpfen des Falters zu belassen. Nur dann kann man auf schöne, wohlgebildete Falter im kommenden Winter rechnen.

Erwähnen will ich noch, daß sämtliche Raupen ohne Verluste bis Mitte April erwachsen waren. Den letzten Raupen reichte ich nach letzter Häutung als Futter junges Flieder und Ligusterlaub, welches sie auch sofort annahmen und ohne Schaden an ihrem körperlichen Wohlbefinden verdauten.

Aus Rumänien.

Von *Assistenzarzt Dr. Pfaff*.

Wenn wir Entomologen in eine fremde Gegend kommen, dann werden wir uns zunächst nach der Flora des Landes umsehen, um uns etwa ein Bild machen zu können über das zu erwartende Insektenmaterial. In besonderem Maße gilt dies aber von uns Schmetterlingssammlern. So habe ich denn auch mein Augenmerk zunächst dem Pflanzenwuchs meines derzeitigen Aufenthaltes Rumänien zugewandt. Schon auf der Fahrt durch den wildromantischen

Predealpaß grüßten mich die ersten Kinder des Frühlings. Huflattich, Veilchen, Anemonen und Haselwurz blühten in Mengen zu beiden Seiten der Bahn in den verlassenen Stellungen und zwischen den zahlreichen Granattrichtern. Beim Austritt aus dem Hochgebirge zeigten sich die Flußufer massenhaft mit Sanddorn (H. chamnoïdes) bewachsen. Die ganze Vegetation im flachen Lande zeigt bereits südlichen Charakter und der Boden trägt eine sehr reichliche Pflanzendecke. Demgemäß waren meine Erwartungen auf das Insektenleben recht hochgestellt, und ich war zuerst ein wenig enttäuscht, besonders, da sich trotz der großen Wärme, die man schon Hitze nennen kann, außerordentlich wenig fliegendes Getier zeigte. Erst dann, wenn schon die Vegetation in vollem Schmucke steht, kommt ein ziemlicher Insektenreichtum zum Vorschein. Reichlich vertreten sind unsere heimischen Vanessen, von denen der Weltbürger Van. Cardui in geradezu riesigen Mengen auftritt. Häufig fliegt Pap. machaon und podalirus, letzterer sitzt oft in großer Anzahl um Pfützen und Wasserlöcher. Auch die Weißlinge sind zahlreich, und dem starken Raupenfraß nach zu urteilen, dürfte Aporia crataegi in einigen Wochen massenhaft auftreten. Man kümmert sich nämlich hier herzlich wenig um die auf den Obstbäumen befindlichen Raupennester, und infolgedessen sind die Bäume vielfach ganz kahl gefressen von den Raupen von A. crataegi und chrysorrhoea. Das Land ist ja so fruchtbar, daß der Ausfall durch Raupenfraß gar nicht in Betracht kommt. Unserem praktischen Sinn allerdings tat es geradezu wehe, diese durch Gleichgültigkeit verursachte Zerstörung zu sehen. Wir sind aus der Heimat gewöhnt, daß alle Schädlinge gründlich beseitigt werden.

Seit einigen Tagen fliegt nun auch unser größter europäischer Spinner Sat. pyri. und zwar recht zahlreich. Ich habe bereits vier Paare selbst gefunden und täglich werden mir neue gebracht. Ob die Art hier abweicht, kann ich nicht mit Bestimmtheit sagen, da es mir an Vergleichsmaterial fehlt. Davon später. Die Eulen sind besonders abends an den Laternen häufig zu beobachten, ebenso die Spinner. Leider kann ich das gefangene Material nicht bestimmen, da ich keine Literatur hier habe. Die Bearbeitung meiner Ausbeute muß ich auf später verschieben.

Die Käfer stehen an Artzahl und Menge nicht hinter den Lepidopteren zurück. Bunte Fliegen und sehr hübsche Wanzen beleben in großer Zahl die Dolden der hier häufigen Wolfsmilcharten. Besonders interessant und artenreich sind die Spinnen vertreten.

Ich werde gelegentlich weiteres an dieser Stelle über meine Erfahrungen und Ausbeute berichten.

Von unseren wilden Bienen.

Von *Max Bachmann*, München

(Schluß.)

Wenn wir einige leere Schalen unserer im Jura häufigen Weinbergschnecke sammeln, so können wir sicher sein, daß eines Tages Osmienmännchen als chitingepanzerte Ritter aus dem Insektengeschlechte daraus hervorkommen.

Eine andere Art baut über die belegten Schneckenschalen von Helix nemoralis und hortensis ein Schutzgehäuse aus Kiefernnadeln. Zuerst werden die Nadeln nach Art von Zeltstangen aneinandergelegt und über das Schneckengehäuse errichtet, dann werden die Nadeln kreuz und quer eingeschoben mit der auffallenden Berücksichtigung, daß die Spitzen der Nadeln nach außen stehen und so eine Art Schutz gegen die Mäuler von weidendem Vieh gewähren.

Eine unserer häufigsten Arten wählt die sonderbarsten Nestplätze aus. Sie baut in kranke Apfelbäume und Weiden, wobei sie aber ungern selbst ein Loch ins Holzwerk nagt, in Hauswände und Pfosten, in Lehm, Sand, Stengeln oder Schneckenschalen, ja in Schlüssellöchern und in einer im Zimmer liegenden Flöte fanden Beobachter ihre hinterlegte Brut.

Ein Unikum und für den Forscher ein besonderer Glücksfall war, daß Osmia bicornis in eine 14,7 cm lange, beiderseits offene, zirka 1 cm weite Glasröhre baute, welche auf dem Dachboden eines Bauernhauses unter anderen Gegenständen längere Zeit im Staub gelegen war. Der überraschte Finder, Dr. P. Lozinski in Krakau, konnte in idealer Weise den Werdegang des Osmiengeschlechts verfolgen.

Wer kein Sonntagskind des Glückes ist, gehe hinaus zu den Brombeersträuchern, wo die Osmien wenigstens im Mark der Zweige ihre Linienbauten herstellen. Die Erforschung der Tierwelt, welche die Rubus-Zweige als Wohnort benützt, ist höchst fesselnd, und vor allem bietet die Erforschung der Lebens- und Entwicklungsgeschichte ein großes Feld für die köstlichsten Beobachtungen. Die bisherigen Angaben über die Nestbauten der einsam lebenden Bienen sind ohnehin nicht so genau, wie es wegen der recht komplizierten biologischen Verhältnisse erwünscht wäre.

Wie viel noch im Studium unserer wilden Bienen zu tun bleibt, zeigt die Tatsache, daß man von manchen unserer Furchenbienen wohl die Weibchen, nicht aber die Männchen kennt. Es empfiehlt sich demnach, die ganze Gattung in frischen Stücken einzusammeln. Wohl fürchten manche den Bienenstachel, aber aller viel harmloser ist, als man denkt, jedenfalls weniger unangenehm, als der Angriff der südamerikanischen Bienen, welche im Gegensatz zu ihren europäischen Vettern keinen Stachel besitzen. Diese stachellosen Bienen fahren dem sich Nähernden fast zu hundert zugleich in die Haare und summen und beißen, wobei sie ihren braunen Speichel fließen lassen, welcher einen scharfen Geruch verbreitet. Der so Angegriffene hat nichts zu tun, als sich schnell in ein Gebüsch zurückzuziehen und sich die Haare kämmen. Die Bisse sind wohl kaum fühlbar, allein nach einer Stunde beginnt ein Brennen und Jucken, was durch nichts gelindert werden kann. Rote Flecken entstehen an den Bißwunden und am anderen Tag hat man an jeder solchen Stelle eine erbsengroße Wasserblase von einem hochroten Rande umgeben. Die Blase vergeht, aber die Rötung der Haut bleibt wochenlang. Da sind unsere wilden Tiere gleichsam doch noch bessere Menschen.

Unter den stachellosen Bienen gibt es übrigens die kleinste Biene der Welt, Trigona Duckei, Friese mit nur 2 mm Größe. Sie ist bis jetzt nur in den Augen der Menschen gefangen worden, wohin sie wahrscheinlich wegen der Feuchtigkeit fliegt. Die Waben dieses Liliputaners müssen ein reizendes Bild gewähren, leider sind sie bis jetzt noch nicht zur Beobachtung gekommen.

Die Biologie ausländischer Bienen vermittelt uns freilich viele Seltsamkeiten. So teilt C. Schrottky aus Paraguay mit, daß eine Bienengattung des Nachts oder wenigstens während der Dämmerung ihre

Nahrungsflüge unternimmt. Sie besucht vor Sonnenaufgang zu 100 die blühenden Kronen eines Baumes der Rosengewächse und zieht sich beim ersten Sonnenstrahl wieder zurück, um dann nach Sonnenuntergang bei bereits eingetretener Dämmerung auf kurze Zeit wieder zu erscheinen.

Aber auch die Lebensgeschichte unserer einheimischen wilden Bienen enthält mitunter ans Wunderbare streifende Züge. So baut z. B. die Mauerbiene, Chalicodoma muraria, mit ihrem schnabelartigen Handwerkzeug ihre Nester an Felswände und versieht sie mit einem oft einen halben Zentimeter starken, eisenharten Ueberzug, der von der Biene aus einem durch Speichel verklebten Steinmörtel hergestellt wird. Obwohl diese Zellwand einer feinen, stählernen Nadel vollkommen widersteht, bringt es eine kleine Schlupfwespe rätselhafterweise fertig, ihren zarten Legestachel durch die steinerne Zellwand hindurchzutreiben, um die Larven oder Puppen mit ihren Eiern zu belegen.

Oder ist es nicht wunderbar, daß die Zunge der Bienen bis in ihren feinsten Bau eine Anpassung an den Blumenbesuch darstellt, wie dies R. Demoll durch eine ausgezeichnete Arbeit klargelegt hat? Die langrüsseligsten Bienen, die nicht bei den sozialen, sondern einsam lebenden zu suchen sind — eine Pelzbiene läuft mit 21 mm allen übrigen den Rang ab — zeigen die speziellste Anpassung, indem sie eine bestimmte Pflanze deswegen bevorzugen, weil sie an ihr am bequemsten und sichersten den Nektar gewinnen.

Einzigartig sind die Beziehungen zwischen den Bienen und Blumen, bei denen nach beiden Seiten ein fast unerschöpflicher Reichtum an Lebenserscheinungen und eine Harmonie zutage tritt, welche Meister Sprengel in seinem berühmten Buch: Das entdeckte Geheimnis der Natur, 1793, nachempfunden hat. So viele rüstige Forscher sich in den 100 Jahren bemüht haben, Klarheit und Licht in das Leben und Wesen unserer wilden Bienen zu bringen, so ist doch der Jungbrunnen der Natur nicht auszuschöpfen.

Möchten sich noch viele in diesen vielfach dunklen Fragen gerade in den jetzigen Zeiten harter Not und Sorge zu unmittelbaren Verkehr mit der Mutter Natur erquicken und stärken.

Kleine Mitteilungen.

Die Ameise als Gärtnergehilfe. Die Notwendigkeit, unter den Kriegsverhältnissen den Grund und Boden nach Möglichkeit praktisch zu bebauen, hat vielerorts eine ungewöhnliche Vermehrung der sogenannten Kleingärten herbeigeführt und manche Stadtbewohner veranlaßt, auf diese Weise den notwendigsten Bedarf ihres Haushaltes selbst zu decken. Die Tausende, die ohne vorherige Kenntnisse auf diese Weise zu Landbebauern wurden, mußten natürlich erst die Art der Kultur erlernen, und besonders schwierig ist es für sie, zwischen den Freunden und Feinden des Gartens aus der Tierwelt die richtige Unterscheidung zu treffen. Auf einen häufigen und sehr schädlichen Irrtum in dieser Hinsicht, die Verkennung der wertvollen Dienste, welche die Ameisen dem Gartenbau leisten, macht Dr. L. Staby in der Zeitschrift „Ueber Land und Meer" aufmerksam. Die vorzüglichen gärtnerischen Eigenschaften der Ameisen lassen sich mit Leichtigkeit beurteilen, wenn man ihr Leben und Treiben im Garten etwas näher betrachtet. Die sogenannten Ameisenstraßen, auf denen meist regster Verkehr herrscht, führen gewöhnlich zu einem Strauch oder Obstbaum, an dessen Stamm die Ameisen emporzukriechen pflegen. Daß dieses Emporkriechen nicht zwecklos ist, ersieht man daraus, daß die Ameisen von ihrem Nest leer fortwandern, auf dem Rückwege von dem betreffenden Baum oder Strauch aber stets beladen sind. Sie schleppen Käfer, Larven von Stachelbeerblattwespen, erobern auch gemeinschaftlich dicke Raupen, also lauter Tiere, die dem Garten ausnahmslos größten Schaden zufügen. Wie nützlich die Ameisen sind, sieht man weiter, wenn man z. B. von einem Obstbaum einen Zweig abbricht, an dem sich das Nest der besonders schädlichen Apfelbaum-Gespinstmotte befindet, und wenn man diesen Zweig auf die Ameisenstraße legt. Die Ameisen überfallen sofort gierig das Nest, an das sich kein Singvogel heranwagt, und zerren die Raupen aus dem zerbissenen und zernagten Gespinst heraus, um sie in ihren Bau zu tragen. Ein solches Gespinst ist durch den Eifer der Ameisen in kaum einer halben Stunde geleert, und so sind wiederum hundert oder mehr gefräßige Raupen unschädlich geworden. Bäume, die von den Ameisen fleißig besucht werden, tragen die besten Früchte, dies gilt auch von den Fruchtsträuchern, den Johannis- und Stachelbeeren. Aber auch in der Pflege der anderen Gartengewächse, der Kohlpflanzen usw., erweist die Ameise sich als der beste Gehilfe des Gärtners. Merkwürdig ist, daß manche Pflanzen selbst Vorrichtungen haben, um die Ameisen zur Ausübung ihrer schützenden Tätigkeit anzulocken. Diese Pflanzen tragen, außer den Blüten, auch an anderen Stellen kleine Behälter, die mit süßen Zuckerausscheidungen gefüllt sind und die Ameisen zum Besuch reizen. Diese sogenannten „Nektarien" finden sich auf der Unterseite der Nebenblätter bei den Bohnenpflanzen, bei andern an den Blattstielen, überhaupt an den verschiedensten Stellen, aber fast stets in nächster Nähe der Blüte. Das Verfolgen der Ameisen, wie es häufig von Laien vorgenommen wird, ist also geradezu ein gärtnerischer Wahnsinn, vor dem die gartenbautreibenden Städter sich unbedingt hüten müssen.

Ein Feind der Tabakschädlinge. Die Deli-Versuchsstation (Sumatra) hat einen schönen Erfolg zu buchen mit der Einführung eines „nützlichen" Insekts zur Bekämpfung der den Tabakspflanzungen schädlichen Insekten. Dr. de Bussy, der Leiter der Versuchsstation, unternahm zu diesem Zweck eine Reise über Java nach Amerika, wo die Trichogramma durch seinen Assistenten entdeckt und über Holland nach Deli befördert wurde. Dieser Parasit vermehrte sich in der Gefangenschaft ungemein.

In der freien Natur beobachtete Dr. De Bussy mit Genugtuung, daß die jungen Generationen nach drei Jahren an Stellen wiedergefunden wurden, wo die alten früher ausgesetzt worden waren. Dieser Erfolg ist um so bemerkenswerter, als dieser Versuch in Indien zum ersten Mal gemacht worden ist. Der wirtschaftliche Nutzen dieser Einfuhr muß sich natürlich erst in der Zukunft herausstellen.

Auskunftstelle des Int. Entomol. Vereins.

Anfrage:

Wie präpariert man Spinnen?   A. R.

Für die Redaktion des wissenschaftlichen Teiles: Dr. F. Meyer, Saarbrücken, Bahnhofstraße 66. — Verlag der Entomologischen Zeitschrift Internationaler Entomologischer Verein E. V., Frankfurt a. M. — Für Inserate: Geschäftsstelle der Entomologischen Zeitschrift, Töngesgasse 22 (R. Block) — Druck von Aug. Weisbrod, Frankfurt a. M., Buchgasse 12.

Frankfurt a. M., 27. Oktober 1917.   Nr. 15.   XXXI. Jahrgang.

ENTOMOLOGISCHE ZEITSCHRIFT

Central-Organ des Internationalen Entomologischen Vereins E. V.

mit Fauna exotica.

Herausgegeben unter Mitwirkung hervorragender Entomologen und Naturforscher.

Abonnements: Vierteljährlich durch Post oder Buchhandel M. 3.— Jahresabonnement bei direkter Zustellung unter Kreuzband nach Deutschland und Oesterreich M. 8.—, Ausland M. 10.—. Mitglieder des Intern. Entom. Vereins zahlen jährlich M. 7.— (Ausland [ohne Oesterreich-Ungarn] M. 2.50 Portozuschlag).

Anzeigen: Insertionspreis pro dreigespaltene Petitzelle oder deren Raum 30 Pfg. Anzeigen von Naturalien-Handlungen und -Fabriken pro dreigespaltene Petitzeile oder deren Raum 20 Pfg. — Mitglieder haben in entomologischen Angelegenheiten in jedem Vereinsjahr 100 Zeilen oder deren Raum frei, die Ueberzeile kostet 10 Pfg.

Schluß der Inseraten-Annahme für die nächste Nummer am 10. November 1917.
Dienstag, den 6. November, abends 7 Uhr.

Inhalt: Cacoecia costana F. ♂ ab. fuliginosana ab. nov. Von Friedrich Schille, Podhorce (Galizien). — Adjektiv-Geschlechtsform bei Art-, Unterart- und Aberrationsnamen. Von Zdenko Zelezny, Brünn. — Aufstellung über die in Württemberg, Baden und Hohenzollern vorkommenden Arten der Großschmetterlinge. Von Victor Calmbach, Stuttgart. — Ichneumoniden und ihre Wirte. Von Professor Dr. Rudow, Naumburg a. d. Saale. — Kleine Mitteilungen. — Literatur.

Cacoecia costana F. ♂ ab. fuliginosana ab. nov.

Von *Friedrich Schille*, Podhorce (Galizien).

Am 20. Juni dieses Jahres fing ich mit der Lampe nebst mehreren Stücken der hier gar nicht seltenen Costana auch ein Männchen, das in der Zeichnung sowohl als Färbung stark vom normalen abweicht. Um die prägnant auftretende Verschiedenheit der neuen Form besser hervorzuheben, gebe ich die Beschreibung eines normalen Männchens nach Kennel: Kopf, Thorax und Vorderflügel sind bleicher oder dunkler ockergelb bis graugelblich, von verschiedenen zahlreichen, oft sehr spärlichen und undeutlichen dunkleren Querlinien durchzogen, die auch nur als Strichelchen an der Costa und am Dorsum auftreten. Die Basis ist mitunter unscharf braungrau verdunkelt, trägt meist an der Costa einen dunkelbraunen Fleck, mitunter auch noch weitere in einer Schräglinie zum Dorsum hin angeordnete Punkte, als Andeutung einer Grenze des Basalfeldes. Die Schrägbinde beginnt schmal beim ersten Drittel der Costa und zieht bis zum zweiten Drittel des Dorsums; sie ist beim Männchen meist vollständiger als beim Weibchen basalwärts mit einer schwarzen, auf der dorsalen Mittelrippe, mit einem wurzelwärts vorspringenden Zahn versehenen Linie scharf abgegrenzt, im Costalteil dunkel schwarzbraun, weiterhin braun und saumwärts breit verwaschen, in grau übergehend und verdunkelt, öfters fast das ganze Saumfeld nach dem Tornus hin. Der Präapikalfleck ist bei beiden Geschlechtern scharf, dunkelbraun bis schwarzbraun, von schwarzen Costalhäkchen durchsetzt, die sich auch noch isoliert bis zur Spitze fortsetzen. Aus dem distalen Teil dieses Fleckes entspringt eine dem Saum annähernd parallele dunkle Linie, die in den Tornus zieht, oft nur in einem oder mehreren Fleckchen erhalten oder auch ganz verblaßt ist. Die Fransen sind einfarbig, wie die Flügelfläche, oder etwas heller, die Saumlinie oft dunkel punktiert. Die Hinterflügel sind weißlich, mit bräunlichem Anflug, besonders dorsalwärts, feinen Sprenkeln im Spitzenteil, mit gleichfarbig

helleren Fransen, die eine zarte dunklere Teilungslinie haben. Das Abdomen ist hellgrau.

Die ♂ ab. fuliginosana.

Von der vom ersten Drittel der Costa zum zweiten Drittel des Dorsums ziehenden Schrägbinde der strohgelben Vorderflügel ab ist der ganze Flügelteil bis an die Fransen kastanienbraun, längs des Saumes unter der Spitze etwas aufgehellt und die Grundfarbe zeigend. In dieser Verdunkelung ist ein ca. 2 mm langer und 1 mm hoher, an der Costa zwischen der Schrägbinde und dem Präapikalfleck sitzender, sowie ein ca. 1 qmm haltender, unter dem Präapikalfleck liegender Fleck der Grundfarbe übrig geblieben. Der Basalteil der Flügel ist stark dunkelbraun gesprenkelt, besonders in der Falte, welche Sprenkelung sich allmählich gegen die Schrägbinde verliert und hier die Grundfarbe einläßt. Auch die oben beschriebenen lichten Flecke sind dunkelbraun gesprenkelt. Die Aufhellung am Saume zeigt eine ausgesprochene dunkelbraune Gitterung auf strohgelbem Grunde. Kopf und Thorax verdunkelt, besonders der letztere an den Seiten dunkelbraun. Fransen und Hinterflügel normal.

Adjektiv-Geschlechtsform bei Art-, Unterart- und Aberrationsnamen.

Von *Zdenko Zelezny*, Brünn.

Bezugnehmend auf den Aufsatz „Adjektiv-Geschlechtsform bei Aberrationsnamen" von R. Heinrich, Charlottenburg, in Nr. 11 vom 1. September d. J. dieser Zeitschrift, erlaube ich mir mitzuteilen, daß im „Prodromus der Lepidopterenfauna von Niederösterreich" (herausgegeben von der lepidopterologischen Sektion der k. k. zool.-botan. Gesellschaft in Wien 1915) die a d j e k t i v i s c h e n Varietäten- und Aberrationsnamen, denen die betreffenden Autoren, entgegen dem Geschlechte des Gattungsnamens, ursprünglich w e i b l i c h e Endungen geben, wieder auf „us", also m ä n n - l i c h angeführt wurden. So heißt es z. B. jetzt bei

Pap. podalirius var. intermedius Grund, ab. ornatus Wheeler, bei Pap. machaon ab. aurantiacus Spr., ab. pallidus Tutt, bei Par. apollo ab. decorus Schultz, ab. graphicus Stichel, bei Par. mnemosyne ab. intactus Krul, bei Dendrolimus pini var. montanus Stdg. usw.

Man war jedenfalls der Ansicht, daß, wie bei adjektivischen Artnamen, wo eine Uebereinstimmung derselben mit dem Geschlechte des Gattungsnamens zu erfolgen hat (im Prodromus ebenfalls durchgeführt: Lycaena minima — amanda, Trochilium apiforme etc.), auch bei den Aberrationsnamen so vorzugehen ist. Allerdings handelt es sich bei Aberrationen um keine systematischen Kategorien, demnach auch die allgemeinen Nomenklaturregeln hier keine Anwendung zu finden haben, aber es ist doch eine einheitliche Reglung erwünscht, die hier auch vorgenommen wurde.

Der „Prodromus der Lepidopterenfauna von Niederösterreich" dürfte demnach das erste Werk sein, wo bei den adjektivischen Art-, Unterart- und Aberrationsnamen, eine Uebereinstimmung derselben mit dem Geschlechte des Gattungsnamens durchgeführt erscheint.

Aufstellung über die in Württemberg, Baden und Hohenzollern vorkommenden Arten der Groß-Schmetterlinge.

Von *Victor Calmbach*, Stuttgart.

Mit Hilfe meiner Freunde wurden in meinen Arbeiten, in den letzten 20 Jahren, betreffend die Fauna der Groß-Schmetterlinge unseres engeren Vaterlandes:

> 31 Familien
> 14 Unterfamilien
> 323 Gattungen
> 985 Arten

nachgewiesen.

Die Varietäten sowie die Aberrationen wurden nicht mitgerechnet, da sich sonst kein richtiges Bild über den Reichtum der württembergischen Lepidopteren-Fauna ergeben hätte. Im Falle wie bei Colias palaeno, welcher in unserer Heimat nicht vorkommt, wurde die var. europome als Art mitgezählt. Anders liegt die Sache bei Apatura iris, bei diesem Falter wurde die Art mitgerechnet, die aberratio iole natürlich weggelassen. Dies zum Beispiel. Daß noch eine Menge Varietäten und Aberrationen auch in unserer Heimat vorkommen, braucht nicht eingehender besprochen zu werden. Die 985 Arten Schmetterlinge sollen nur den Nachweis erbringen, wieviel Falter im Schwabenlande und dessen Nachbargebieten eine in den meisten Fällen bleibende Stätte gefunden haben. Für die zeitraubenden Arbeiten meiner Herren Mitarbeiter, die in manchen Fällen, längst die kühle Erde deckt, sowie denjenigen Herren, welche mir so liebevoll bei der Determination schwierig schwierig erkennbarer Arten an die Hand gegangen sind, sei auch an dieser Stelle mein bester Dank nochmals ausgesprochen.

Zu erwähnen wäre noch, daß in Europa 33 Familien mit 2343 Arten Groß-Schmetterlinge vorkommen, während in Württemberg und seinen Nachbarländern nur 31 Familien mit 985 Arten bis jetzt sich gefunden haben.

Die Libytheidae und Heterogyneidae sind die zwei Familien, welche bei uns keine Vertreter haben, sowie auch die Unterfamilie Danainae.

Auch der Zukunft wird es vorbehalten bleiben, die stattliche Zahl von Schmetterlingen für Württemberg, Baden und Hohenzollern nachzuweisen, wie es in der Fauna von Baden (Reutti) geschehen ist, da einige Angaben mir mehr als zweifelhaft erscheinen. Keller und Hoffmann über Württemberg ist längst veraltet.

	Familie	Gattung	Art
1	Papilionidae	2	4
2	Pieridae	6	11
3	Nymphalidae	—	—
	A. Nymphalinae	8	37
	B. Satyrinae	7	24
4	Erycinidae	1	1
5	Lycaenidae	7	39
6	Hesperiidae	6	14
7	Sphingidae	13	19
8	Notodontidae	18	32
9	Thaumatopoeidae	1	1
10	Lymantriidae	7	12
11	Lasiocampidae	12	18
12	Endromididae	1	1
13	Lemoniidae	1	2
14	Saturniidae	2	2
15	Drepanidae	2	7
16	Thyrididae	1	1
17	Noctuidae	—	—
	A. Acronyctinae	6	18
	B. Trifinae	79	266
	C. Gonopterinae	1	1
	D. Quadrifinae	8	32
	E. Hypeninae	9	16
18	Cymatophoridae	4	9
19	Brephidae	1	2
20	Geometridae	—	—
	A. Geometrinae	6	10
	B. Acidalinae	4	47
	C. Larentiinae	20	158
	D. Orthostixinae	1	1
	E. Boarmiinae	40	96
21	Nolidae	1	4
22	Sarrothripidae	1	1
23	Chloephoridae	2	3
24	Syntomidae	1	1
25	Arctiidae	—	—
	A. Arctiinae	12	20
	B. Lithosiinae	8	14
26	Zygaenidae	2	17
27	Cochliidae	2	2
28	Psychidae	12	17
29	Sesiidae	4	17
30	Cossidae	3	3
31	Hepiolidae	1	5

31 Familien			
14 Unterfamilien		323 Gattungen	985 Arten

Ichneumoniden und ihre Wirte.

Von Professor Dr. *Rudow*, Naumburg a. Saale.

Hellwigia elegans Gr. Allantus tricinctus.
Metopius connexorius Wsm. Cucullia asteris.
  „   *dentatus* Fbr. Sphinx nerii, vespertilio.
  „   *fuscipennis* Wsm. Lophyruspuppen.
  „   *intermedius* Fst. Abraxas grossulariae.
  „   *micratorius* Gr. Acronycta psi. Harpygia bifida. Cerura vinula.
  „   *necatorius* Gr. Limenitis populi.
  „   *sicarius* Gr. Lophyruspuppen.
Sphinctus serotinus Rg. Sphinx nerii.
Mesoleius alnicola Rd. Acronycta alni.

Mesoleius aulicus Gr. Cimbex, Lophyrus, Hylotoma, Selandria crataegi, fulvicornis.
„ *agilis* Br. Macrophyla simulans.
„ *bilineatus* Br. Nematus Vallisnieri. Selandria crataegi, fulvicornis.
., *caligatus* Hgr. Geometra betularia. Allantus, Cladius, Nematus.
„ *dubius* Hgr. Mamestra. Cucullia.
„ *formosus* Hgr. Nematus. Selandria. Acronyeta alni, aceris.
„ *frutetorum* Hgr. Lophyruspuppen.
„ *geometrae* Rd. Geometra betularia.
„ *gracilicornis* Hgr. Hylotoma. Nematus salicis.
„ *grossulariae* Br. Macrophyia grossulariae. Nematus ventricosus, conjugatus septentrionalis, latipes, salicis.
„ *guttiger* Hgr. Cucullia, Agrotis collina.
„ *haematodes* Gr. Lophyrus. Nematus. Allantus.
„ *ignavus* Hgr. Nematus.
„ *improbus* Hgr. Agrotis. Pieris.
„ *insolens* Gr. Tenthredo atra, fasciata.
„ *interruptus* Hgr. Lophyrus. Cheimatobia brumata.
„ *languidulus* Hgr. Geometra betularia, grossulariae.
„ *latipes* Br. Nematus melanocephalus.
„ *lophyrorum* Htg. Lophyruspuppen.
„ *maculatus* Br. Hylotoma. Schizocera.
„ *mamestrae* Rd. Mamestra pisi u. a.
„ *monozonius* Rd. Cimbex betulae u. a.
„ *niger* Hgr. Panolis. Cheimatobia. Tenthredo cingulata.
„ *opticus* Gr. Acronycta alni. Bupalus piniarius. Panolis piniperda. Nematus.
„ *pallifrons* Hgr. Lophyruspuppen.
„ *quadrilineatus* Gr. Panolis piniperda.
„ *ruficornis* Rd. Geometrapuppen.
„ *rufus* Gr. Cimbex lucorum, sorbi, betulae.
„ *segmentator* Htg. Nematus salicis, melanocephalus, hypogastricus, latipes.
„ *semifasciatus* Hgr. Lofyrus, Allantus, Athalia.
„ *semicaligatus* Gr. Athalia spinorum.
„ *tibialis* Hgr. Lophyruspuppen.
„ *transiens* Rbg. Lophyrus.
„ *ustulatus* Hgr. Lophyrus.
„ *vepretorum* Gr. Boarmia vepretaria.
„ *viduus* Hgr. Cladius uncinatus.
„ *unifasciatus* Hgr. Selandria serva, stramineipes.
„ *leptogaster* Hgr. Tenthredo. Macrophyia.
„ *rufilabris* Zett. Lophyruspuppen.
„ *transfuga* Hgr. Nematus hypogastricus, testaccus.

Cteniscus, Exenterus.
„ *alpicola* Hgr. Nematus. Tenthredo.
„ *adspersus* Br. Lophyrus pini, pallidus.
„ *apiarius* Gr. Lophyruspuppen.
„ *approximatus* Hgr. Lophyruspuppen.
„ *auctumnalis* Br. Nematus.
„ *cingulatorius* Gr. Lophyrus.
„ *colorator* Zett. Geometra betularia. Abraxas grossulariae.
„ *frigidus* Hgr. Nematus fulvus, ventricosus. Allantus marginellus.
„ *gibbulus* Hgr. Nematus.
„ *gnathoxanthus* Gr. Selandria pubescens.
„ *jucundus* Hgr. Cladius. Nematus.
„ *lituratorius* L. Dineura rufa. Nematus. Selandria. Athalia. Lophyrus.

Cteniscus marginatorius Gr. Lophyrus.
„ *oriolus* Htg. Lophyrus. Nematus salicis, Vallisnieri.
„ *oculatorius* Rd. Dineura alni.
„ *sexcinctus* Gr. Dineura alni. Lophyrus. Nematus.
„ *succinctus* Gr. Lophyrus. Nematus.
„ *tortricum* Rd. Tortrixpuppen.
„ *xanthocinctus* Br. Psychearten.
Polyblastus aberrans Br. Fenusa rubi.
„ *betularius* Rd. Selandria nana.
„ *cothurnatus* Gr. Selandria ovata, ephippium. Lophyrus.
„ *consobrinus* Hgr. Nematus salicis. Macrophyla ribis.
„ *flaviceps* Rd. Nematus. Selandria serva, lutea.
„ *marginatus* Hgr. Dineura alni.
„ *mutabilis* Hgr. Dineura alni. Nematus salicis, myosotidis.
„ *nematorum* Htg. Nematusarten.
„ *nitidiventris* Hgr. Nematus myosotidis.
„ *pictipes* Rd. Abia sericea.
„ *pingris* Gr. Athalia. Lophyrus.
„ *pratensis* Gr. Selandria. Nematus. Lophyrus.
„ *pumilus* Hgr. Nematus Vallisnieri.
„ *ribesii* Rd. Macrophyia ribis. Abraxas grossulariae.
„ *rivalis* Hgr. Allantus scrophulariae. Athalia.
„ *sanguinatorius* Rbg. Cladius eucera, viminalis.
„ *selandriae* Br. Selandria pubescens.
„ *senilis* Hgr. Nematus salicis.
„ *Stenhameri* Hgr. Cheimatobia brumata.
„ *varitarsus* Gr. Nematus salicis. Vallisnieri.
„ *Wahlbergi* Hgr. Fenusa betulae.
Pimpla alternans Gr. Fenusa pumila. Abraxas grossulariata. Lophyrus pini. Cidaria juniperata. Nematus salicis. Orchestes fagi, quercus. Andricus terminalis. Tinea. Tortrix piceana.
„ *arundinator* Fbr. Donacia.
„ *bonolianae* Rbg. Retinia bouoliana.
„ *angeus* Gr. Panolis piniperda. Cheimatobia brumata.

(Fortsetzung folgt.)

Kleine Mitteilungen.

Zur Kohlweißlingsplage. Ueberall wird in diesem Jahre über das massenhafte Auftreten von Pieris brassicae geklagt. Auch in meinem Garten hatten sie sich zahlreich eingefunden. Bei der Säuberung der Kohlpflanzen kam ich auf den Gedanken, die Raupen in größeren Mengen zu züchten, vielleicht daß unter den Faltern einige Varietäten erzielt würden. Wochenlang trug ich täglich Dutzende von Raupen in allen Stadien der Entwicklung ein, im ganzen wohl mehrere Hundert. Das Resultat war ein überraschendes, nicht etwa, daß ich besondere Falter erzielt hätte — nur ein einziges ganz normales Männchen ist bisher erschienen — aber die geringe Menge der erzielten Puppen ist überraschend. Von dem überreichen Material ist nur gerade ein Dutzend zur völligen Entwicklung gelangt, alle anderen ergaben Microgaster. Diese Tatsache gibt uns einen wertvollen Fingerzeig für die Bekämpfung. Man untersuche die Unterseite der Blätter und zerdrücke die Eiablagen und frisch geschlüpften Raupen, lasse aber die erwachsenen unbehelligt. Einmal ist es zwecklos, diese zu vernichten, weil sie ja den Schaden bereits angerichtet haben und keinen weiteren verursachen, und zweitens berauben wir uns dadurch unserer besten Bundesgenossen im Kampf gegen die Schädlinge.[1]) Entomologen sage ich damit ja nichts neues, aber angesichts einer Bekanntmachung der Behörde, wonach eingelieferte Raupen nach Gewicht bezahlt werden, lohnt es sich immerhin, die Aufmerksamkeit darauf zu richten. Jedermann wird natürlich recht große fette Raupen abliefern, damit es scheffelt, und damit wird der größte Schaden angerichtet. Nicht so verkehrt wäre es, wenn die Bezahlung stückweise erfolgte, dann wäre zu erwarten, daß auch junge gesunde Raupen mit eingeliefert würden. In dieser Weise aber bewirkt die Verordnung das Gegenteil dessen, was beabsichtigt wird.

M.

Die Libellen auf der Wanderschaft. Das Wandern von Libellen ist zwar dem Forscher schon lange bekannt, doch werden im allgemeinen solche Wanderzüge ziemlich selten beobachtet. Ganz auffallende Libellenwanderungen vollzogen sich aber in diesem Sommer im Saaletale, in der Gegend von Halle. Als am 30. Juni um 4 Uhr nachmittags im Gefolge einer vierwöchigen Trockenheit Gewitter aufzogen, traten große Libellenschwärme auf, wie Prof. Dr. R a b e s in der „Naturwissenschaftlichen Wochenschrift" erzählt, in der Richtung von Osten nach Westen bei Halle auf. Ihr Erscheinen wurde vielfach mißgedeutet, da man fürchtete, es mit Wanderheuschrecken zu tun zu haben. Zur gleichen Zeit konnte man auch an anderen Orten des Saaletales Libellenschwärme beobachten, in Merseburg z. B. waren die Drähte der elektrischen Leitungen vor dem Gewitter stellenweise mit Libellen geradezu übersät. Während der nächsten Tage gab es dann einen fast ununterbrochenen Zug von Libellen von Osten nach Westen. Die Insekten flogen haushoch, häufig auch niedriger, manchmal in großen Schwärmen, manchmal in kleinen Gruppen, dann wieder einzeln, in Abteilungen von vier bis fünf Stück usw. Die Ursache dieser ungewöhnlichen Libellenwanderung konnte nicht eindeutig festgestellt werden. Nahrungsmangel, der die Heuschrecken zur Wanderung treibt, käme bei den Libellen wohl kaum in Betracht. Mit größter Wahrscheinlichkeit ist vielmehr den ungewöhnlichen Witterungsverhältnissen dieses Jahres die Schuld zuzuschreiben. Die Larvenentwicklung der Libellen erfolgt hauptsächlich in Wassertümpeln, und da die letzteren durch die lange Trockenheit vielfach im Osten verschwanden, mögen die Libellen sich nach dem niederschlagsreicheren Westen aufgemacht haben.

Literatur.

Flugschriften der Deutschen Gesellschaft für angewandte Entomologie.

Den bisher erschienenen, von uns in Nr. 16, 17 und 18 des vor. Jahrg. besprochenen Flugschriften der Deutschen Gesellschaft für angewandte Entomologie sind zwei weitere gefolgt, die der Förderung der Bienenzucht gewidmet sind. Indem in einer der früheren Schriften „Die Zukunft der deutschen Bienenzucht" behandelt war, bringen die neuen Schriften praktische Ratschläge aus der Feder einer anerkannten Autorität auf diesem Gebiete, des Herrn Prof. Dr. Zander in Erlangen.

Zeitgemäße Bienenzucht. Heft 1: Bienenwohnung und Bienenpflege, mit 28 Textabbildungen. Heft 2: Zucht und Pflege der Königin mit 29 Textabbildungen. Berlin 1917. Verlag von Paul Parey. (Preis Mk. 1,80.)

Der Verfasser hat in jahrelangen kostspieligen und zeitraubenden Versuchen die üblichen Betriebsweisen und Einrichtungen gründlich geprüft, und unterbreitet nun das Ergebnis der Oeffentlichkeit. Indem er die Art schildert, wie er seine Forderungen zu erfüllen bestrebt gewesen ist, will er zur Nachahmung anregen und zur wissenschaftlich begründeten Bienenpflege die Bahn bereiten. Zu diesem Behufe ist die genaue Kenntnis der Verhältnisse und Vorgänge in einem Bienenstock erste unerläßliche Bedingung. Um diese zu ermöglichen, schienen ihm die bisherigen Bienenwohnungen nicht geeignet. Deshalb lag ihm in erster Linie daran, eine Wohnung herzustellen, die den Einblick in das Bienenvolk erleichtert und gleichzeitig das Gedeihen der Völker bei einfachster Pflege begünstigt. Diese Wohnung ist unter dem Namen „Zanderbeute" seit mehreren Jahren im Handel. Sie hat eine weite Verbreitung gefunden, da sie nicht für alle Trachtverhältnisse zur Ausübung einer einträglichen Bienenzucht geeignet ist, sondern auch wegen ihrer einfachen Handhabung für wissenschaftliche Untersuchungen die denkbar brauchbarste Beutenform ist. Ihre Einrichtung und Verwendung bei der Behandlung der Völker unter Angabe genauer Maße und zahlreicher Abbildungen — sodaß der Imker sich auch selbst anfertigen kann — bilden den Inhalt des ersten Heftes. Bei der Besprechung der Bienenpflege im Laufe des Jahres werden wertvolle Winke gegeben, deren Kenntnis für den Imker von großer Bedeutung sind, so die Förderung der Volksentwicklung, Schwarmpflege, das Wandern, um die jedesmalige sich darbietende Honigweide besser auszunutzen, Herbstpflege und Einwinterung.

Während der Inhalt dieses Heftes ausschließlich für den praktischen Imker bestimmt ist, kann das Studium des zweiten auch jedem anderen Entomologen empfohlen werden, das sich mit der Zucht der Königinnen beschäftigt. Von dem Grundsatz ausgehend, daß eine zielbewußte Zucht und Auslese der Bienenköniginnen die Grundlage einer einträglichen Bienenzucht sei, ohne die alle übrigen Maßnahmen keinen bleibenden Wert haben, ist der Verfasser bemüht gewesen, durch sorgfältige Auswahl bei der Zucht eine rassenreine, für unsere klimatischen Verhältnisse geeignete Bienenkönigin zu erhalten. Unsere einheimische Biene war durch unsinnige Zufuhr italienischer, cyprischer, norischer Bienen, die sich für deutsche Verhältnisse gar nicht eignen, so verbastardiert, daß sie zu Studien für die Mendelschen Vererbungsgesetze, wozu die Biene sonst wegen ihrer zahlreichen Nachkommenschaft die günstigsten Beobachtungen bietet, ganz ungeeignet war. Rastlose Zucht und Auslese muß darauf gerichtet sein, das fremde Blut wieder zu beseitigen und rein vererbende Linien zu erhalten, mit denen einwandfreie Kreuzungsversuche angestellt werden können. Auf diesem Wege glaubt der Verfasser einen guten Schritt vorwärts gekommen zu sein und einen reinen Stamm herangezüchtet zu haben.

[1]) In mindestens neun Fällen unter zehn würden wir die nützlichen Microgaster vernichten und dadurch erheblichen Schaden anrichten.

Für die Redaktion des wissenschaftlichen Teiles: Dr. F. Meyer, Saarbrücken, Bahnhofstraße 65. — Verlag der Entomologischen Zeitschrift Internationaler Entomologischer Verein E. V., Frankfurt a. M. — Für Inserate: Geschäftsstelle der Entomologischen Zeitschrift, Töngesgasse 22 (R. Block) — Druck von Aug. Weisbrod, Frankfurt a. M., Buchgasse 12.

Frankfurt a. M., 10. November 1917.   Nr. 16.   XXXI. Jahrgang.

ENTOMOLOGISCHE ZEITSCHRIFT

Central-Organ des Internationalen Entomologischen Vereins E. V.

mit Fauna exotica.

Herausgegeben unter Mitwirkung hervorragender Entomologen und Naturforscher.

Abonnements: Vierteljährlich durch Post oder Buchhandel M. 3.— Jahresabonnement bei direkter Zustellung unter Kreuzband nach Deutschland und Oesterreich M. 3.—, Ausland M. 10.—. Mitglieder des Intern. Entom. Vereins zahlen jährlich M. 7.— (Ausland [ohne Oesterreich-Ungarn] M. 2.50 Portozuschlag).

Anzeigen: Insertionspreis pro dreigespaltene Petitzeile oder deren Raum 30 Pfg. Anzeigen von Naturalien-Handlungen und -Fabriken pro dreigespaltene Petitzeile oder deren Raum 20 Pfg. — Mitglieder haben in entomologischen Angelegenheiten in jedem Vereinsjahr 100 Zeilen oder deren Raum frei, die Ueberzeile kostet 10 Pfg.

Schluß der Inseraten-Annahme für die nächste Nummer am 24. November 1917
Dienstag, den 20. November, abends 7 Uhr.

Inhalt: Ichneumoniden und ihre Wirte. Von Professor Dr. Rudow, Naumburg a. d. Saale. — Die Ruhestellung der Stubenfliege. Von Otto Meißner, Potsdam. — Kleine Mitteilungen. — Literatur.

Ichneumoniden und ihre Wirte.

Von Professor Dr. *Rudow*, Naumburg a. Saale.

(Fortsetzung).

Pimpla Bernuthi Rbg. Gastropacha pini. Fliegenpuppen.

,, *breviseta* Rbg. Cecidomyia rosaria. Lasioptera rubi.

,, *brevicornis* Gr. Selandria bipunctata, ovata. Pissodes notatus, hercyniae. Gymnetron. Retinia resinana. Gelechia. Dioctria abietella. Conchylis posterana. Tortrix laevigana. Laverna. Tischeria. Microgaster congestus.

,, *caudata* Rbg. Teras terminalis. Geometra betularia.

,, *cicatricosa* Rbg. Bostrychidae. Cryptorhynchus lapathi. Sesia formicaeformis.

,, *cingulata* Rbg. Tinea populella. Tortrix.

,, *colobata* Rbg. Teras terminalis.

,, *didyma* Gr. Bombyx pini.

,, *decorata* Rbg. Sphegiden in Zweigen von Rubus.

,, *diluta* Rbg. Retinia resinana, bouoliana.

,, *examinator* Fbr. Gastropacha neustria, trifolii. Porthesia chrysorrhoea. Cucullia argentea. Gnofria quadra. Abraxas grossulariata. Hyponomeuta padella, malinella. Nephopteryx vaccinella. Orgyia pudibunda. Colias rhamni. Anthonomus pomorum.

,, *examinanda* Rbg. Tachina, Echinomyiapuppen.

,, *flavipes* Gr. Bombyx neustria. Gnofria quadra. Tinea. Retinia resinana. Apoderus coryli. Rhynchites betulae.

,, *gallarum* Rd. Nematus gallarum. Vallisnieri.

,, *Gravenhorsti* Tbg. Orgyia pudibunda. Pissodes. Bostrychidae.

,, *graminellae* Gr. Noctuapuppen. Tortrix laevigana. Tinea. Microgaster.

,, *gymnetri* Rbg. Gymnetron campanulae.

Pimpla hyponomentae Br. Hyponomenta evonymella, padella.

,, *illecebrator* Rsi. Sphinx Elpenor, ligustri, convolvuli, nerii.

,, *instigator* Fbr. Gastropacha neustria. Lasiocampa pini. Porthesia chrysorrhoea. Orgyia antiqua. Psyche viciella. Scoliopteryx libatrix. Phalera bucephala. Aporia crataegi. Vanessa urticae. Nematus salicis, perspicillaris.

,, *laticeps* Rbg. Pissodes notatus.

,, *lignicola* Rbg. Dasytes coerulens.

,, *linearis* Rbg. Retinia resinana. Fenusa pumila.

,, *longiseta* Rbg. Carpocapsa. Tortrix dorsana.

,, *longiventris* Rbg. Apoderus coryli.

,, *melanocephala* Br. Saturnia pyri.

,, *mixta* Rbg. Bombyx quercus.

,, *Mussii* Htg. Orgyia pudibunda. Panolis piniperda. Bombyx pini.

,, *nematorum* Rd. Lophyrus, Nematusarten.

,, *nucum* Rbg. Apoderus coryli. Balaninus. Tortrix.

,, *oculatoria* Fbr. Retinia. Bostrychiden. Odynerus. Lophyrus. Spinneneier, Fichtenzapfen.

,, *ovivora* Rbg. Eierballen von Spinnen.

,, *ornata* Gr. Panolis piniperda. Cheimatobia brumata.

,, *orbitalis* Rbg. Retinia resinana.

,, *planata* Htg. Apoderus coryli. Retinia bouoliana.

,, *pomorum* Br. Anthonomus pomorum.

,, *pudibundae* Rbg. Orgyia pudibunda.

,, *punctulata* Rbg. Retinia resinana. Geometra betularia.

,, *processioneae* Rbg. Cnethocampa pithyocampa, processionea.

,, *robusta* Rd. Cidaria capitata. Graëlsia Isabellae.

Pimpla resinanae Br. Retinia resinana.
  ,, *roburator* Gr. Bupalus piniarius. Panolis piniperda. Bombyx pini.
  ,, *rufata* Gmel. Gastropacha neustria. Drepana falcula. Psyche viciella. Abraxas grossulariata. Nephopteryx vacciniella. Lasiocampa pini. Pontia crataegi. Vanessa urticae. Lophyrus. Echinomyiapuppen.
  ,, *Reissigii* Rbg. Cryptorhynchus lapathi. Gymnetron campanulae.
  ,, *sagax* Hrt. Dineura alni. Retinia resinana, cosmophorana. Tortrixarten.
  ,, *scanica* Vill. Hyponomeuta padella. Psyche viciella, nitidella. Tortrix laevigana, viridana, piceana. Earias chlorana. Laverna epilobiella. Depressaria intermediella. Bombyx pini. Panolis piniperda. Cheimatobia brumata. Microgaster in Spinneneierballen.
  ,, *stercorator* Gr. Gastropacha neustria. Lasiocampa potatoria. Psilura monacha. Hylophila prasinana. Gnophria quadra. Tortrix laevigana. Nephopteryx vacciniella.
  ,, *strobilorum* Rbg. Fichtenzapfen. Pissodes. Bostrychidae. Retinia resinana.
  ,, *strongylogastri* Rd. Strongylogaster cingulatus.
  ,, *spunia* Gr. Lophyruspuppen. Hyponomeuta padella.
  ,, *terebrans* Gr. Pissodes, Pogonochaerus.
  ,, *turionellae* L. Panolis piniperda. Orgyia pudibunda. Retinia bouoliana.
  ,, *tricolor* Br. Psyche. Tortrix laevigana. Tinea.
  ,, *varicornis* Fbr. Sphinx pinastri. Bombyx pini. Aporia crataegi. Eurycreon verticalis. Spinneneierballen.
  ,, *vesicaria* Rbg. Tortrix Bergmanniana. Tischeria complanella. Coleophora. Retinia resinana. Nematus Vallisnieri, viminalis, vesicator. Cryptocampus. Selandria.
  ,, *variegata* Rbg. Cerambycidae in Holz. Retinia.
  ,, *viduata* Gr. Psyche viciella. Sesia spheciformis. Tortrix hercyniae. Retinia.
  ,, *vesparum* Rd. Odyneruszellen im Schilfrohr.
Theronia flavicans Fbr. Libythea celtis. Gastropacha neustria. Abraxas grossulariata. Pronea forficalis. Eurycreon verticalis.
Glypta bifoceolata Gr. Tipula oleracea. Bupalus piniarius.
  ,, *Brischkëi* Hgr. Panolis piniperda. Bupalus piniarius. Necydalis.
  ,, *ceratites* Gr. Tortrix viridana.
  ,, *cicatricosa* Rbg. Rhynchites betulae, populi u. a.
  ,, *concolor* Rbg. Zeuzera aesculi. Rhynchites.
  ,, *consimilis* Hgr. Cheimatobia brumata. Geometra betularia.
  ,, *dubia* Rbg. Tortrices.
  ,, *elongata* Hgr. Allantus scrophulariae.
  ,, *evanescens* Rbg. Tortrix quercina.
  ,, *extincta* Rbg. Tortrix laevigana.
  ,, *flavolineata* Gr. Retinia resinana, bouoliana. Sphegidennester in Zweigen.
  ,, *fronticornis* Gr. Lophyruspuppen.
  ,, *haesitator* Gr. Grapholitha nebritana.
  ,, *longicauda* Hrt, Geometra piniaria.
  ,, *lugubrina* Hgr. Lasiocampa pruni.
  ,, *mensurator* Gr. Cerambycidae in alter Weide.
  ,, *monoceros* Gr. Saperda populnea. Leptura.
  ,, *pictipes* Tschb. Tortrix. Tinea.
  ,, *resinanae* Hrg. Retinia resinana. Tinea truncatella.

Glypta striata Gr. Sphegidennester in Salix. Cerai bycidae.
  ,, *teres* Gr. Saperda populnea. Orgyia pui bunda. Cheimatobia brumata.
  ,, *vulnerator* Gr. Geometrapuppen.
Lissonota angusta Tbg. Nematus Vallisnieri, salic
  ,, *arvicola* Gr. Anobium.
  ,, *accusator* Gr. Lophyrus, Allantus, Nematı
  ,, *bivittata* Gr. Leptura, Spondylis.
  ,, *breviseta* Rbg. Lophyrus. Tortrix cerasorü)
  ,, *bellator* Gr. Nemator Vallisnieri. Allantı
  ,, *bouolianae* Htg. Retinia bouoliana.
  ,, *conflagrator* Gr. Anobium.
  ,, *culiciformis* Gr. Fliegenpuppen. Nematı Pogonochaerus.
  ,, *cylindrator* Vill. Panolis piniperda. Cheim tobia. Abraxas.
  ,, *hortorum* Gr. Retinia resinana.
  ,, *impressor* Gr. Sesia formicaeformis, sphe formis, philanthiformis. Sphegidenwc nungen in Brombeerzweigen.
  ,, *irrisoria* Rsc. Odynerus in Rohrstenge Thalpochares Paula.
  ,, *maculatoria* Gr. Abraxas grossulariata.
  ,, *obscura* Rbg. Cecidomyia rosaria.
  ,, *parallela* Gr. Saperda scalaris. Cryptorhy chus lapathi.
  ,, *pectoralis* Gr. Tortrix laevigana, viridar Tinea heparana. Cecidomyia rosaria.
  ,, *polyzonius* Gr. Anobium. Bostrychidae. T(trix laevigana.
  ,, *quinqueangularis* Rbg. Tinea populella.
  ,, *robusta* Rbg. Retinia bouoliana.
  ,, *segmentator* Gr. Sphegiden in Brombeerzweige
  ,, *verberans* Gr. Cerambyciden in Salix.
Lampronota nigra Gr. Cerambycidae.
Phytodietus segmentator Gr. Grapholitha robora Tortrix ribeana, viridana, laevigana. daria galiaria.
Ichnocerus rusticus Gr. Rhagium mordax. Aro moschata. Molorchus umbellatarum.
Clystopyga incitator Fbr. Retinia resinana.
Automalus alboguttatus Wsm. Sphinx elpenor, vesp tilio.
Chasmodes notatorius Gr. Lyda hypotrophica.
Polysphincta areolaris Rbg. Bupalus piniarius. Cladi Nematus.
  ,, *boops* Rbg. Ballen von Spinneneiern.
  ,, *carbonator* Gr. Ballen von Spinneneiern.
  ,, *elegans* Rbg. Anobium. Bostrychidae.
  ,, *rufipes* Gr. Spinneneier. Nematus ribe Pogonochaerus.
  ,, *soror* Rbg. Anobium. Bostrychidae.
  ,, *velata* Rbg. Bupalus piniarius.
Acaenites arator Rsi. Cerambyces in Holz.
  ,, *dubitator* Pz. Rhagium. Crabronidae und Sp gidae in Brombeerzweigen und morsch Holze.
  ,, *fulvicornis* Gr. Siricidae.
  ,, *nigriventris* Br. Crabronidae in Zweigen.
  ,, *rufipes* Gr. Cerambycidae. (Fortsetzung fo

Die Ruhestellung der Stubenfliege.

Von *Otto Meissner*, Potsdam.

Da ich im Sommer 1917 eine unerwüns große Zahl Fliegen, besonders Stubenfliegen (Mu domestica L.), in meiner Wohnung hatte, kam der Gedanke, einmal nachzuprüfen, was es mit

Behauptung Taschenbergs (Brehms Tierleben, gr. Ausgabe, Insektenband) auf sich habe, die russischen Bauern wüßten Stubenfliegen und Wadenstecher (Stomoxys calcitrans) daran zu unterscheiden, daß jene an der Wand mit dem Kopf nach unten säße, der Wadenstecher aber Kopf nach oben.

Zur Prüfung habe ich am 4. Juli 1917 56 Beobachtungen gemacht, die ich hier zunächst tabellarisch (in zeitlicher Folge) wiedergebe. Als Nullrichtung ist die Ruhelage Kopf nach unten angenommen, die Abweichungen sind nach links (im Sinne des Uhrzeigers) negativ gezählt, die Winkel geschätzt. Ueber den hierbei begangenen Schätzungsfehler siehe weiter unten. 15 mal konnte ich das Anfliegen an die Wand und die Einnahme der Ruhestellung direkt beobachten. Dabei ergab sich, daß die Fliegen beim Anflug zunächst Kopf nach oben an der Wand sitzen, um dann sich ruckweise binnen etwa $^3/_8$ Sekunden nach unten zu drehen. Diese Fälle sind in der Tabelle bei Rechtsdrehung (im Sinne des Uhrzeigers) mit einem +, andernfalls mit * versehen.

Tabelle

Nr.	Stellung	Nr.	Stellung	Nr.	Stellung	Nr.	Stellung
1	5⁰	15	50⁰	29	— 45⁰	43	+ 20⁰
2	20	16	— 15	30	— 75	44	· 70
3	— 45	17	· 5	31	20	45	+ 0
4	— 20	18	* — 30	32	0	46	180
5	— 45	19	+ 20	33	20	47	— 80
6	0	20	— 30	34	— 60	48	— 5
7	20	21	0	35	+ 40	49	+ 60
8	— 40	22	0	36	45	50	+ 30
9	30	23	* — 20	37	— 20	51	10
10	0	24	— 30	38	* — 45	52	+ 45
11	+ 40	25	— 100	39	— 10	53	* — 20
12	0	26	180	40	0	54	· 20
13	30	27	+ 10	41	0	55	+ 40
14	30	28	+ 30	42	— 45	56	30

Diese Beobachtungen sollen nun etwas genauer mathematisch betrachtet werden. Bezeichnet man die Zahl der Vorzeichenwechsel mit w, der Folgen mit f (0 ist dabei unberücksichtigt zu lassen, die betr. Beobachtung einfach zu überschlagen), so muß bei Zufallsverteilung

$$w - f = 0 \pm (n-1)^{1/2}$$

sein, wo n die Anzahl der Beobachtungen ist. Hier nun ergibt sich, bei Fortlassung der Beobachtungen mit 0⁰ und der beiden mit 180⁰, w = 22, f = 23, also

$$w - f = -1 \pm 7^{1/2} \text{ (mittlerer Fehler)}$$

d. h. eine reine Zufallsverteilung.

Um den Mittelwert W des Winkels zu finden darf man, da es sich um „Vektoren" handelt, nicht die Winkel selbst mitteln, sondern ihre Sinus und Cosinus. Bezeichnet ferner g das „Gewicht" des Ergebnisses (das = 1 wäre, wenn alle Winkel gleich wären, = 0 bei rein zufälliger Verteilung der Winkel; die oben berechnete Zufallsverteilung betrifft nur die Vorzeichen der Winkel, nicht aber ihre Größe!), so ergibt sich für

	Sinus W	Cosinus W
Mittelwert	0:0245	0.74
mittlerer Fehler eines Einzelwertes	± 0.51	± 0.41
mittlerer Fehler des Mittelwerts	± 0.07	± 0.055
durchnittl. Fehler eines Einzelwertes	± 0.40	± 0.27

Theoretisch muß der mittlere Fehler sich zum durchschnittlichen verhalten wie 1.25 : 1. Hier sind die Verhältnisse 1.27 : 1, bezw. 1.52 : 1, also annähernd die theoretischen.

Es ergibt sich ferner das Gewicht

$$g = 0.74$$

der Winkel W aus

$$\tan W = \frac{\sin W}{\cos W}$$

zu

$$W = 1.9⁰;$$

endlich der mittlere Fehler nach einer Formel, die hier nicht angeführt werden soll, zu ±7⁰. 5 mal die Quadratwurzel aus dem reziproken Gewicht, also zu etwa 9⁰. Der mittlere Fehler eines Einzelwerts beträgt 41⁰; hierbei sind aber noch meine Schätzungsfehler zu berücksichtigen. Nimmt man diese als zufällig und im Mittel 10⁰ betragend an, so ergibt sich die „Streuung", wie man sagt, zu 39⁰ (d. h. die Schätzungsfehler kommen nicht in Betracht). Das Ergebnis ist also: die Ruhestellung der Stubenfliege (Musca domestica L.) ist tatsächlich die mit dem Kopf nach unten, mit einer Abweichung (Streuung) von 40⁰ (nicht ganz $^1/_2$ rechten Winkel) im Einzelfall und dem Gewicht $^3/_4$.

Ganz andere Ergebnisse lieferten mir 3 Beobachtungsreihen am 8. und 9. Juli (8 abends, 3 nachmittags, 8 abends Sommerzeit) an mittelgroßen Larven von Bacillus Rossii F. Da sie erst spät abends zu fressen beginnen — außer wenn sie hungrig, — dann fressen sie beim hellsten Sonnenschein — waren sie an den 3 Terminen ganz still, sodaß ich die Beobachtungen in aller Ruhe vornehmen konnte.

Die erste Reihe von 41 Einzelwerten ergab

	Sinus	Cosinus
Mittelwert	— 0.09	— 0.017
m. F. d. M.-W.	± 0.08	± 0.135
„ „ eines Einzelw.	± 0.53	± 0.87
d. F. „ „	± 0.40	± 0.81
Verhältnis m. : d. :	1.32	1.08

Mittelwert des Winkels, den die Ruhestellung mit der Senkrechten bildet . . — 100⁰
Gewicht: 0.09
mittlerer Fehler des Mittelwertes ± 8⁰
„ „ eines Einzelwertes ± 52⁰

Für die beiden anderen Reihen habe ich nicht alle einzelnen Größen berechnet. Es ergibt sich zum Schluß:

Beobachtungsreihe	Beobachtungszahl	Winkel	Gewicht
1.	41	— 100⁰	0.09
2.	25	— 129	0.31
3.	32	— 38	0.02
1.—3.	98	— 116*)	0.118

Der mittlere Fehler ist etwa 15⁰, aber das Gewicht nur $^1/_9$ gegen $^3/_4$ bei der Stubenfliege. Eine schwache Neigung zu horizontaler Stellung scheint immerhin bei Bacillus Rossii vorhanden zu sein. Aber das so geringe Gewicht zeigt, daß diese Neigung sehr klein ist im Verhältnis zu der bei der Stubenfliege.

Zum Schluß möchte ich noch darauf hinweisen, daß auch in der Entomologie exakte, zahlenmäßig faßbare Beobachtungen sehr vonnöten sind. In der allgemeinen Zoologie sind ja seit einiger Zeit solche Bestrebungen im Gange (Roux' „Archiv für Ent-

*) Mittelwert, aus dem Sinus und Cosinus der Einzelwerte unter Berücksichtigung der Gewichte berechnet.

wicklungsmechanik", Przibrams „Regenerationsversuche", Johannsens „Elemente der exakten Erblichkeitslehre", der die Wahrscheinlichkeitsrechnung und Kollektivmaßlehre ausgiebig verwendet, die engl. Zeitschrift „Biometrica"). Es genügt nicht zu sagen, Schildchen länger als breit, man muß bei möglichst viel Exemplaren das Verhältnis Länge und Breite messen. Es genügt nicht zu sagen, bei dem und dem Insekt sind die Männchen größer als die Weibchen, man muß die Flügellänge der beiden Geschlechter messen, wie dies H. Auel eine Reihe von Jahren beim Kohlweißling, Pieris brassicae L., getan. Und so fort.

Kleine Mitteilungen.

Brephos parthenias als stark duftender Falter.

An einem schönen Vormitttage des 22. März fing ich einmal am Rande eines Birkenwäldchens (frisch geschlüpft) 23 dieser niedlichen Frühlingsboten. Auf größere Beute nicht gerade vorbereitet, mußte ich sie in einer kleinen Schachtel unterbringen. Als ich dann zu Hause die Schachtel öffnete, strömte mir ein starker säuerlich süßer Geruch entgegen, ganz ähnlich dem des allbekannten Zichorien-Kaffee-Zusatzes, wie ich den kleinen Faltern erst gar nicht zutraute. Der Geruch war so stark, daß der Dubletten-Kasten, worin die 44 Falter, die ich auf drei Gängen erbeutete, ein halbes Jahr steckten (trotz Naphthalin), noch nach einem Jahre deutlich danach roch. Ob auch die Weibchen dufteten, konnte ich nicht feststellen, da nur ein Drittel solche waren. Es ist jedenfalls vielen Sammlern bekannt, daß frisch geschlüpfte Tag-, auch Nachtfalter öfters einen schwachen eigentümlichen Geruch besitzen; z. B. Pap. podalirius säuerlich, Th. polyxena säuerlich herb, Pap. machaon säuerlich süß, dagegen haben geflögene machaon einen direkt lieblichen Geruch, den sie sich aber vielleicht durch Blumen oder Ernährung können angeeignet haben. Ob G. Illig in seinem damals empfohlenen Werke über duftende männliche Falter parthenias erwähnte, ist mir nicht bekannt, es wäre aber jedenfalls angebracht, da bei dem kleinen Falter der Duft so stark ist.

J. Stock, Eckartsberga.

Literatur.

Motyle drobne Galicyi (Microlepidoptera Haliciae) opracował Fryderyk Schille 1917. We Lwowie 1917.

Das Ergebnis einer 40 jährigen Sammeltätigkeit und Beobachtung in der freien Natur der in Galizien vorkommenden Kleinschmetterlinge ist in diesem Werke niedergelegt. Es genügt daher zunächst den Anspruch erheben, den Stoff erschöpfend zu behandeln, zumal auch die gesamte Literatur — von der ältesten — Nowicki 1860 — bis zur neuesten — Rebel 1913 — in eingehendster Weise benutzt ist. So erreicht die Zahl der angeführten Falter die stattliche Höhe von 1372. In der Systematik und Nomenklatur folgt der Verfasser dem Staudinger-Rebelschen Katalog. Den zurzeit gültigen Namen sind die Synonyma beigefügt, den neueren und weniger bekannten Varietäten und Aberrationen fehlen die Originalbeschreibungen nicht. Bei jedem Falter sind die Fundorte, bei selteneren Arten die Anzahl der gefangenen Exemplare, die Verbreitung in anderen Ländern, Zeit des Er-

scheinens, sowie die Nahrungspflanze de angegeben. Umfangreiche biologische Angab Beobachtung machen das Werk noch beson voll. Wie eingehend diese sind, ist d ersehen, daß sie z. B. bei Gracilaria Rebeli Druckseiten in Anspruch nehmen. Das wie aus dem Titel zu ersehen, in polnische verfaßt, und das wird leider die meisten En zurückschrecken, da nur wenige unter ib Sprache beherrschen werden. Es sei ferne dem Werke damit einen Tadel auszusprec es die Landesfauna behandelt, ist es in er für die Bewohner des Landes, und darum in ihrer Sprache geschrieben. Was den Enton Deutschland, England, Frankreich, Italien, S ja sogar in Japan recht ist, ist denen Galizi Aber zu bedauern bleibt doch, daß ein so volles Werk dadurch in seiner Benutzung breitung beschränkt ist. Wie wünschensw es, wenn für die Wissenschaft, die doch int ist, eine einzige Sprache die herrschen natürlich keine lebende, darüber würde Einigkeit zu erzielen sein, sie würde auc Fehler leiden, daß sie dem fortwährende unterliegt. Wie außerordentlich vorteilha als noch die lateinische Sprache die ausso der Wissenschaft war; auch die älteren na schaftlichen Werke, wie Linnés Systema sind in ihr verfaßt. Heute ist sie so verd sie nur noch in der Nomenklatur und mi Beschreibung neuer Arten sich erhalten heute wissenschaftlich arbeiten will, wo Kenntnis der Literatur erforderlich ist, muß n vier Sprachen beherrschen, während frühe genügte. Wie leicht war es früher, auch der ihrer nicht mächtig war, sich Auskunft da in jedem Orte, selbst im kleinsten Dor stens einer ist, der solche Auskunft geben pastor loeil Hat man dagegen heute ein schwedischer, polnischer, ungarischer Sp findet man selbst an größeren Orten nicht jemand, der einem helfen kann.

Bleibt somit vieles in dem obigen V meisten Lesern verborgen, so ist es doch sie nicht völlig wertlos. Sie können a Namen der Arten und Unterarten den Fu Verbreitungsgebiet in Europa, Flugzeit, di schen Ziffern in der Dreiteilung des Monat Mitte, Ende (V[1], V[2], V[3]) angegeben ist, Futterpflanze der Raupe herauslesen, da lateinische Name beigefügt ist. Auch w bald dahinter kommen, daß jedem okas „ein E 2 okasy „zwei Exemplare" bedeutet. [die bekannten Abkürzungen wie ex 1. us jeder, der über eine Art Aufschluß wün ohne Sprachkenntnis sie sich aus dem W kann.

Dem Verfasser sind von den russisc brennern bei ihrem Einfall in Galizien seine Sammlungen und Bücher vernichtet worden natürlich unersetzliche Werte, was ihm geraubt werden konnte, ist seine Kenn wie wir mit Freuden sagen können, seine Entomologie, die beide in diesem Werke ni sind. Möge es ihm noch lange beschieden im Dienst der Wissenschaft und zum N Entomologen zu verwerten.

Für die Redaktion des wissenschaftlichen Teiles: Dr. F. Meyer, Saarbrücken, Bahnhofstraße 65. — Verlag der Entomologisch Internationaler Entomologischer Verein E. V., Frankfurt a. M. — Für Inserate: Geschäftsstelle der Entomologischen Zeitschrift. (R. Block) — Druck von Aug. Weisbrod, Frankfurt a. M., Buchgasse 12.

Frankfurt a. M., 24. November 1917.   **Nr. 17.**   **XXXI. Jahrgang.**

ENTOMOLOGISCHE ZEITSCHRIFT

Central-Organ des Internationalen Entomologischen Vereins E. V.

mit Fauna exotica.

Herausgegeben unter Mitwirkung hervorragender Entomologen und Naturforscher.

Abonnements: Vierteljährlich durch Post oder Buchhandel M. 3.— Jahresabonnement bei direkter Zustellung unter Kreuzband nach Deutschland und Oesterreich M. 8.—, Ausland M. 10.—. Mitglieder des Intern. Entom. Vereins zahlen jährlich M. 7.— (Ausland [ohne Oesterreich-Ungarn] M. 2.50 Portozuschlag).

Anzeigen: Insertionspreis pro dreigespaltene Petitzeile oder deren Raum 30 Pfg. Anzeigen von Naturalien-Handlungen und -Fabriken pro dreigespaltene Petitzeile oder deren Raum 20 Pfg. — Mitglieder haben in entomologischen Angelegenheiten in jedem Vereinsjahr 100 Zeilen oder deren Raum frei, die Ueberzeile kostet 10 Pfg.

Schluß der Inseraten-Annahme für die nächste Nummer am 8. Dezember 1917 Dienstag, den 4. Dezember, abends 7 Uhr.

Inhalt: Eine neue Arctia caia ab. badia. Von A. Rautmann. — Lepidopterologisches Sammelergebnis aus dem Tännen- und Pongau in Salzburg im Jahre 1915. Von Emil Hoffmann, Kleinmünchen (Ob.-Oesterr.). — Ichneumoniden und ihre Wirte. Von Prof. Dr. Rudow, Naumburg a. d. Saale. — Psociden-Gespinste. Von Embrik Strand, Berlin. — Kleine Mitteilungen. — Literatur.

Eine neue Arctia caia ab. badia.

Von A. Rautmann.

Bei meinen Spaziergängen in Magdeburgs Nähe fand ich an einem schönen Abhang eine große Menge Arctia caia-Raupen, wovon ich mir eine Anzahl mitnahm und sie mangels irgendwelcher Vorrichtungen in meine emaillierte Badewanne setzte. Stundenlang sah ich oft zu, wie sie teilweise fraßen und teilweise sich vergeblich bemühten, an den glatten Wänden hochzumarschieren. Dabei drängte sich meinem Auge immer wieder ein Sonderling, eine Art Grauschimmel auf. Ein alter Sammler, Herr Kollege T., dem ich davon erzählte, klärte mich dahin auf: die Raupen häuten.

Wißbegierig in dieser mir neuen Sache beobachtete ich die Häutung. Das war es nicht. Der Sonderling spazierte nach wie vor zwischen den Raupen herum.

Ein Ratschlag des Herrn Kollegen T., den Sonderling allein zu setzen, blieb leider unausgeführt, denn ich verschob die Anfertigung eines Behälters von Tag zu Tag und als ich ihn nicht mehr sah, erlosch damit auch mein Interesse für ihn, bis sich mir unter den 39 geschlüpften Faltern wieder eine sonderbare

a gelblicher Fleck, *b* graubraune Flecken, *c* schmutzigweiße Färbung, *d* Farbe vom Gelblichen ins Braune, *e* die vier Punkte sind nur sehr schwach sichtbar.

Caia präsentierte. War er es? Diese Frage bleibt leider offen.

Es ist ein Mann, Kopf mausegrau. Der Oberleib spielt vom Grauen ins Bräunliche. Oberflügel grauweißlich mit grauen und graugelben Flecken; Unterflügel braun mit einer Neigung ins Gelbliche, mit vier kleinen, schwach grauen, matt gelb umringelten Punkten (Durchm. 1—2 mm). Die Aehnlichkeit mit der gewöhnlichen Caia ist gering. Um etwaige Folgerungen zu ziehen, sei hinzugefügt: ihm am ähnlichsten ist ein anderer, dessen Unterflügel prächtig rötlich-goldgelb geströmt sind; unter den 39 geschlüpften Faltern befinden sich nur drei mit den ausgesprochen roten Unterflügeln, die übrigen neigen ins Gelbliche bis zum Gelb, haben teilweise goldgelbe Flecke im Unterflügel und ebensolche Ringe um die schwarzen Flecke derselben.

Lepidopterologisches Sammelergebnis aus dem Tännen- und Pongau in Salzburg im Jahre 1915.

Von Emil Hoffmann, Kleinmünchen (Ober-Oesterreich).

Einige Tage, die vollauf der Sammeltätigkeit gewidmet waren, konnte ich wieder in meinem Heimatlande Salzburg verbringen. Das Jahr war im allgemeinen für die Entomologie kein besonderes; die Hauptflugmonate Juli und August waren mit Niederschlägen reich gesegnet.

Am 6. Mai (zeitweise Regen) langte ich von Golling über dem Strubberge zu Fuß in Abtenau an, wo ich meinen kurzen Urlaub verbrachte. Am 7. Mai sammelte ich vormittags in der Au am Fusse des Arlstein, nachmittags in Wallingwinkel in der Nähe des Gutes Buchegg (ca. 900 m); am 8. Mai (trüb) in Fischbach am Wege zum Eggenreutgute (ca. 900 m); am 9. Mai (trüb) am Scheffenbichkogel (Scheffenbühel-kogel), am 10. Mai am Strubberge am Flugplatze der schwarzen A. tau-Form; am 11. Mai wieder am

Scheffenbichkogel; am 12. Mai vormittags in der Au und nachmittags in Vogelau und Wallingwinkel; am 13. Mai nahm ich wieder den gewöhnlichen Weg über den Strubberg nach Golling.

Am 6. Juni kam ich nach Werfen, wo ich im sogenannten Gries und in der Kalcherau zu sammeln begann und diese Tätigkeit über Konkordiahütte (Tänneck)-Wimm bis Sulzau fortsetzte. Am 18. Juli war ich in Golling (Regentag). In der Nacht vom 31. Juli zum 1. August leuchtete ich in Sulzau 2 Stunden ohne Erfolg, stieg dann um 5 Uhr früh über die Grünwaldalpe[1] (1166 m, im Tännengebirge), deren Hütten bereits zerfallen sind, zwischen dem Kasten und dem Tirolerkopf in der sogenannten Ofenlochrinne bis zur Steinernen Stiege (ca. 1600 m) gegen die vordere Pitschenbergalpe auf, mußte aber zu meinem Leidwesen — es war ein wolkenloser und windstiller Tag — bereits umkehren, um den Zuganschluß nicht zu versäumen. Am 15. August machte ich dieselbe Tour wieder, unternahm jedoch diesmal den Aufstieg bereits um 3 Uhr früh —, leider war es trüb und regnerisch —, doch erreichte ich diesmal die vordere Pitschenbergalpe (1707 m), wo noch die Alpenwirtschaft im Betrieb war und kam fast bis zur hinteren Pitschenbergalpe (1851 m) vor. Hier oben hoffte ich eventuell Parn. phoebus anzutreffen. Die Futterpflanze Saxifraga aizoides fand ich äußerst spärlich vor, dagegen war Sempervivum montanum häufiger. Beim Abstiege, bereits in der Ofenlochrinne, kam die Sonne etwas zum Vorschein, die in die Falterwelt gleich etwas Leben brachte.

Vom 15. bis 27. August hat mein Vetter A. Wollmann aus Wien in Goldegg[2] (825 m hoch gelegen) für mich einiges gesammelt und einpapiert, ebenso sandte mir mein Schwager Dr. med. C. Höfner aus Abtenau in A. paphia-valesina-Weibchen und einige Apollo aus dem Tännengebirge; hierfür nochmals besten Dank.

Am 12. September kam ich wieder von Bischofshofen aus auf das Hochgründeck[3] (1827 m). Schon in einer Höhe von etwa 1500 m lag dichter Reif, oben angelangt, traf ich noch stellenweise in den Mulden Schnee an, der erst vor nicht zu langer Zeit gefallen sein dürfte, und es blies ein kalter Wind. Ich blieb bis mittags oben; das ganze Fangresultat war eine frisch geschlüpfte Larentia autumnata; weiter gegen Bischofshofen hinunter fing ich denn noch einiges.

Für die Bestimmung einiger Tiere danke ich nochmals verbindlichst Herrn F. Hauder in Linz und Herrn Prof. Dr. H. Rebel in Wien.

Zu nachstehender Liste gelten im allgemeinen die in meinem Aufsatze; Sammelergebnis 1912 aus Salzburg gemachten Bemerkungen. Die Microlepidopteren sind nach dem bekannten Professor Spulerschen Werke geordnet; auch fand die Prof. Courvoisier'sche Arbeit: Zur Synonymie des Genus Lycaena Berücksichtigung.[4]

Papilionidae.

Papilio podalirius L. (1) 1 Weibchen abgeflogen, 40,5 mm, 6. VI. Kalcherau.

[1] In der österr. Spezialkarte (1:75,000) fälschlich mit Grünaualpe bezeichnet.
[2] 1 Stunde westlich von der Station Schwarzach-St.-Veit der Bahnlinie Bischofshofen—Innsbruck gelegen.
[3] In verschiedenen Schriften, Karten und an Wegtafeln auch Hochgrindeck und Hochgriendeck geschrieben. Kann von grün abgeleitet sein, möglich ist auch von Grind = Kamm. [4] Siehe deutsche Entomol. Zeitschr. „Iris", Dresden, Band XXVIII, 1914, Heft 2, pag. 143, Fortsetzung Heft 3, pag. 177.

Papilio machaon L. (4) 2 Männchen 38 und 39,5 mm, ziemlich frisch, letzteres Stück die schwachgelb-, resp. blaubestäubte submarginale Binde sehr breit, am Hinterflügel fast bis zur Mittelzelle reichend, die gelben Marginalflecken am Vorderflügel sehr klein, teils kreisförmig, auch die Halbmonde der Hinterflügel sind klein, teils oval, der Querast der Mittelzelle ist beiderseits dissoluta-Bildung, 11. V. Scheffenbichkogel; 1 Männchen 39 mm, frisch, ist als ab. immaculata Schultz zu betrachten (nur am linken Flügel ist der Punkt in Zelle 7 der Vorderflügel schwach angedeutet).

Parnasius apollo L. (14). Die Tiere habe ich in erster Linie nach dem Glassaum und der submarg. Binde auseinander gehalten und sind, wo nichts anderes bemerkt, in der Ofenlochrinne im Tännengebirge gefangen und die beigefügten Zahlen beziehen sich auf die Höhenkarte.

a) Mit markant ausgebildetem Glassaum und kaum sichtbarer submarginaler Binde der Hinterflügel: 1 Männchen 36 mm, ziemlich frisch mit kleinen Ozellen, 1. VIII. 1300 m; 1 Männchen 36,5 mm, frisch mit grossen Kostal- und Hinterrandsflecken, letztere unterseits rot gekernt, 15. VIII. 1300 m; 1 Weibchen 35,5 mm, frisch, Uebergang zu ab. decora mit sehr großen Ozellen, einen 3. angedeuteten Analfleck, der unterste rot gekernt, unterseits der untere Kostal- und Hinterrandsfleck rot gekernt, von den 3 Analflecken sind die unteren 2 rot, der mittlere überdies weiß gekernt; 1 Weibchen 35 mm, geflogen, ganz ohne Verdüsterung wie ein Männchen aussehend, unterseits die Analflecke wie vor, beide 1. VIII. 1400 m.

b) Ganz ohne Glassaum, jedoch mit kräftig entwickelter submarg. Binde der Hinterflügel: 1 Männchen 31 mm (Exp. 51,5 mm), etwas geflogen, mit großem Hinterrandsfleck, unterseits der Hinterrandsfleck rot gekernt, die 3 Analflecke wie vor vorigen Weibchen; 1 Weibchen 38 mm etw. geflogen ab. decora Schultz mit sehr grossen Ozellen (untere fast 6 mm Durchmesser), beide 1. VIII. 1300 m.

c) Ganz ohne Glassaum, jedoch mit schwach ausgebildeter submarg. Binde der Hinterflügel: 1 Männchen 35 mm, frisch, mit kleinen Kostalflecken und sehr kleinen Ozellen (obere 2,5, untere 3 mm Durchmesser) unterseits 3 Analflecke wie die unter a beschriebenen Weibchen, 1. VIII. 1300 m.

d) Mit angedeutetem Glassaum (hauptsächlich an den Vorderenden) und gut ausgebildeter subm. Binde der Hinterflügel: 1 Männchen 36,5 mm, frisch, von den 2 Analflecken der untere rot gekernt, unterseits dieselben überdies mit weißen Kernen, 1 Männchen 36,5 mm, ziemlich frisch, unterseits der Innenrandsfleck rot gekernt, die Analflecke wie vor, beide 1. VIII. 1300 m; 1 Weibchen 40 mm (Exp. 67 mm), ziemlich frisch, unterseits der untere Kostalfleck rot gekernt, von den 3 Analflecken die beiden unteren rot und weiß gekernt. (Fortsetzung folgt.)

Ichneumoniden und ihre Wirte.
Von Professor Dr. Rudow, Naumburg a. Saale.
(Fortsetzung).

Acaenites saltans Gr. Oryssus vespertilio. Cerambycidae in Holz.
„ *tristis* Gr. Lophyruspuppen.
Crypturus argiolus Rsi. Polistes gallicus, biglumis.
„ *maculicornis* Rd. Eumenes unguiculus.
„ *gracilis* Rd. Polistes versicolor, Brasilien.
Anisobas cingulatorius Gr. Odyneruswohnungen.

Anisobas rebellis Wsm. Odynerus und Chalicodomabauten.

Probolus concinnus Gr. Sphinx convolvuli.

Alomyia ovator Fbr. Sphinx ligustri. Agrotis triangulum.

Euceros crassicornis Gr. Rhagium. Toxotusnester.

„ *morionellus* Hgr. Odynerus, Osmiazellen in Brombeerzweigen.

„ *niger* Rd. Odyneruszellen in Rohrstengeln.

Ctenopelma nigrum Hgr. Cimbex betulae.

„ *ruficorne* Hgr. Lyda hypotrophica.

„ *luteum* Hgr. Cimbex lophyrus.

Notopygus vesplendens Hgr. Cimbexpuppen.

„ *fuscipes* Gr. Sphinxpuppen.

„ *spectabilis* Rd. Cimbex betulae.

Linoceras macrobatus Gr. Eumenes. Crabronidae in morschem Holze.

„ *sedactorius* Gr. Eumenes. Chalicodomabauten.

„ *argiolus* Rd. Bombyx. Brasilien.

Scolobates auricularius Fbr. Cimbex Lophyrus.

„ *longicornis* Gr. Cimbex saliceti.

Hepiopelmus leucostigmus Wsm. Gespinsthaufen von Bombyx castrensis.

Agriotypus armatus Wlk. Gehäuse von Phryganiden unter Wasser aufgesucht.

Sigaritis agilis Hgr. Cheimatobia brumata.

„ *cagnata* Tbg. Noctuapuppen.

„ *declinator* Gr. Orgyia antiqua.

„ *zonata* Gr. Orgyia pudibunda.

Casinaria morinella Hgr. Eupithecia absyntharia.

„ *orbitalis* Gr. Deilephila galii. Cidaria linaria.

„ *pallipes* Br. Nemoria sestivaria.

„ *senicula* Gr. Orgyia gonostigma.

Campoplex affinis Br. Eupithecia.

„ *anceps* Gr. Carpocapsa. Dianthoecia dauci. Noctuapuppen.

„ *busculentus* Hgr. Cheimatobia brumata. Abraxas marginata.

„ *brevicornis* Br. Eupithecia innotata, pimpinellaria, complanata, centauriaria, absynthiaria, castiguria.

„ *bicolor* Br. Eupithecia.

„ *corinifrons* Hgr. Tinea leucatella, populella.

„ *carbonarius* Rbg. Orgyia antiqua, gonostigma, fascelina. Retinia resinana. Lophyrus.

„ *coleophororum* Rbg. Tinea syringella. Coleophoraarten.

„ *conicus* Rbg. Liparis dispar.

„ *cultrator* Gr. Orgyia antiqua. Cheimatobia brumata. Sphinx Elpënor.

„ *Degeeri* Schr. Pontia crataegi. Cnethocampa.

„ *chenius* Gr. Hyponomeuta evonymella.

„ *floricola* Gr. Geometra betularia.

„ *flaviventris* Rbg. Tortrix strobilana.

„ *enops* Rbg. Nematus betulae.

„ *geometrae* Rd. Geometra papilionaria.

„ *gracilis* Gr. Cryptorhynchus lapathi.

„ *infestus* Gr. Agrotis brunnea.

„ *incidens* Rbg. Rhaphidialarven.

„ *intermedius* Rbg. Tortrix viridana.

„ *lancifer* Rbg. Bostrychiden.

„ *lactus* Rbg. Psychearten.

„ *limneroides* Rd. Lophyrus. Panolis piniperda.

„ *lineolatus* Bé. Retinia bouoliana.

„ *longicauda* Rbg. Bostrychiden.

„ *lugeus* Rbg. Psychearten.

„ *lydarum* Rd. Lyda hypotrophica, vafra.

„ *leptogaster* Hgr. Agrotis collina.

„ *melanarius* Hgr. Cnethocampa pithyocampa.

Campoplex mesoxanthus Fst. Himera pennaria

„ *mixtus* L. Dasychira pudibunda. Acronycta aceris. Orgyia antiqua. Hylophila prasinana. Phalera bucephala.

„ *namus* Gr. Tinea laricinella.

„ *nigripes* Gr. Orgyia antiqua.

„ *nitidulator* Gr. Agrotis brunnea. Panolis piniperda.

„ *petiolaris* Br. Cidaria rubidaria.

„ *pomorum* Rbg. Anthonomus pomorum.

„ *psilopterus* Gr. Psychearten.

„ *pubescens* Rbg. Cimbex lucorum, amerinae.

„ *pugillator* L. Odontoptera dentaria. Cidaria rubidaria.

„ *quadrimaculatus* Rbg. Aglia tau.

„ *retectus* Hrtg. Lophyrus pini.

„ *rufoniger* Br. Cucullia.

„ *rapax* Gr. Liparis monacha.

„ *seniculus* Gr. Lophyrus nemorum. Panolis. Agrotis.

„ *semidivisus* Rbg. Lophyrus.

„ *subcinctus* Gr. Tinea complanata.

„ *tibialis* Br. Fidonia cebraria.

„ *transicus* Rbg. Allantus cingulatus.

„ *tricolor* Rbg. Abraxas grossulariae.

„ *turionum* Htg. Retinia bouoliana.

„ *tesselatus* Rbg. Allantus tricinctus.

„ *validicornis* Hgr. Eupithecia pimpinellaria, succenturiaria.

„ *vestigialis* Rbg. Nematus salicis, pedunculatus, gallarum.

Ischnus thoracicus Gr. Panolis piniperda. Geometra.

„ *filiformis* Gr. Agrotis collina. Eupithecia.

„ *porrectorius* Wsm. Psyche. Geometra.

„ *assertorius* Gr. Ocneria dispar. Agrotis triangulum.

Limneria albida Gmel. Hyponomeuta evonymella. Eupithecia.

„ *armillata* Gr. Tortrix. Hyponomeuta malinella.

„ *argentata* Gr. Eupithecia. Tinea cognatella. Lophyrus. Nematus.

„ *assimilis* Gr. Phyllotoma melanocephala. Leucomia salicis. Retinia resinana, bouoliana.

„ *auctor* Gr. Hadena suffuruncula.

„ *aberrans* Gr. Lophyrus. Lyda.

„ *braccata* Gmel. Hypena rostralis.

„ *canaliculata* Gr. Nematus fraxini.

„ *carnifex* Gr. Allantus. Nematus.

„ *clypeata* Br. Nematus salicis. Vallisnieri.

„ *cothurnata* Hgr. Lophyruspuppen.

„ *chrysosticta* Gr. Hyponomeuta padella. Tinea leucatella. Psyche. Nematus gallarum.

„ *conformis* Rbg. Tachyptilia populella. Gelechia.

„ *coxalis* Br. Tortrices. (Schluß folgt.)

Psociden-Gespinste.

Von *Embrik Strand*, Berlin.

In der Zeitschrift für wissensch. Insektenbiologie XIII. S. 59—63 (1917) veröffentlicht ·R. Stäger einen interessanten Artikel über „*Stenopsocus stigmaticus* (Imh. et Labr.) und sein Erbfeind". Er weist dabei auf eine in den Jahresheften des Vereins für vaterl. Naturkunde in Württemberg 62 (1906) erschienene Capsiden-Arbeit hin und gibt als Autoren Th. Hueber und J. Gulde an. In der Tat steht aber in dem Titel gedachter Arbeit auch der Name meiner Wenigkeit und zwar als erster der drei Publizisten, was Stäger also übersehen haben wird. Ich habe übrigens selbst über Psociden-Gespinste geschrieben*); das in meiner sehr gelungenen kolorierten Tafel dargestellte Eigespinst stimmt der Hauptsache nach gut mit dem Bild bei Stäger überein, zeigt jedoch einige interessante Abweichungen. Interessenten mögen sich meine Arbeit ansehen.

Kleine Mitteilungen.

Zugentgleisung durch Raupen.

Auf der Insel Rügen hat die Raupenplage eine Zugentgleisung verursacht. Die ausgedehnten Waldungen zwischen Sellin und Binz sind, wie berichtet wird, in diesem Sommer von einer großen Raupenplage heimgesucht worden, gegen die kein Mittel helfen will. Von Sellin bis zum Jagdschloß sind die Buchen vollständig kahl gefressen. Ganze Haufen von Raupen sitzen an den Baumstämmen, auf den Wegen und an den Schienen der den Wald durchquerenden Kleinbahn. Vor der Haltestelle Jagdschloß an der dort sehr scharfen Kurve kamen vor kurzem bei dem um 2 Uhr 40 Minuten nachmittags eintreffenden Zuge durch die Glätte der mit Raupen bedeckten Schienen die Räder der Lokomotive und des Packwagens aus den Schienen und brachten den Zug zum Stillstand. Erst nach einstündigen Bemühungen des Zugpersonals, unterstützt durch einen Teil der Passagiere, gelang es endlich, den Zug wieder in Bewegung zu setzen.

Literatur.

Frz. Doflein, Der Ameisenlöwe. Eine biologische, tierpsychologische und reflexbiologische Untersuchung. Mit 10 Tafeln, 43 Textabbildungen, 138 Seiten gr. 8°. Fischer, Jena 1916. Preis gehetet 9 Mark.

Der durch seine „Ostasienfahrt" und als Mitarbeiter von „Tierbau und Tierleben" rühmlichst bekannte Freiburger Forscher gelangt in vorstehend genanntem, „unter dem Donner der Geschütze der nahen Front" beendeten Buche auf Grund zahlreicher eigener Experimente und genauer anatomischer Untersuchungen zu dem Ergebnis, daß „der Ameisenlöwe ein bloßer Reflexautomat" ist (S. 131). Als die drei wichtigsten Reflexe findet er den Einbohr-, Schnapp- und Schleuderreflex (S. 112). Als Sinnesreaktionen stellt er Phototaxis, Thermotaxis und Phigmotaxis, d. h. Reizung durch Licht, Wärme und Berührung mit festen Körpern fest (V. Abschnitt). Bei häufiger Wiederholung der Reize werden die Reaktionen schneller und genauer (VII. Abschnitt). Der Trichterbau ist, entgegen den Anschauungen und Darstellungen Rösels von Rosenhof und Redtenbachers, keine Intelligenzhandlung, sondern wird nur durch die seiner Lebensweise angepaßten Reflexe veranlaßt.

Die Darstellung zeigt, wie die Figuren, daß Doflein sein Objekt mit Ausdauer studiert hat. Gleichwohl muß Referent in einer Reihe von Punkten entschiedenen Widerspruch erheben, der auch nicht dadurch zu lösen ist, daß Doflein von den beiden ganz nahe verwandten Arten der Gattung Myrmeleon etwa die andere als Versuchsobjekt benutzt hat.

*) Strand: Psociden-Gespinste aus Paraguay. Mit einer kolorierten Tafel. In: Archiv für Naturgeschichte 1915 A. 12. p. 135 (1916).

Zunächst muß ich den Sizilianer Comes in Schutz nehmen, der stundenlang die Umgebung von Ameisenlöwentrichtern beobachtet hat, ohne den Fang einer Ameise zu bemerken (S. 28), was Doflein anscheinend bezweifelt. Ich kann Comes auf Grund langjähriger Erfahrungen in der ameisenlöwenreichen Potsdamer Umgegend nur Recht geben. Ganz selten habe ich viele tote Ameisen in der Trichternähe gefunden; auch ist der Ameisenlöwe, dessen Mitteldarm geschlossen ist, während sich im Enddarme die Spinndrüsen entwickeln, ein bescheidener „Fresser"; D. erwähnt übrigens nur ganz kurz die interessante „Außenverdauung" des Ameisenlöwen, d. h. beim Aussaugen der Beute treten in diese Speichelsekrete ein, die zweifellos auch den raschen Tod der Beute verursachen.

Daß ferner Puppen überwintern (S. 118), muß ich ganz entschieden bestreiten. Um Potsdam überwintern ein- und zweijährige Larven; aus dem Kokon kommt die Puppe stets nach etwa 6—7 Wochen; Ueberliegen habe ich nie beobachtet. Immerhin mag es in den milderen Freiburger Gegend ja anders sein.

Fünf Eier, wie D. nach andern Beobachtern angibt, ist zu wenig. Die normale Zahl beträgt nach meinen allerdings vereinzelten Beobachtern etwa ein Dutzend, also immerhin doch recht wenig. Aber außer seinesgleichen hat jeder Ameisenlöwe kaum Feinde!

Die interessante Tatsache, daß die Larven an glatten Glaswänden emporzuklettern vermögen, scheint D. entgangen zu sein, obwohl er sie zwang, durch Glasröhren zu kriechen, um etwaige Uebung darin feststellen zu können, doch mit negativem Erfolg.

Ganz entschieden bestreiten muß ich nach meinen Beobachtungen, daß beim Ergreifen der Beute bloße Reflexbewegungen im Spiele sind. Nie habe ich beobachtet, wie der Ameisenlöwe einen Strohhalm, mit dem ich ihn „foppte", ergriff: vielmehr verkroch er sich stets danach tiefer in den Sand. Falls ein Tier nur am Bein ergriffen wird, wendet es der Ameisenlöwe hin und her, ja ich habe öfter gesehen, wie er es dann hochwarf; um es besser zu packen! Auch eine halb ausgesaugte Fliege wird hochgeworfen, damit er eine noch nicht ausgesaugte Stelle bekommt. Am Mittag des 27. August 1917 sah ich, wie ein Ameisenlöwe die Zangen weit aus der Trichterspitze heraussteckte, mit Art eines Bücherskorpions damit in der Luft umherfuchtelte und sich in Richtung auf die stilliegende Fliege 1 cm weit fortbewegte. Es machte auf den unbefangenen Beobachter durchaus den Eindruck planvollen Suchens! Herr Auel hat sogar einmal gesehen, wie ein sehr hungriger Ameisenlöwe aus dem Trichter herauskam und auf der Erdoberfläche seinem Opfer nachkroch! Ich muß es Doflein überlassen, diese unzweifelhaft festgestellten Beobachtungen durch bloße Reflexbewegungen zu erklären.

Die verschiedenen Arbeiten von Meißner über die Biologie des Ameisenlöwen hat D. offenbar nicht gekannt, wie aus seinen Bemerkungen (S. 125 bis 126) über die Winterruhe bei Zimmerwärme hervorgeht.

Hiernach dürfte man trotz Doflein die Frage, ob der Ameisenlöwe ein bloßer Reflexautomat ist, noch keineswegs als in bejahendem Sinne gelöst ansehen.   O. M.

Für die Redaktion des wissenschaftlichen Teiles: Dr. F. Meyer, Saarbrücken, Bahnhofstraße 66. — Verlag der Entomologischen Zeitschrift, Internationaler Entomologischer Verein E. V., Frankfurt a. M. — Für Inserate: Geschäftstelle der Entomologischen Zeitschrift, Töngesgasse 22 (R. Bleek) — Druck von Aug. Weisbrod, Frankfurt a. M., Buchgasse 12.

Frankfurt a. M., 8. Dezember 1917.　　　Nr. 18.　　　XXXI. Jahrgang.

ENTOMOLOGISCHE &ZEITSCHRIFT

Central-Organ des
Internationalen Entomologischen
Vereins E. V.

mit
Fauna exotica.

Herausgegeben unter Mitwirkung hervorragender Entomologen und Naturforscher.

Abonnements: Vierteljährlich durch Post oder Buchhandel M. 3.—
Jahresabonnement bei direkter Zustellung unter Kreuzband nach
Deutschland und Oesterreich M. 8.—, Ausland M. 10.—. Mitglieder des
Intern. Entom. Vereins zahlen jährlich M. 7.— (Ausland [ohne Oester-
reich-Ungarn] M. 2.50 Portozuschlag).

Anzeigen: Insertionspreis pro dreigespaltene Petitzeile oder deren
Raum 30 Pfg. Anzeigen von Naturalien-Handlungen und -Fabriken
pro dreigespaltene Petitzeile oder deren Raum 20 Pfg. — Mitglieder
haben in entomologischen Angelegenheiten in jedem Vereinsjahr
100 Zeilen oder deren Raum frei, die Ueberzeile kostet 10 Pfg.

Schluß der Inseraten-Annahme für die nächste Nummer am 22. Dezember 1917
Dienstag, den 18. Dezember, abends 7 Uhr.

Inhalt: 100 Jahre Senckenbergische Naturforschende Gesellschaft. — Ueber Urania var. „intermedia" (in lit.) sowie Beschreibung einer neuen Art. Von L. Pfeiffer, Frankfurt a. M. — Ichneumoniden und ihre Wirte. Von Prof. Dr. Rudow, Naumburg a. d. Saale. — Lepidopterologisches Sammelergebnis aus dem Tännen- und Pongau in Salzburg im Jahre 1915. Von Emil
Hoffmann, Kleinmünchen (Ob.-Oesterr.).

100 Jahre Senckenbergische Naturforschende Gesellschaft.

Eine der bedeutendsten naturwissenschaftlichen
Gesellschaften Deutschlands, die Senckenbergische
Naturforschende Gesellschaft in Frankfurt a. M., feierte
am 22. November ds. Js. ihren hundertsten Geburtstag.

Nur auf sich selbst angewiesen, ohne jede staat-
liche Hilfe, aber unterstützt durch weite Kreise der
wohlhabenden Bürgerschaft Frankfurts soweit sie
zu ihren Mitgliedern zählte, gelang es der Gesellschaft durch geschickte Wahl ihrer Mitarbeiter sich
einen stets steigenden Ruf in der wissenschaftlichen
Welt zu sichern. Das prächtige, erst vor einigen
Jahren neu erbaute und doch schon wieder zu kleine
Museum mit der wahrhaft imponierenden, für viele
neue Museen vorbildlich gewordenen Schausammlung
ist das äußere Zeichen für die Bedeutung der Gesellschaft, für ihren inneren, wissenschaftlichen Wert
zeugen die wissenschaftlichen Sammlungen und die
35 stattlichen Bände der wertvolle Arbeiten ent-
haltenden „Abhandlungen".

Daß auch die Entomologie in der Gesellschaft
gepflegt wird, ergibt schon die Tatsache, daß Lukas
von Heyden sein ganzes langes Leben als eifriges
Mitglied der Gesellschaft angehörte. Von ihm stammt
die Schausammlung aller Käfer Deutschlands, außerdem schenkte er dem Museum seine exotischen Käfer
und die übrigen Insektengruppen. (Seine berühmte
Sammlung paläarktischer Käfer ging bekanntlich nach
Dahlem.) Herr Eduard Müller ist zurzeit damit beschäftigt, die viele 100 Typen und Cotypen ent-
haltende Lepidopterensammlung zu ordnen. Sie enthält u. a. die Bastelbergersche Sammlung aller Geometriden der Erde, bis auf drei oder vier Arten alles
enthaltend, was bei Bastelbergers Tode bekannt war;
ferner die Mikros von Herrich-Schäffer, die Semper-
sche Philippinenausbeute, die Madagaskar-Sammlung
Saalmüllers. Letztere wurde in einer der bekanntesten Abhandlungen der Gesellschaft bearbeitet

(Saalmüller und von Heyden, Lepidopteren von Mada-
gaskar). Ferner sind noch wichtig die Hummel-
Sammlung von Weis und die Dipteren des leider
vor kurzem gestorbenen Wiesbadener Dipterologen
Böttcher.

Auch in den Abhandlungen ist manche wichtige
Arbeit bekannter Entomologen erschienen. Außer
dem bereits erwähnten Saalmüller und von Heyden
besonders Möschler, Hagen, Saussure, Pagenstecher,
Breddin, Sack usw.

In einer eindrucksvollen Feier, bei der die Inter-
nationale entomologische Verein auf Einladung der
Gesellschaft durch den Vorsitzenden und den Bücher-
wart vertreten war, wurde der 100 jährige Gedenktag
an die Gründung im Lichthofe des Museums gefeiert.
In Form von (teilweise außergewöhnlich hohen)
Stiftungen, in Adressen und Glückwünschen wurde
der Gesellschaft der Anerkennung ihrer Mitglieder
und der ganzen naturwissenschaftlichen Welt Deutschlands und Oesterreich-Ungarns für die ein Jahrhundert
hindurch geleistete Arbeit zu teil. Möge sie im
kommenden Jahrhundert einen gleich hohen Auf-
schwung nehmen, ihren Schwestergesellschaften ein
Vorbild, der Welt und der Wissenschaft zum Nutzen.

L. P.

Ueber Urania var. „intermedia" (in lit.) sowie Beschreibung einer neuen Art.

Von *L. Pfeiffer*, Frankfurt a. M.

Die Firma Dr. O. Staudinger und A. Bang-Haas
(Blasewitz) führt in ihrem Handelskatalog unter dem
Namen „var. intermedia" eine Urania als Nebenform
von U. fulgens Wlkr., die nach Erkundigung bei der
Firma selbst bis jetzt noch nicht beschrieben wurde
(der Name sei nur in litteris gegeben). Auch von
anderer, wissenschaftlicher Seite wurde mir bestätigt, daß eine Art oder Varietät unter diesem
Namen nicht bekannt sei.

' .' Diese Falter, die mir s. Zt. in mehreren Stücken aus dem Material der Firma Staudinger & Bang-Haas vorlagen, und die ich für eine möglicherweise auf eine bestimmte Gegend beschränkte Varietät von Urania leilus L. halte, bezeichnet man am besten als Zwischenform zwischen U. leilus L. und fulgens Wkr. Die Hauptbinde der Vorderflügel ist noch etwas steiler als bei leilus und fulgens und bildet mit dem Innenrand einen Winkel von ungefähr 75 bis 80° (bei leilus 65—70°, bei fulgens 65—75°), die Zahl der schmalen Binden zwischen der Hauptbinde und der Flügelwurzel ist wie bei leilus und fulgens schwankend (6[♂]—9[♀]), zwischen Hauptbinde und Außenrand sind in der Regel zwei kurze Binden wie bei leilus. Die Hinterflügelzeichnung steht zwischen leilus und fulgens. Während bei leilus die grüne Grundfarbe der breiten Binden vom Vorderwinkel her durch hellblau, vom Innenwinkel her durch weiß und hellblau fast ganz verdrängt wird und die schwarzen Querstreifen die Binde selbst in den meisten Fällen nicht ganz durchschneiden, tritt bei der vorliegenden Varietät die blaue Färbung der etwas schmäleren Binde nur am Vorder- und Innenwinkel selbst auf, die Hauptmasse der Binde bleibt grün und die schwarzen Querstreifen durchschneiden dieselbe fast völlig, also ähnlich wie bei fulgens. Bei letzterer Art fehlt das Blau bezw. Weiß fast völlig, auch sind die schwarzen Querstreifen in der Regel breiter und weniger zahlreich. Ebenso verschieden ist die Färbung des Hinterflügelschwanzes. Bei leilus weiß mit feiner schwarzer Mittellinie, bei fulgens ganz schwarz bis auf die Fransen an der Spitze und bei der neuen Varietät schwarz mit breiten weißen Fransen, der Anfang auf der Innenseite hellblau. Die grüne Farbe aller Binden ist bei schräger Beleuchtung messinggelb.

Auch die Unterseite wird am besten als zwischen leilus und fulgens stehend bezeichnet, die weiße Färbung beschränkt sich auf die Franzen. Körperfarbe, Fühler usw. wie bei leilus. Vorderflügellänge beim ♂ 38 mm, beim ♀ 46 mm. Flügelspannung beim ♂ 69 mm, beim ♀ 75 mm. Sämtliche Exemplare trugen die Fundortsbezeichnung: Espirito Santo. Sollte diese schöne Varietät, wie es den Anschein hat, noch nicht beschrieben sein, so möge sie den Namen Urania leilus L. var. intermedia n. v. führen. Typen wären dann je 1 ♂ und 1 ♂ aus Espirito Santo, Brasilien, in meiner Sammlung.

Von dem leider im Kriege gefallenen Herrn E. A. Hahn aus Frankfurt a. M. wurde am 2. August 1912 in Puerto Patinm in Bolivien eine Urania gefangen, die von allen bisher beschriebenen Urania-Arten — soweit sie mir bekannt wurden — wesentlich abweicht. Ich gebe deshalb eine kurze, durch Abbildung unterstützte Beschreibung des Falters.

Oberseite: Grundfarbe aller Flügel schwarz, alle Binden metallischgrün. Vorderflügel: die nicht sehr breite (am Anfang 2 mm messende) äußerste Querbinde beginnt im Innenwinkel unter einem Winkel von 83° zum Innenrand, teilt sich wie bei anderen Urania-Arten bis zum Vorderrand mehrfach und biegt dabei etwas wurzelwärts. Sämtliche zwischen dieser (Hauptbinde) und der Flügelwurzel liegenden Binden sind sehr schmal, ¼—⅜ mm breit und alle derart gebogen, daß ihre Enden sowohl mit dem Vorderwie mit dem Innenrand nahezu rechte Winkel bilden. Nur die innerste Querbinde (5 mm vor der Flügelwurzel) schneidet den Innenrand unter einem flacheren Winkel. Hinterflügel: Die Randbinde ist durch reich-

lich auftretende schwarze Querbinden und Querstriche sehr reduziert. Die Farbe am Vorderwinkel blau, dann blaugrün und am Schwanz in Weiß übergehend. Eine 4 mm breite bläulichgrüne, durch reichlich eingestreute schwarze Schuppen verdunkelte Binde zieht von der Flügelwurzel längs dem Innenrand nach dem Innenwinkel. Eine weitere, 1 mm breite blaugrüne Binde entspringt schräg zum Costalrand 5 mm hinter der Flügelwurzel als Fortsetzung der innersten Vorderflügelquerbinde, biegt dann um, vereinigt sich nach geradem Verlauf im letzten Flügeldrittel mit der Innenrandbinde und erreicht schließlich den Innenwinkel, wo sich die im letzten Teil weißen Binden mit der Außenrandbinde vereinigen. Der Hinterflügelschwanz ist weiß mit feiner schwarzer Mittellinie.

Unterseite: Grundfarbe dunkelgrau. Vorderflügel: Die am Innenwinkel 3½ mm breite, hellblaue Hauptquerbinde verjüngt sich nach oben und ist am Vorderrand nur noch ½ mm breit, die Farbe ändert von der Flügelmitte ab in Hellgrün. Die übrigen Querbinden zwischen dieser Hauptbinde und der Flügelwurzel sind stark reduziert, nur einzelne erreichen in Spuren den Innenrand. Hinterflügel: Die Vorderrandbinde ist zu einer weißbläulichen Saumzeichnung reduziert. Der Innenrand ist bis fast zur Flügelmitte grünblau mit vielen schwarzen Querbinden und eingestreuten Schuppen derselben Farbe. Schwanz wie auf der Oberseite.

Urania curvata n. sp.

Fransen: Vorderflügel oben schwarz, am Vorderrand oberhalb des Innenwinkels mit wenig weißen Schuppen untermischt. Ebenso unten, jedoch überwiegen hier die weißen Schuppen am Vorderrand. Die Fransen der Hinterflügel bestehen oben und unten aus langen weißen Schuppen. Innenrandhaare schwarz.

Körper: Kopf und Thorax schwarz mit grünen Längsstreifen, Abdomen oben schwarz mit feiner grüner Rückenlinie. Seiten und Unterseite blaugrün, erstere mit feinen schwarzen Querstreifen. Fühler schwarz, Beine schwarz mit grünen Streifen an der Außenseite. Vorderflügellänge 39 mm, Flügelspannung 57 mm.

Wegen des von allen anderen Urania-Arten abweichenden gekrümmten Verlaufs der inneren Vorderflügelquerbinden nenne ich die beschriebene Art Urania curvata n. sp.

Type: ein ♂ mit oben genannter Fundortangabe im Museum der Senckenbergischen Naturforschenden Gesellschaft in Frankfurt a. M.

Ichneumoniden und ihre Wirte.
Von Professor Dr. *Rudow*, Naumburg a. Saale.
(Schluß.)

Limneria clypearis Br. Syrphidenpuppen.
" *crassicornis* Gr. Hadena suffuruncula.
" *crassiuscula* Gr. Eupithecia exiguaria, satiriaria, actularia.
" *cursitans* Hgr. Nematus. Tortrix.
" *curvicauda* Hgr.. Nematus Vallisnieri.
" *difformis* Gmel. Tortrix. Psyche. Retinia bouoliana.
" *ebenia* Gr. Eupithecia.
" *erucator* Zett. Cladiuss albipes.
" *erythropyga* Hgr. Tenthredinidenpuppen.
" *exareolata* Rbg. Trigonaspis megaptera. Tortrix chlorana.
" *excavata* Br. Tortrix.
" *faunus* Gr. Tortrix.
" *fenestralis* Hgr. Hydrellia griseola.
" *frontalis* Kb. Noctua. Agrotis segetum.
" *geniculata* Gr. Pionea forficula. Eupithecia succenturiata.
" *gracilis* Gr. Melithreptuspuppen.
" *hyalinata* Hgr. Cimbex fagi.
" *interrupta* Hgr. Scopula crataegella.
" *lineolata* Rbg. Lophyrus. Tortrix.
" *longipes* Müll. Nematus perspicillaris.
" *majalis* Gr. Nematus. Tortrix. Plutella porrectella.
" *melanosticta* Gr. Nematus. Cladius.
" *multicincta* Gr. Bombyxpuppen. Nematus. Spinneneierballen.
" *mutabilis* Hgr. Eupithecia pimpinellaria.
" *nana* Rbg. Coleophora an Eichen.
" *nitida* Br. Tortrix. Retinia bouoliana, resinana.
" *notata* Br. Noctuapuppen.
" *ramidula* Br. Nematus Vallisnieri. Retinia resinana.
" *rapax* Gr. Eupithecia. Syrphidenpuppen.
" *rufocincta* Gr. Dianthoecia cucubali, echii.
" *sicaria* Gr. Panolis piniperda. Nematus.
" *tarsata* Br. Myelois oribrella.
" *tricolor* Htg. Abraxas grossulariata.
" *transfuga* Gr. Dioryctria abietella. Lithocolletis.
" *unicincta* Gr. Geometra. Orgyia antiqua.
" *varians* Br. Noctuapuppen.
" *vestigialis* Rbg. Nematus Vallisnieri. Phyllotoma microcephala. Tortrix laevigata. Retinia resinana.
" *volubilis* Hgr. Panolis piniperda. Hyponomeuta evonymella.

Mesochorus alarius Gr. Eupithecia.
" *aranearum* Rbg. Ballen von Spinneneiern.
" *areolarius* Rbg. Lophyrus. Athalia spinarum. Hylotoma rosae. Hyponomeuta padella.
" *analis* Hgr. Dianthoecia. Eupithecia.
" *ater* Rbg. Bombyx pini, neustria. Hyponomeuta.
" *anomalus* Hgr. Plusia gamma.
" *breviopetiolatus* Rbg. Panolis piniperda. Hyponomeuta. Eupithecia. Argynnis. Dasychira. Chesias.

Mesochorus brunneus Br. Eupithecia pimpinellaria. Microgaster.
" *confusus* Hgr. Eupithecia pimpinellaria. Hyponomeuta. Cimbex.
" *cimbicis* Rbg. Trichiosoma lucorum. Cimbex betulae. Lyda. Cladius. Tinea cognatella.
" *contractus* Gr. Cerura vinula.
" *crassimanus* Hgr. Hypena rostralis.
" *complanatus* Hal. Lithocolletis. Psyche.
" *dilutus* Rbg. Bombyx chrysorrhoea. Tinea leucatella. Tortrix ocellata.
" *dimidiatus* Hgr. Cerura vinula.
" *dorsalis* Hgr. Vanessa urticae.
" *femoralis* Fbr. Pontia crataegi.
" *fulgurans* Curt. Lophyrus. Eupithecia pimpinellaria.
" *fuscicornis* Br. Strongylogaster filicis.
" *gemellus* Htg. Microgaster. Eupithecia absynthiaria.
" *gratiosatae* Rd. Eupithecia gratiosata.
" *laricis* Hrt. Lophyrusarten.
" *leucogramma* Hgr. Eupithecia pimpinellaria.
" *melanotus* Rd. Aphiden an Alnus und Betula.
" *nigripes* Rbg. Phytonomus polygoni.
" *ocellatus* Br. Vanessa ocellata.
" *pallidus* Br. Cucullia argentea. Agrotis brunnea. Smerinthus populi. Porthesia auriflua. Microgaster.
" *pectoralis* Rbg. Ocneria dispar.
" *pisi* Rd. Acronycta pisi.
" *politus* Gr. Bupalus piniarius. Anthonomus pomorum.
" *processioneae* Rd. Cnethocampa processionea.
" *pictilis* Hgr. Microgaster an Eichen.
" *rufipes* Hgr. Rhynchites betulae. Geometrapuppen.
" *rufoniger* Br. Leucomia salicis.
" *scutellatus* Gr. Lophyruspuppen.
" *selandriae* Rd. Selandria ovata u. a.
" *splendidulus* Gr. Porthesia auriflua. Geometra papilionaria. Hyponomeuta. Pyralis. Zygaena. Sphinx pinastri. Ballen von Spinneneiern.
" *stigmaticus* Br. Panolis piniperda. Eupithecia.
" *strenus* Hgr. Geometra betularia.
" *semirufus* Hgr. Noctuaarten. Cucullia argentea. Dasychira selenitica. Acronycta rumicis.
" *testaceus* Gr. Cucullia. Agrotis collina. Eupithecia pimpinellaria, absynthiaria.
" *tipularius* Gr. Lithocolletis.
" *thoracicus* Gr. Chrysomela lineola. Clythra. Acronycta aceris.
" *vitticollis* Hgr. Fidonia cebraria. Nematus Vallisnieri. Cladius albipes.
" *unicinctus* Rd.

In diesem Sommer war hier in näherer und weiterer Umgebung, selbst auf sonst ergiebigen Plätzen, ein so geringes Insektenleben zu bemerken, daß es bei dem Prachtwetter und dem reichen Pflanzenwuchse wunderbar erschien. Nur Ohrwürmer kamen in Menge fast allein vor, Forficula auricularia und pallipes, daß man, ohne Uebertreibung, auf einem Gange deren kiloweise fangen konnte. Ebenso fanden sich Feuerwanzen, Pyrrhocoris aptera an Linden zu Tausenden ein, so daß die Bäume aussahen, als ob sie mit roter Farbe bespritzt wären. Alles andere, was sonst überreich vorhanden war, fehlte gänzlich.

Sollte der harte, lange Winter schuld gewesen sein? Im Sommer 1916 war besonders häufig der kleine Laufkäfer Demetrias atricapillus, von welchem Hunderte in kurzer Zeit gefangen werden konnten, aber auch sie fehlten fast ganz.

Lepidopterologisches Sammelergebnis aus dem Tännen- und Pongau in Salzburg im Jahre 1915.

Von *Emil Hoffmann*, Kleinmünchen (Ober-Oesterreich).

(Fortsetzung).

e) Mit kräftig entwickeltem Glassaum und ebensolcher submarg. Binde der Hinterflügel: 1 Männchen 34 mm, frisch, mit sehr kleinen Kostalflecken und Ozellen (obere 2,3, untere 3 mm Durchm.), unterseits der Hinterrandsfleck und die untersten 2 der 3 Analflecke rot gekernt; 1 Männchen 36 mm, frisch, mit schmaler Flügelform, markanten Binden und kleinen Ozellen, unterseits der Hinterrandsfleck und die Analflecke rot gekernt, der obere 3. Analfleck ist durch einen Punkt angedeutet, der mittlere klar einen weißen Punkt als Kern; 1 Männchen 36,5 mm, frisch, mit kleinem Hinterrandsfleck und ebensolchen Ozellen, unterseits 3 Analflecke, die 2 unteren rot, der mittlere mit weißem Punkt als Kern; 1 Männchen 36 mm, frisch, mit kleinen Ozellen, untere mit 2 rot gekernten Analflecken, der dritte ist angedeutet; alle 1. VIII. 1300 m. 1 Männchen 35,5 mm, geflogen, mit großem unteren Kostalfleck und kleinen Ozellen, unterseits ist der Hinterrandsfleck rot gekernt und die beiden unteren Analflecke rot, der dritte ist angedeutet, der mittlere weiß gekernt, 15. VIII. 1200 m; 1 Männchen 36,5 mm, frisch, mit sehr großem unteren Kostalfleck, die Analflecke unterseits wie vor, 15. VIII. 1300 m; 1 Weibchen 35 mm, frisch, Uebergang zu ab. Brittingeri Groß[1]) mit großen Ozellen, 3 Analflecke unterseits rot gekernt (Uebergang zu ab. decora Schultz); unterseits die Kostalflecke und der Hinterrandsfleck rot gekernt, die 2 unteren Analflecke ebenfalls rot und weiß gekernt, der 3. Fleck angedeutet (die beiden Oberflügel stärker verkrüppelt), 1. VIII. 1200 m; 1 Weibchen 36 mm, ziemlich frisch, unterseits der Hinterrandsfleck rot gekernt, ebenso die 2 Analflecke, der obere hiervon mit weißem Kern, 1. VIII. 1400 m; 1 Weibchen 36,5 mm, geflogen, unterseits wie vor beschrieben, 1. VIII. 1300 m; 1 Weibchen 35,5 mm, etwas geflogen, unterseits der untere Kostal- und der Hinterrandsfleck rot gekernt, von den 3 Analflecken sind die beiden unteren rot, der mittlere weiß gekernt, 15. VIII. Grünwaldalpe 1160 m; 1 Weibchen 36 mm, unterseits die 2 zusammenhängenden Analflecke rot, 1 Weibchen 36,5 mm, ziemlich frisch, der Saum mit der submarg. Binde fest zusammengeschlossen, auch ist der Raum zwischen den Zell- und Innenrandsflecken stark glasig, die Analflecke unterseits wie vor, jedoch von einander getrennt, beide 15. VIII. 1300 m; 1 Weibchen 38 mm, geflogen, unterseits der untere Kostalfleck rot gekernt, 2 Analflecke rot, der obere mit weißem Kern, 15. VIII. 1200 m; 1 Weibchen 35 mm, stärker geflogen, nahezu ab. Brittingeri Innenrandsfleck rot gekernt, von den 3 Analflecken Groß, der innere Zell- und Hinterrandsfleck sehr groß,

unterseits der Hinterrandsfleck rot gekernt, untere 2 Analflecke rot, der 3. angedeutet, 15. VIII. 1300 m.

f) Der Saum und die submarg. Binde der Hinterflügel nur angedeutet: 1 Männchen 38,5 mm, frisch, mit kleinen Kostal- und Innenrandsflecken und Ozellen, unterseits der Hinterrandsfleck rot gekernt, ebenso der obere von den beiden Analflecken, 1. VIII. 1300. 1 Männchen 36,5 mm, frisch, die 2 Analflecke sehr groß, der 3. obere durch einen Punkt angedeutet, unterseits ebenfalls 3 Analflecke, wovon die 2 unteren rot ausgefüllt sind. 1 Männchen 34,5 mm, unterseits 2 Analflecke rot gekernt, der 3. obere durch einen Punkt angedeutet, 1. VIII. 1200 m; 1 Männchen 36 mm, frisch, mit sehr breit, schwarz umrandeten kleinen Ozellen, unterseits Analflecke wie vor. 1. VIII. 1400 m. 1 Männchen 34,5 mm, frisch, unterseits der Innenrandsfleck rot gekernt, die Analflecke wie vor. 1. VIII. 1200 m; 1 Männchen 34,5 mm, stärker geflogen, unterseits wie vor, 1. VIII. 1200 m; 1 ♂ 37 mm, frisch, unterseits drei Analflecke, die unteren rot gekernt, 1. VIII. 1300 m; 1 Männchen 33 mm (55,5 mm Spannung), frisch, mit kleinen Ozellen, unterseits der Hinterrandsfleck stark rot gekernt, 2 Analflecke rot, 1. VIII. 1300 m; 1 Männchen 36 mm, frisch, unterseits die Analflecke wie vor, 15. VIII. 1300 m; 1 Männchen 35,5 mm, frisch, die 2 Analflecke oberseits grösser, unterseits bestehen dieselben aus 3 roten Flecken, wovon der mittlere weiß gekernt ist, 15. VIII. 1300 m; 1 Männchen 35 mm, etwas geflogen, alle schwarzen Flecken, sowie die Ozellen klein, unterseits 2 rote Analflecke, der obere 3. durch einen Punkt angedeutet. 1 Männchen 33 mm, abgeflogen, unterseits der Innenrandsfleck rot gekernt, die Analflecke wie voriges Tier, beide 15. VIII. 1300 m.

Gesamtübersicht über das Aussehen der eben angeführten Tiere: die Grundfarbe ist weiß mit einem kleinen Uebergang ins Gelbe. Männchen: am ziemlich gerundeten Vorderflügel von 31—37 mm Länge reicht der Saum gewöhnlich bis zum Hinterrande (80 %), seltener bis Ader C₃ (nach Comstock), die submarginale Binde meist bis zur Ader C₂ (90 %), seltener bis Hinterrand (bei einem Stück nur bis Ader C₁).

Von den schwarzen Flecken, die gewöhnlich entsprechend groß sind, ist nur der Innenrandsfleck meist groß. Am Hinterflügel sind Saum und Binde meist nur schwach angedeutet (50 %), die Ozellen meist klein (60 %), stets hochrot, beide mäßig weiß gekernt, die obere öfters auch ungekernt (30 %) und stets mehr oder weniger gegen die meist aus 2 Teilen (unterseits 3 Teilen) bestehenden, kleinen Analflecke ausgezogen. Weibchen: die meist ebenfalls gerundeten Vorderflügel von 35—40 mm Länge reichen vom Saum und submarg. Binde bis zum Hinterrande (90 %), am Hinterflügel sind diese Zeichnungsanlagen gewöhnlich kräftig ausgebildet, besonders auch auf den Hinterflügeln (70 %) und das ganze Aussehen meist weit mehr verdüstert. Die Tiere ähneln in Form und Größe, sowie auch in der Zeichnungsanlage hauptsächlich im männlichen Geschlecht der Lokalform Bartholomäus Stich., nur sind größtenteils die submarginalen Binden der Hinterflügel besonders bei den Weibchen nicht so stark gesichelt und nur die dunkle Bestäubung nicht so häufig; auch ist die Grundfarbe etwas gelblicher, einzelne Stücke sind sogar stärker gelb. (Fortsetzung folgt.)

---

[1]) Als Brittingeri anerkenne ich nur ganz dunkel bestäubte Tiere, die der Originalbeschreibung, resp. Zeichnung, im III. Jahrgange (1892) des Wiener Entom. Vereines, pag. 59, Tafel I, Fig. I, entsprechen.

Für die Redaktion des wissenschaftlichen Teiles: Dr. F. Meyer, Saarbrücken, Bahnhofstraße 65. — Verlag des Entomologischen Zeitschrift Internationaler Entomologischer Verein E. V., Frankfurt a. M. — Für Inserate: Geschäftsstelle der Entomologischen Zeitschrift, Töngesgasse 22 (R. Block) — Druck von Aug. Weisbrod, Frankfurt a. M., Buchgasse 12.

Frankfurt a. M., 22. Dezember 1917.   Nr. 19.   XXXI. Jahrgang.

ENTOMOLOGISCHE ZEITSCHRIFT

Central-Organ des Internationalen Entomologischen Vereins E. V.

mit Fauna exotica.

Herausgegeben unter Mitwirkung hervorragender Entomologen und Naturforscher.

Abonnements: Vierteljährlich durch Post oder Buchhandel M. 3.— Jahresabonnement bei direkter Zustellung unter Kreuzband nach Deutschland und Oesterreich M. 8.—, Ausland M. 10.—. Mitglieder des Intern. Entom. Vereins zahlen jährlich M. 7.— (Ausland [ohne Oester- reich-Ungarn] M. 2.50 Portozuschlag).

Anzeigen: Insertionspreis pro dreigespaltene Petitzeile oder deren Raum 30 Pfg. Anzeigen von Naturalien-Handlungen und -Fabriken pro dreigespaltene Petitzeile oder deren Raum 20 Pfg. — Mitglieder haben in entomologischen Angelegenheiten in jedem Vereinsjahr 100 Zeilen oder deren Raum frei, die Ueberzeile kostet 10 Pfg.

Schluß der Inseraten-Annahme für die nächste Nummer am 5. Januar 1918
Mittwoch, den 2. Januar, abends 7 Uhr.

Inhalt: Zwei neue Formen von Arctia caia L. Von A. U. E. Aue, Frankfurt a. M. — Arctia caia ab. Von S. Löwenstein, Witten. — Eine II. Generation von Synthomis phegea L. Von Trudpert Locher, Erstfeld, Schweiz. — Kritische Bemerkungen zu H. Marschners 1914 erschienenem Aufsatz über Lygris populata. Von Embrik Strand, Berlin. — Lepidopterologisches Sammel-ergebnis aus dem Tännen- und Pongau in Salzburg im Jahre 1915. Von Emil Hoffmann, Kleinmünchen (Ober-Oesterreich. — Kleine Mitteilungen. — Literatur. — Auskunftstelle.

Zwei neue Formen von Arctia caia L.

Von *A. U. E. Aue*, Frankfurt a. M.

In diesem Herbst schlüpften mir u. a. mehr oder weniger abweichenden und normalen caia-Faltern auch zwei Falter, die von normalen Stücken auffallend abweichen und meines Erachtens daher eigene Namen verdienen.

1. Bei dem ersten Exemplar sind Vorderflügel, Brust und Leib völlig normal, die Hinterflügel bis auf eine deutliche gelbe Umrandung der schwarzen Flecken ebenfalls, Kopf und Stirn aber, sowie der größte Teil der Fühler weisen eine Färbung auf, die zwischen Eigelb und heller Milchkaffeefarbe steht. Ich benenne diese hübsche Aberration nach dem Ehrenmitgliede unseres „Vereins für Schmetterlings-kunde", Herrn G. Eiffinger, der mir jederzeit in liebenswürdigster Weise mit seinem umfassenden Wissen auf dem Gebiete der Lepidopterologie bei Bestimmung von Faltern etc. beigestanden hat, als ab. eiffingeri. Type: 1 Männchen in meiner Samm-lung. Da ich dieses Falter zur einer Kopula verwendete, die mir auch glückte, ist der rechte Vorder-flügel ein wenig beschädigt worden.

2. Das zweite Exemplar ist ein ganz auffallen-des Stück, als eine caia kaum mehr zu erkennen und erinnert wohl am meisten an die ab. obscura Cockll. Die Vorderflügel weisen das normale Braun auf, doch sind sie nicht zeichnungslos wie bei obscura, sondern zeigen die normale Zeichnung, nicht in Weiß, sondern in dunklem Schwarzbraun, und zwar sind die Zeichnungen etwas schmäler als die normalen weißen Zeichnungen. Der Kopf ist ebenfalls braun, der rote Kragen vorschriftsmäßig, der Leib weist in-dessen sehr viel Schwarz auf, die mittleren 4 Ringe sind völlig schwarz, ebenso die Unterseite des Leibes mit Ausnahme der Spitze, die wieder rot ist. Auch die Hinterflügel weisen sehr viel Schwarz auf. Der Saum ist gelb, dann folgt vor dem Saum ein etwa 3 mm breiter roter Rand von normaler Farbe, der

nach innen zu wieder schmal gelb eingefaßt ist, und nun erfolgt anstelle der 3 schwarzen Flecken ein vom Innenrand längs des Saumes sich hinziehendes und etwa 1^1/$_2$ mm vor dem Außenrand endigendes über ^{1}/$_2$ cm breites gekleckstes, zum Teil verwischtes schwarzes Band, das nur an der Stelle, die normaler-weise zwischen dem ersten und zweiten schwarzen Fleck (vom Außenrand an gerechnet) liegt, eine kleine rote Insel aufweist. Dieses schwarze Band sendet nunmehr schwarze Wische zu dem großen schwarzen Klecks, der dem inneren Fleck bei normalen Exem-plaren entspricht, aus, und außerdem sind die Adern von der schwarzen Binde bis zum Basalwinkel schwarz. Die übrigen Flächen sind rot mit gelb-lichen Einstreuungen. Weiß sind am ganzen Falter nur die Fühler, und außerdem weisen die Schulter-decken je einen winzigen weißen Halbmond auf, der die Schulter begrenzt. Die Größe steht etwas hinter normalen Exemplaren zurück. Der rechte Vorder-flügel ist am Saum ein ganz klein wenig verbildet, so daß beim Spannen der Saum zum Teil in Breite von 1 mm nach unten umklappte. Außerdem findet sich am Innenwinkel eine Aufhellung, die auf dünnere Beschuppung zurückzuführen scheint.

Diese schöne Art nenne ich zu Ehren meiner Frau, die mir die Sorge der Futterbeschaffung bei meinen sehr umfangreichen Zuchten völlig abnimmt (und das will in einer Großstadt schon etwas heißen), die mich ferner auf allen meinen Sammelausflügen tätig unterstützt, mir auch sonst schon so manche seltenere Raupe mit nach Hause gebracht und wäh-rend meiner Einberufung meine zahlreichen Zuchten fast alle erfolgreich zu Ende geführt hat, als ab. margarethae. Type: 1 Weibchen in meiner Sammlung.

Arctia caia ab.

Von *S. Löwenstein*, Witten.

In Ergänzung des Artikels von A. Rautmann möchte ich eine Caíaaberration beschreiben, die mir bei einer Zucht im Jahre 1915 schlüpfte. Es ist ein sehr kräftiges großes Weibchen mit reichlich 7 cm Spannung. Die braune Farbe der Vorderflügel ist normal, die sonst normale Weißzeichnung ist aber schmutzig hell- bis dunkelbraun, die Hinterflügel, auf denen sich die blauschwarzen Punkte glänzend abheben, sind ebenfalls braun, ebenso der Hinterleib etwas ins Rötliche schimmernd. Hat die Abart einen besonderen Namen und welchen?*) Daß die Raupe anders gewesen wäre als die übrigen, ist mir nicht aufgefallen.

Eine II. Generation von Syntomis phegea L.
Von Trudpert Locher, Erstfeld, Schweiz.

Mehr aus Mangel an passendem Fangmaterial als aus Interesse nahm ich am 17. Juni dieses Jahres aus der Gegend von Magadino (Lago Maggiore), Kanton Tessin, in Kopula befindliche, sechsfleckige Synt. phegea mit heim. Diese gewöhnliche Form ist dort ziemlich häufig. Zu Hause waren die Eier am 19. Juni abgelegt und schlüpften innerhalb 14 Tagen. Die Raupen wurden im Freien in Gläsern aufgezogen und ausschließlich mit Löwenzahn gefüttert. Sie fraßen rasch und viel, so daß sich am 28. August die ersten schon verpuppten. Am 19. September schlüpfte der erste Falter, ein Weibchen, wie auch in der ersten Zeit fast nur Weibchen auskamen. Im Ganzen, es schlüpften 156 Stück, gab es rund 50 Prozent Männchen und 50 Prozent Weibchen. Die Falter entsprechen dem Kleide nach ihren Eltern, sind aber, dem kurzen Raupenstadium angepaßt, etwas kleiner. Einige wenige Weibchen besitzen im Analwinkel der Hinterflügel einen metallisch glänzenden gelben Wisch. Von ungewollter Kopula besitze ich heute (27. September) wieder Eier.

Kritische Bemerkungen zu H. Marschners 1914 erschienenem Aufsatz über Lygris populata.
Von Embrik Strand, Berlin.

In der Deutschen entomologischen Zeitschrift 1914, S. 640—645, hat H. Marschner einen Aufsatz über Lygris populata veröffentlicht, worin verschiedene Ungenauigkeiten vorkommen. So ist z. B. meine Diagnose der ab. circumscripta Strand zitiert und dabei ein „?" eingefügt, wodurch die betreffende Angabe, wenn sie so von mir gemacht wäre, keinen Sinn gehabt hätte: „Das innere (?) Mittelfeld sowohl am Vorder- als am Hinterrand abgeschnürt . . . " Durch dies Fragezeichen soll wohl angedeutet werden, daß er nicht versteht, was durch „das innere Mittelfeld" gemeint ist (Prout hat in Seitz: Großschmetterlinge der Erde meine Diagnose richtig gedeutet!), dann hätte aber, dem allgemeinen Usus nach, das Fragezeichen in eckiger Klammer gesetzt werden müssen, sonst müssen der Leser annehmen, daß es bei mir so steht, da durch die Anführungszeichen angedeutet ist, daß genau zitiert ist. — Noch schlimmer ist aber das lateinische Zitat aus Linnés Systema naturae entstellt, in dem nicht weniger als 12 Fehler in den 4 Zeilen sich finden. Es heißt dort: „P. Geometra seticornis, alis flavo-pallides, anticis subfasciatis, apice subtus fusco contaminetis. Habitat in Populo. — Alae primores supre obsoleta griseo fascietae, posticae subtus flavescentes areu fusco et punctis cum puncto nigro centralis."

*) Rautmann hat seine Aberration, wie aus dem Artikel zu ersehen, badia „die braune" benannt. (Anm. d. R.)

Es muß heißen: „P. Geometra seticornis, alis flavopallidis: anticis subfasciatis: apice subtus fusco contaminatis. — Habitat in Populo. — Alae primores supra obsolete griseo fasciatae; postice subtus flavescentes arcu fusco ex punctis cum puncto nigro centrali." [Im Original 3 Abschnitte bildend!]

Ich bin übrigens schon einmal genötigt gewesen, mit der Weise, in welcher Herr M. aus Arbeiten von mir zitiert und dabei entstellt hat, mich abzugeben und zwar in meiner Arbeit: „Zur Kenntnis von Erebia ligea L. und euryale Esp.", mit einer kolorierten Tafel, S. 90—99, im Archiv für Naturgeschichte, 1915, A. I.

Lepidopterologisches Sammelergebnis aus dem Tännen- und Pongau in Salzburg im Jahre 1915.
Von Emil Hoffmann, Kleinmünchen (Ober-Oesterreich).
(Fortsetzung).

Ein Männchen, 36 mm, geflogen. Vorderflügel: Glassaum und submarginale Binde reichen bis zum Hinterrande, schwarze Flecke entsprechend groß; Hinterflügel: kein Glassaum, die submarginale gesichelte Binde kräftig entwickelt, Ozellen von normalem Aussehen und solcher Größe, die untere in der Richtung der zwei kleinen Analflecke, die unterseits rot ausgefüllt sind, ausgezogen.

Ein Weibchen, 36 mm, abgeflogen, Uebergang zu ab. Brittingeri Groß. Vorderflügel: der Saum mit der submarginalen Binde fest zusammengeschlossen und bis zum Innenrande reichend, schwarze Flecke normale Größe. Hinterflügel: die großen Ozellen in der Richtung der zwei Analflecke ausgezogen, sonst schon zu stark lädiert, um eine genauere Beschreibung zu bringen. Die beiden Tiere wurden von einem Jäger in einer Höhe von etwa 1500 m am Hofschober (Ausläufer des Tännengebirges gegen Lungötz) am 25. September gefangen.

Der Apollo ist in der ganzen „Ofenlochrinne" anzutreffen, wo auch überall die Futterpflanze Sedum album zu finden ist; in den unteren Lagen stand anfangs August die Pflanze in Blüte, in den höheren Lagen (15— 1600 m) fing sie erst Mitte dieses Monats zu blühen an. Die Pflanze ist im Ganzen (wie auch in den Blättern und Blüten) nicht so lange nicht so braun, wie ich sie z. B. in Dünenstein bei Krems an der Donau antraf, wo sie eine besondere Ueppigkeit entfaltete. Dies dürfte jedenfalls damit zusammenhängen, daß der Fundplatz, die „Ofenlochrinne", von beiden Seiten von hohen Felswänden umgeben ist, die Sonne infolgedessen wenig Zutritt hat und bis spät in das Frühjahr hinein der Schnee lagert. Demselben Umstande ist es wahrscheinlich auch zuzuschreiben, daß der Apollo im allgemeinen mehr klein bleibt[1]).

Hier konnte ich auch am 1. August wahrnehmen, daß die Art die ganze Zeit von etwa 10 Uhr vormittags bis 2 Uhr nachmittags (so lange ich mich eben dort aufhielt) fleißig und zwar meist im frischen Zustande flog; auch am 15. August, wo die Sonne in der Zeit von 1—2 Uhr mittags schien, war der Apollo viel zu sehen, wohl zum Teil meist abgeflogen.

[1]) Wie es auch bei der Form Bartholomaeus Stich. der Fall ist, der in dem Gebirgskessel auf der Salettalpe zwischen dem Königs- und Obersee vorkommen.

doch auch noch in frischen Stücken[1]). Es ist dies das Gegenteil, was ich seinerzeit in der Zeitschrift für wissensch. Insektenbiologie in Berlin[2]) mitteilte, wo ich bemerkte, daß die Tiere bei den Flugplätzen in Dürrenstein, am Königssee und in Wocheiner-Vellach in der Zeit von 11 bis 3 Uhr mittags eine Ruhepause hielten.

Es mag diese Erscheinung mit den Witterungsverhältnissen, oder auch mit der Lage und der Beschaffenheit des Flugplatzes zusammenhängen. Es kann auch der Fall sein, daß früh die Tiere von den Felswänden (ihren Brut- und Futterplätzen) herabfliegen und sich in der Ebene in den Wiesen auf Nahrungssuche verlieren — in dieser Zeit an den Berglehnen unter den Wänden daher nicht zu sehen sind — und gegen Abend wieder denselben Weg zu den alten Brutplätzen zurücklegen. Oder aber, daß die Tiere bei langer Flugzeit (ich fing solche schon um $^1/_2$ 8 Uhr früh fliegend) doch ermüden und tatsächlich eine Ruhepause abhalten, denn ich traf auch einzelne Tiere bei schönstem Sonnenschein mit ausgebreiteten Flügeln ausruhend (ohne Nahrung zu sich zu nehmen) an.

Parnassius mnemosyne L. (36), ein Männchen, 34 mm; etwas geflogen, mit kleinem Glasfleck oberhalb des äußeren Zellfleckes am Vorderflügel, ohne schwärzliche Bestäubung in der Mitte des Kostalrandes der Hinterflügel; ein Männchen, 35 mm, stärker geflogen als das vorige, jedoch mit größerem Glasfleck oberhalb des äußeren Zellfleckes bis Ader M_2 reichend; ein Männchen, 32 mm, ziemlich frisch, mit kleinem Glasfleck oberhalb des äußeren Zellfleckes; ein Männchen, 32,5 mm, ziemlich frisch, wie vor, jedoch die schwarze Bestäubung bei der Mittelzelle der Hinterflügel stärker; ein Männchen, 34 mm, etwas geflogen, mit Vorderrandsglasfleck bis Ader M_2 reichend; zwei Weibchen, 35 und 35,5 mm, ziemlich frisch, ab. Habichi Bohatsch[3]), ein Weibchen hiervon, Uebergang zu melaina Hour. 6. VI. Gries.

Die Falter besitzen gelblichweiße Grundfarbe, breiten Glassaum (bei den Männchen bis Ader C_2 reichend, bei den Weibchen bis zum Innenrande), die Zellflecke sind besonders bei den Männchen sehr dicht schwarz beschuppt, auch die Adern sind am Ende gewöhnlich etwas verbreitert; die meisten Männchen haben auch auf den Hinterflügeln stark gerundete, zusammenhängende, jedoch kaum merkliche Sicheln, Uebergang zu ab. arcuata Hirschke[4]). Die Tiere, die der Lokalform Hartmanni Standf. angehören, sind im allgemeinen größer und haben ein robusteres Aussehen als solche, wie ich sie aus Nieder-Oesterreich, Kärnten und Krain kenne.

(Fortsetzung folgt.)

Kleine Mitteilungen.

Bekämpfung eines Kornschädlings. Die Versuchsstation für Pflanzenschutz in Halle a. S. teilt in der

[1]) Wie mir Herr Max Priesner, ein Koleopterologe aus Linz, mitteilte, traf er im Jahre 1910 anfangs Juni beim Schreibachfall am Schoberstein, Ober-Oesterreich (etwa 600 m Höhe) in der Zeit von 12 bis 1 Uhr mittags häufig fliegend an, ebenso Mitte Juni desselben Jahres am Kaiser-Franz-Josef-Riesweg bei Ischl in etwa 500 m Höhe vor einem Gewitter in der Zeit von 1—1/12 Uhr wie vor an.
[2]) Band XI (1915). Heft 7/8, S. 223 resp. S. 226.
[3]) Siehe XX. Jahresbericht d. Wiener entom. Vereins (1909) S. 135, Abbildung: Tafel III, Fig. 3.
[4]) Siehe XX. Jahresbericht (1909) des Wiener entomol. Vereines, S. 133, Tafel III, Fig. I.

dortigen „Landwirtschaftlichen Wochenschrift" folgendes mit: Der schwarze Kornkäfer (Calandra granaria), auch schwarzer Kornwurm oder Klander, hält sich nur in den Lagerräumen des Getreides oder deren Umgebung auf. Der Käfer ist etwa 3,5 bis 4,5 mm lang und von schwarzbrauner Färbung. Im Frühjahr kommt er aus seinen Verstecken hervor, begattet sich, und die Weibchen belegen darauf die Getreidekörner mit ihren Eiern, wobei an jedes Korn nur ein Ei abgesetzt wird. Getreide, das noch etwas feucht ist und vor allem etwas dumpfigen Geruch besitzt, wird bei der Eiablage bevorzugt. Den Eiern entschlüpft nach etwa 10 bis 12 Tagen eine weiße, fußlose Larve, die sich in das Korn einbohrt und sich von dessen Inhalt ernährt, wobei das Korn gänzlich ausgehöhlt wird. Nach 3—4 Wochen ist die Larve erwachsen, worauf sie sich innerhalb des Kornes in eine Puppe verwandelt, aus der nach 8—10 Tagen der Käfer hervorgeht. Die Entwicklungsdauer einer Generation beträgt sonach etwa 6 Wochen, im Laufe des Jahres entstehen 2—3 Generationen. Ebenso wie die Larve, ernährt sich auch der Käfer von dem Mehlkörper des Kornes. Zu diesem Zweck bohrt er sich in das Korn ein, das er in der Folge fast vollständig ausfrißt. Die kalte Jahreszeit bringen die Käfer in Ritzen und Spalten des Holz- und Mauerwerkes zu, zuweilen trifft man sie hierbei auch außerhalb der Baulichkeiten unter dem Dachgesims oder sogar in der Erde. — Die Bekämpfung dieses Schädlings ist da, wo er sich einmal eingenistet hat, nicht so leicht. Man sollte daher durch Vorbeugemaßnahmen möglichst die Einwanderung zu verhindern suchen, oder doch wenigstens die Lagerverhältnisse des Getreides so gestalten, daß eine starke Vermehrung des Kornkäfers nicht erfolgen kann. Dazu gehört, daß man unter keinen Umständen mit Kornkäfern behaftetes Getreide in die Lagerräume bringt, daß man letztere vor Beschickung mit neuem Getreide einer gründlichen Reinigung unterzieht und sämtliche Spalten, Ritzen und Fugen gut verputzt. Vorbeugend gegen das Auftreten des Kornwurms wirken weiterhin Licht und Luft in den Lagerräumen und öfteres Durchschaufeln des Getreides. — Ist der Schädling aber bereits aufgetreten, so bringt man zunächst sämtliches Getreide, Mehlreste usw. aus dem Lagerraum und spritzt diesen mittels einer Reb- oder Baumspritze mit einer Lösung von 1 kg Anilinöl und 1 kg Schmierseife auf 10 l Wasser tüchtig aus, wobei man besonders auch alle Ritzen und Spalten im Holz und Mauerwerk sorgfältig beachtet. Darauf werden alle Wände gut verputzt und mit einem Kalküberzug versehen, dem Anilinöl beigemischt ist (1 kg Anilinöl auf 1 Eimer voll Kalkmilch). Da der Geruch des Anilinöls für den Menschen schädlich ist, so kann ein so behandelter Raum mehrere Wochen lang als Schlafstätte nicht dienen. Eine Verunreinigung des Getreides mit Anilinöl muß vermieden werden. Das mit Kornkäfern behaftete Getreide bringt man in festschließende Kisten und Fässer und stellt darauf dann einen Teller mit Schwefelkohlenstoff, worauf die Behälter mit einer Plan gut überdeckt werden. Man rechnet hierbei auf 100 l Raum etwa 50—100 ccm Schwefelkohlenstoff. Der Schwefelkohlenstoff ist aber äußerst feuergefährlich und schon die Nähe einer brennenden Zigarre oder Pfeife oder sogar einer elektrischen Lampe kann zu den gefährlichsten Explosionen führen. Statt des Schwefelkohlenstoffes läßt sich auch der Tetrachlorkohlenstoff verwenden. Dieser ist nicht feuergefährlich, in seiner Wirkung mit dem Schwefelkohlenstoff aber nicht gleichwertig, weshalb das anzuwendende Quantum vergrößert werden mu' (150—200 ccm je 100 Liter Raum). Länger als 6 Stunden darf das Getreide den Schwefelkohlenstoff- oder Tetrachlorkohlenstoffdämpfen nicht ausgesetzt werden, da andernfalls die Keimkraft geschädigt wird. — Es sei hier auch erwähnt, daß der Geruch von frischem Heu oder von Zwiebeln dem Kornkäfer unangenehm ist und er das Getreide in der Nähe solcher Lagerstätten im allgemeinen meidet.

Die Raupenplage in der Schweiz. Die gesamte Kohl- und Krauternte in der westlichen Schweiz und den angrenzenden französischen Departements ist einem Bericht des Journal de Genève zufolge den in katastrophalen Mengen auftretenden Raupen zum Opfer gefallen. Namentlich die Kantone Waadt und Neufchâtel sind vollständig kahlgefressen. In der Gegend von Chambry bei Montreux sind Fälle vorgekommen, daß Familien ihren Sommeraufenthalt abbrechen mußten, da sich die Invasion der Raupen bis in die Landhäuser erstreckte. Man konnte kein Zimmer betreten, in dem nicht alles von den Raupen bedeckt war; selbst die Kleider waren von Raupen übersät. Aehnliche Mitteilungen bringt die Pariser Ausgabe des New York Herald über das Auftreten der Raupenplage in der Lyoner Gegend. In Bellegarde im Departement l'Ain konnte die elektrische Straßenbahn nicht verkehren, da sich die Räder infolge der durch die getöteten Raupen reibungslos gewordenen Schienen nicht von der Stelle bewegten. In Puy im Departement Haute-Loire waren die Straßen gleichfalls unpassierbar.

Bekämpfung des Mohnwurzelrüsselkäfers. In der Zeitschrift für angewandte Entomologie wird von Rudolf Ranninger eine interessante Abhandlung über die Biologie des schädlichen Mohnwurzelrüsselkäfers vorgelegt. Als sicherstes Mittel zur Bekämpfung des Insekts empfiehlt Ranninger die Heranzüchtung möglichst schnellwüchsiger, kräftiger Pflanzen, weil ihnen das Tier so gut wie nichts anhaben kann. Am besten geschieht das durch Anwendung geeigneter, vom Autor näher bezeichneter Düngungsmethoden.

Literatur.

Parasitismus im Tierreich. Von Prof. Dr. Gräfin von Linden. Mit 102 Abbildungen und 7 Tafeln. Braunschweig, Friedr. Vieweg & Sohn. Preis geh. 8 Mk., geb. 9 Mk.

Die Verfasserin hat vor mehreren Jahren in Volkshochschulkursen eine Anzahl Vorlesungen über Parasitenkunde gehalten. Diese Ausführungen sind in dem oben genannten Buche zusammengefaßt, es ist also in erster Linie dazu bestimmt, den Laien in der Parasitologie Anregung auf diesem interessanten und wichtigen Forschungsgebiet zu geben, ihn in das Leben der Schmarotzer einzuführen und ihm einen Einblick in die medizinische und wirtschaftliche Bedeutung der tierischen Parasiten zu geben. Wer sich mit diesem Gebiete noch nicht beschäftigt hat, macht sich schwerlich eine Vorstellung von der großen Zahl der Lebewesen, pflanzliche und tierische, die in solchem einseitigen Gesellschaftsverhältnis zu anderen stehen, einseitig darum, weil nur ein Teil, der Parasit, aus diesen Beziehungen Nutzen zieht. Gleich das erste Kapitel belehrt uns darüber, welche

Fülle von Pflanzen und Tieren diese Lebensweise führt. Von den einzelligen Vertretern des Pflanzenreichs, den Bakterien, bis zu den Wirbeltieren (Schleimaal, Neunauge, Schlangenfisch) finden wir ihre Vertreter. Daß die Insekten in hervorragendem Maße dabei beteiligt sind, ist allen Entomologen bekannt. Die große Zahl und Verschiedenheit der Größe und Gestaltung bedingt auch die verschiedensten Formen des Parasitismus. Neben den Fällen, wo der Schmarotzer nur beansprucht, einige Zeit bei einem Wirt Wohnung zu nehmen, gibt es andere, wo er dem Wirt nicht nur sein eigenes Wohl, sondern auch das seiner Nachkommen anvertraut und zeitlebens mit ihm verbunden bleibt. Hieraus ersehen wir schon, daß es äußere und innere Schmarotzer gibt; wiederum andere führen nur im Jugendstadium ein Schmarotzerleben, als Geschlechtsreife dagegen nicht, und umgekehrt und endlich gibt es solche, die zur völligen Entfaltung ihres Lebens eines Zwischenwirtes bedürfen. Unter letzteren finden wir die Erreger schwerster Erkrankungen und Seuchen bei Mensch und Tier, wie Malaria, Schlafkrankheit, Texasfieber, sowie die durch Saugwürmer, Fadenwürmer, Milben veranlaßten Krankheiten ist der größte Teil des Werkes gewidmet. Daran anschließend wird die Erkennung und Bekämpfung der Parasiten behandelt. Während das Werk nach dieser Seite, der medizinischen, den Menschen schädigenden hin, auch nicht erschöpfend, so doch ausreichend für den, der sich darüber belehren will, behandelt ist, ist die nützliche Tätigkeit der Schmarotzer, die Einschränkung der Schädlinge, sowie die Nutzbarmachung dieser Tätigkeit in der Bekämpfung der in der Land- und Forstwirtschaft schädlichen Tiere (darunter in erster Linie die Insekten) nur kurz gestreift. Dieses Gebiet ist ein außerordentlich großes, und unsere Kenntnisse und praktischen Erfahrungen befinden sich noch in den ersten Anfängen, aber immerhin ist auf diesem Felde schon so Großes und Bedeutendes, zuerst in Amerika, dann aber auch bei uns dank der Tätigkeit der Gesellschaft für angewandte Entomologie geleistet, daß den Lesern auch hier eine zusammenfassende Darstellung erwünscht gewesen wäre. Es sollte uns freuen, wenn die Verfasserin, die ja selbst in der Entomologie hervorragende Forschungen gemacht hat, diese Seite in einem eigenen Werke behandelte und so eine Ergänzung zu dem obigen lieferte. Zahlreiche Abbildungen und Tafeln, die zum Teil andern Werken entnommen, zum andern Teil eigens gezeichnet wurden, machen den Text für jeden, auch den naturwissenschaftlich nicht gebildeten Leser verständlich.

Auskunftstelle des Int. Entomol. Vereins.

Anfrage:

Voriges Jahr erhielt ich von einem Freund ein Dutzend Eier von Daphnis nerii, welche ich nach dem Auskriechen mit Immergrün fütterte. Acht Stück brachte ich bis zur Verpuppung, vier Raupen spannen sich ein, gingen aber alle im Gespinst zwischen Moos zugrunde, ohne zur Puppe zu werden. Die Raupen wurden im warmen Zimmer gezogen. Ich wäre sehr dankbar, wenn an dieser Stelle die verehrlichen Mitglieder meinen Mißerfolg aufklärten, da sich doch vielleicht mancher schon damit befaßt hat. Kümpflein.

Für die Redaktion des wissenschaftlichen Teiles: Dr. F. Meyer, Saarbrücken, Bahnhofstraße 65. — Verlag der Entomologischen Zeitschrift Internationaler Entomologischer Verein E. V., Frankfurt a. M. — Für Inserate: Geschäftsstelle der Entomologischen Zeitschrift, Töngesgasse 22 (R. Bleck) — Druck von Aug. Weisbrod, Frankfurt a. M., Buchgasse 12.

Frankfurt a. M., 5. Januar 1918.   Nr. 20.   XXXI. Jahrgang.

ENTOMOLOGISCHE ZEITSCHRIFT

Central-Organ des Internationalen Entomologischen Vereins E. V.

mit Fauna exotica.

Herausgegeben unter Mitwirkung hervorragender Entomologen und Naturforscher.

Abonnements: Vierteljährlich durch Post oder Buchhandel M. 3.— Jahresabonnement bei direkter Zustellung unter Kreuzband nach Deutschland und Oesterreich M. 8.—, Ausland M. 10.—. Mitglieder des Intern. Entom. Vereins zahlen jährlich M. 7.— (Ausland [ohne Oesterreich-Ungarn] M. 2.50 Portozuschlag).

Anzeigen: Insertionspreis pro dreigespaltene Petitzeile oder deren Raum 30 Pfg. Anzeigen von Naturalien-Handlungen und -Fabriken pro dreigespaltene Petitzelle oder deren Raum 20 Pfg. — Mitglieder haben in entomologischen Angelegenheiten in jedem Vereinsjahr 100 Zeilen oder deren Raum frei, die Ueberzeile kostet 10 Pfg.

Schluß der Inseraten-Annahme für die nächste Nummer am 19. Januar 1918 Dienstag, den 15. Januar, abends 7 Uhr.

Inhalt: Häufiges Vorkommen von abnormen Grundfärbungen von Raupen. Von Carl Finke, Mainz. — Neue paläarktische Rhopaloceren. Von H. Fruhstorfer (Genf). — Lepidopterologisches Sammelergebnis aus dem Tännen- und Pongau in Salzburg im Jahre 1915. Von Emil Hoffmann, Kleinmünchen (Ober-Oesterreich). — Kleine Mitteilungen. — Literatur.

Häufiges Vorkommen von abnormen Grundfärbungen von Raupen.

Von *Carl Finke*, Mainz.

In ziemlicher Anzahl habe ich während der letzten Wochen interessante Exemplare von Raupen der Smerinthus-, Notodonta-, Cerura-, Drepania-Arten usw. eingetragen, die eine gänzliche, mir bisher noch nicht aufgefallene Abweichung von der normalen Grundfarbe zeigten. Bei Smer. populi, die an und für sich auch trotz guter Pflege sehr kleine Tiere bis zur Verpuppung blieben, war die intensiv grüne Färbung in eine fast weiße übergegangen. Die seitlichen Schrägstreifen traten als mausgraue Striche scharf hervor, die rötliche Farbe fehlte meistens ganz.

Entsprechend der Größe der Raupen sind auch die gut ausgebildeten Puppen weit hinter dem Durchschnittsmaß, bis zu wahren Zwergen geblieben.

Not. ziczac zeigte in Raupenform gänzlich verwischte weiß-graue Färbung. Desgleichen war ein Paar Drep. falcataria-Raupen wie mit einer weißen Staubschicht bedeckt.

Cer. bifida fiel durch fast weiße Färbung der dunklen Rückenflecke auf, ebenfalls war bei tremulae und dictaeoides vollkommene Abweichung von der Grundfärbung mit Leichtigkeit erkennbar. Aufgefallen ist mir besonders, daß ich nur diese Arten, also solche, deren Hauptfutterpflanze wohl die Pappel ist, in diesen Abarten gefunden habe, während zahlreiche andere Arten, spez. Agrotis, Mamestra, Plusia und Cucullia (in unmittelbarer Nähe der vorhin benannten Arten gefunden), keinerlei Abweichungen aufzuweisen hatten.

Der bereits über 3 Jahre dauernde Dienst unter der Waffe, die Tätigkeit draußen an den Fronten, Verwundungen, Krankheiten usw. haben bewirkt, daß ein großerTeil meiner entomologischen Kenntnisse verloren gegangen ist. Trotzdem wäre es vielleicht im Allgemeininteresse gut gewesen, wenn ich mich mit der Eigenart der eingetragenen Beute mehr befaßt hätte, soweit es meine schon eng begrenzte freie Zeit zuge-lassen hätte. Vielleicht ist die ganze Sache an und für sich belanglos, ich wäre jedoch äußerst dankbar, wenn ich auf die nachstehenden Fragen eine Erklärung erhalten könnte.

1. Ist eine derartig abweichende Färbung und in solchen Mengen (unter 120 Raupen von S. populi waren 80% anormale Tiere vorhanden) schon des öfteren bemerkt?

2. Hat eine derartige Veränderung der Grundfarbe einen, vielleicht wesentlichen Einfluß, auf die Falterfärbung?

3. Auf welche Ursachen, resp. Einwirkungen sind diese Abweichungen zurückzuführen?

Neue paläarktische Rhopaloceren.

Von *H. Fruhstorfer* (Genf).

(Fortsetzung.)

II.

Erebia evias venaissina Fruhst.

Ueber die Lebensweise dieser Form schreibt Dr. Chobaut, Mem. Ac. de Vaucluse 1913 pag. 4: „Fliegt sehr schnell über die Halme hoher trockner Gräser, wie die steinigen, abgeholzten Wiesen des Berges Ventoux zieren. Der Falter erscheint Anfang Mai auf ungefähr 1200 m Höhe. Ende Mai sind viele Exemplare bereits abgeflogen, wenngleich sich einige auch noch in den ersten Tagen des Juni finden. Ehe *evias* erscheint, fliegt am Ventoux und zwar bereits Ende März, wenn die ersten Veilchen blühen, *Erebia epistygne* und zwar auf Höhen von etwa 600 m. Mitte April ist die Hauptflugzeit von *epistygne*. Bei fortschreitender Jahreszeit verliert sie sich in tieferen Lagen und man findet sie dann immer höher und gegen den 20. Mai nur noch auf 13—1400 m. *E. epistygne* wird dann von *E. evias* abgelöst — welcher Ende Juni und den ganzen Juli hindurch die häufige *E. stygne* O. folgt, und zwar hauptsächlich auf 1400 m Erhebung. Als fünfte *Erebia*, welche den Ventoux bewohnt, erscheint dann Ende Juli und im August *E. scipio* Bsd., alle Höhenlagen von 300—1500 m belebend."

Meine Exemplare von *venaissina* verdanke ich Herrn Prof. Dr. J. Reverdin in Genf, welcher sie von Dr. Chobaut empfangen hat.

Ueber die Lebensweise und besonders die Erscheinungszeit der schweizerischen *E. evias* cursieren in der Literatur noch phantastische Angaben, die auf Meyer-Dür zurückzuführen sind, der allerdings selbst Skeptiker in der Angelegenheit geblieben ist. Meyer schreibt Verz. Sehm. 1851 pag. 167:

„Mir ist der Falter bei meinen öfteren Wanderungen durch Wallis leider nicht vorgekommen. Anderegg, der ihn alljährlich in Menge dort einsammelt und den ich über die Flugorte und Erscheinungszeit befragte, sagte mir, *evias* fliege gerade da, von wo ich soeben hergekommen (ich kam aus Oberwallis von Viesch, Grengiols und Möril) und zwar sehr zeitig im Frühjahr, schon im April gleich nach der Schneeschmelze. Die Wahrheit dieser Angabe mag er selbst verbürgen." Schelm Anderegg wollte Meyer-Dür zweifelsohne in den April schicken — und doch ist auch ein Körnchen Wahrheit in den Angaben von Thersites-Anderegg. Der Falter fliegt tatsächlich gleich nach der Schneeschmelze — aber nicht jener des Winterkleides der Alpen, sondern dann, wenn der Lawinenschnee der Sonne weichen muß. Im Jahre 1916 fing ich *evias eurykleia* Frhst. am 14. Juni in beiden Geschlechtern in ganz frischen Exemplären auf ungefähr 300—1000 m Höhe im Lötschental zwischen Gampel und Goppenstein, während oberhalb des Eingangs zum Lötschberg-Tunnel riesige Lawinen, welche eine Waggonladung von Baumstämmen zu Tal gerissen hatten, sich auflösten. Anfang Juli traf ich *evias* in schon leicht geflogenen Exemplaren auf etwa 1400 m zwischen Kippel und Ried in einer kleineren Höhenform — die oberseits aber noch ganz das Gepräge der *eurykleia* erhalten hat — nur unterseits ihre schönen *eurykleia*-Augen verlor —. Am 12. Juli begegnete ich bei Silvaplana auf etwa 1850 m der hochalpinen Form der *evias*, nämlich *letincia* Fruhst., in mäßiger Anzahl, aber schon stark geflogen.

Meine Beobachtungen werden bestätigt durch Favre, Faune Valais 1899, der angibt: „Eine Art des Frühjahres, nicht gemein und von kurzer Flugzeit. Man begegnet ihr in der mittleren Region zwischen jener der Laubbäume und jener der Coniferen — ebenso, aber viel seltener, in der Niederung bei Martigny. Flugzeit Mai—Juni.

Exemplare aus Martigny meiner Sammlung sind vom 30. Mai datiert — und Herr Hoffmann in Erstfeld zeigte mir Männchen aus Rodi-Fiesso im Tessin (etwa 590 m Höhe) die dort am 6. Juni gefangen wurden, während Herr Krüger einige spärliche Männchen von *evias* Mitte Juli bei Fusio erbeutete.

Es ist somit erwiesen, daß auf Schweizer Boden *evias* nicht v o r Ende Mai auftritt — während wir im südlichsten Frankreich der Art bereits Anfang Mai begegnen. (Schluß folgt.)

Lepidopterologisches Sammelergebnis aus dem Tännen- und Pongau in Salzburg im Jahre 1915.

Von *Emil Hoffmann*, Kleinmünchen (Ober-Oesterreich).

(Fortsetzung).

Pieridae.

Aporia crataegi L. (38) 2 Männchen 32 und 32,5 mm, 6. VI. Gries; 3 Männchen 32 und 33 mm, 6. VI. Wimm, alle frisch.

Pieris rapae L. (48) 1 Männchen 22 mm, etwas geflogen, ab. immaculata Cock., 6. VI. Gries; 1 Männchen 25,5 mm, ziemlich frisch, 19. VIII., 1 Männchen 24,5 mm, geflogen 25. VIII., beide Goldegg; 1 Männchen 26 mm, frisch, 25. VIII. Koglalm bei Goldegg.

Pieris napi L. (52) 1 Männchen 22 mm, unterseits die Spitze des Vorderflügels und der ganzen Hinterflügel grüngelb, 1 Männchen 22 mm, dieselbe Zeichnungsanlage, jedoch schwach grüngelb, 1 Männchen 24,5 mm ab. impunctata (Röb.) — subtalba Schima, alle frisch, 6. VI. Wimm; 1 Weibchen 24 mm, etwas geflogen, 1. VIII. Ofenlochrinne, 1400 m; 1 Männchen 24,5 mm, ziemlich frisch, 19. VIII., 1 Weibchen 24,5 mm, frisch, 15. VIII., 1 Weibchen 22,5 mm, ziemlich frisch, 19. VIII., 2 Weibchen 23 und 24 mm, frisch, 25. VIII., alle Goldegg.

Euchloë cardamines L. (69) 1 Männchen 18, 1 Weibchen 20 mm, 7. V. Arlstein, 2 Männchen 20 und 20,5 mm, 10. V. Au, 2 Männchen 18 und 19 mm, 1 Weibchen 21 mm, 10. V. Strubberg (700 m), 1 Weibchen 20,5 mm, 9. V. Scheffenbichkogel, alle Tiere frisch, die Mittelpunkte bei den Weibchen sind ober- wie unterseits auffallend klein; 1 Männchen 23 mm, ziemlich frisch, 1 Weibchen 25,5 mm, abgeflogen, mit sehr großem Mittelpunkt, beide 6. VI. Werfen (Gries), 1 Männchen 22 mm, geflogen, die beiden Vorderflügel etwas verkrüppelt, 6. VI. Wimm.

Leptidia sinapis L. (81) 1 Männchen 19,5 mm, 10. V. Strubberg (800 m), 2 Männchen 19 und 19,5 mm, 13. V. Scheffau, alle frisch, 1 Männchen 21,5 mm, frisch, 6. VI. Wimm, gehören alle der Frühjahrs-Generation lathyri Hb.; 1 Weibchen 21 mm, ab. erysimi Bkh., frisch, gehört zur var. diniensis B.

Colias hyale L. (98) 2 Männchen 21,5 und 23,5 mm, letzteres fast ab. simplex Neub., der Mittelpunkt der Vorderflügel ist auffallend groß (2 mm Durchmesser), 1 Weibchen 24 mm, unterseits der Vorderflügelmittelpunkt weiß gekernt, alle frisch, 13. V. Wimm, 1 Männchen 22 mm, geflogen, 6. VI. Wimm, 1 Männchen 20 mm, frisch, 1 Männchen 22 mm, ziemlich frisch, 1 Weibchen, 24 mm, etwas geflogen, ab. apicata Tutt. und Uebergang zu ab. simplex Neub. und zu demarginata Nitsche, 6. VI. Sulzau.

Nymphalidae.

Pyrameis atalanta L. (152) 2 Weibchen 31 und 32 mm, 6. und 4. IX. ex l, das letztere hat die rote Binde der Hinterflügel blässer, auch ein Stück in der Fortsetzung am Oberflügel und bildet einen Uebergang zu ab. cabeanensis Lambill, 3 Männchen 28,5 bis 31,5 mm, 5. und 9. IX. ex l, 1 Männchen hiervon ab. fracta Tutt., die Raupen der Weibchen fand ich in ca. 1400, die der Männchen in ca. 1600 m Höhe in der Ofenlochrinne am 15. VIII., 1 Weibchen 31,5 mm, frisch, 12. IX., Bischofshofen am Weg zum Hohengründeck in 600 m Höhe.

Pyrameis cardui L. (154) am 11. V. am Scheffenbichkogel in ganz abgeflogenem Zustande gesehen, 1 Weibchen 29 mm, etwas geflogen, 6. VI. Wimm.

Vanessa io L. (156) 1 Männchen 28,5 mm, geflogen, 6. VI. Sulzau (als überwintertes Exemplar noch gut erhalten).

Polygonia c-album L. (166) 2 Weibchen 22 und 23 mm, geflogen, 10. V. Strubberg (700 m), 1 Männchen 20,5 mm, geflogen 6. VI. Gries, 1 Weibchen 25 mm, ziemlich frisch, 12, IX., Weg zum Hochgründeck, 750 m.

(Fortsetzung folgt.)

Kleine Mitteilungen.

Ein neuer Schädling des Kartoffelkrautes. Prof. Dr. Arno Naumann schreibt in den „Mitteilungen der Deutsch. Landwirtschaftsgesellschaft": Durch Herrn Oekonomierat Schmuhl (Freiberg) wurden mir Blätter der Kartoffelsorte „Germania" eingesandt, welche eigenartige rotbraune Färbung an Spitzen und Rändern der Fiederblätter zeigten. Unter dem Doppelmikroskop (Binokular) zeigten sich verkorkte Stichstellen, oft knötchenartig aufgetrieben, wie sie mir bei Schädigung von Chrysanthemen durch Schmalwanzenstiche (Phytocoris) bereits bekannt waren. Nach sorgfältiger Durchmusterung der eingesandten Kartoffelblätter fand ich an der Unterseite eines runzeligen, schwachgebräunten Fiederblattes ein schildlausartiges, 1½ bis 2 Millimeter langes, plattgedrücktes, gelbgrünes Insekt, das ich sofort als einen Triebsauger, eine Psyllide, erkannte. Eine erbetene zweite Zusendung machte mir die Schädigungsursache zur Gewißheit, denn ich fand an zwei Kartoffelblättern 15 dieser Tiere, darunter das ausgebildete geflügelte Insekt, welches deutliches Springvermögen zeigte.

Herr Prof. Dr. Jacobi, Direktor des Zoologischen Museums zu Dresden, hatte die Güte, das fragliche Tier als Aphalara nervosa Först zu bestimmen. Das Insekt gehört zu den Schnabelkerfen (Rhynchoten), und zwar zur Gruppe der Sauger, Untergruppe der Springläuse (Psylliden). Die plattgedrückten Larven haben ein schildlaus- bis wanzenartiges Aussehen. Die bekanntesten Schädlinge nächster Verwandtschaft sind die Birnen- und Apfelsauger (Psylla). Bisher ist auf Kartoffeln noch nie eine Psyllide gefunden worden.

Von Interesse war eine Mitteilung in Sorauers Zeitschrift für Pflanzenkrankheiten, Bd. 5, S. 324, unter der Ueberschrift: „Eine unbekannte Rhynchote auf Sinapsis alba (weißem Senf) von Dr. von Dobeneck". Die zugehörige Tafel VI gibt in Abbildung 5 unsern Kartoffelschädling als Larve mit den zarten Randfransen fast naturgetreu wieder; jedoch stimmt die dort angegebene orangerote Färbung des Senfschädlings nicht mit der fahlgrünen Farbe des Kartoffelinsekts zusammen.

Während es Dobeneck nicht gelang, das „geflügelte Insekt" zu erziehen, so daß eine Bestimmung des Schädlings unmöglich war, fand sich an dem Kartoffelkraut das bereits entwickelte Insekt vor. Eine Eiablage konnte ich bisher nicht bemerken. Dagegen beschreibt Dobeneck von seinem Fund, daß die Unterseite der Senfblätter oft dicht mit rotgelben gestielten Eiern besetzt war. Daß der aufgefundene Kartoffelschädling vorläufig keine besondere Gefahr für den Kartoffelbau bedeutet, ist ja tröstlich. Immerhin ist es nötig, auf diesen Schädling aufmerksam zu machen. Nur zu häufig ist ein vorher scheinbar harmloser Gast unsrer Kulturpflanzen bei besonders günstigen klimatischen Umständen zu einer kaum ausrottbaren Plage geworden. Bedenklich stimmt es mich, daß ich den aus Freiberg eingesandten Schädling auch in der Nähe Dresdens auffand und auch Herr Oekonomierat Schmuhl überzeugt ist, daß diese eigentümliche Braunfärbung der Kartoffelblätter auch anderwärts zu beobachten gewesen ist; bisher ist die Aphalara in Sachsen durch diesen Herrn in Rotvorwerk und Erbisdorf bei Freiberg und durch mich in Birkwitz bei Pillnitz gefunden worden. Befallen waren die Sorten „Germania" und „Gertrud".

Nachdem die Aufmerksamkeit auf diese schildlausartigen, höchstens 2 Millimeter langen, ovalen Tiere an der Unterseite der gebräunten Kartoffelblätter gelenkt ist, wird sicherlich an noch manchen Stellen dieser Schädling Sachsens aufgefunden werden. Mitteilung darüber bitte ich unter meiner Adresse an den Kgl. Botanischen Garten zu Dresden zu richten.

Von Interesse würde es sein, ob auf den befallenen Feldern etwaiges Senfunkraut ebenfalls den Schädling zeigt. Sagt doch Dobeneck, daß der durch das Tier bedingte Schaden an den „Senfpflanzen" recht bemerkbar werden könnte, da in der Senfparzelle des Landwirtschaftlichen Gartens zu Jena eine enorme Anzahl von Eiern angetroffen wurde.

Riechen die Bienen den Blumenduft? Es ist sicher eine interessante und für die Kenntnis des Bienenvolkes wichtige Frage, ob die unzähligen Variationen von Düften, welche von den Blumen ausgeströmt werden, für die nektarsuchenden Bienen ein Lockmittel sind, oder welche andere Bedeutung dieser Duftreichtum für das Insekt zu haben vermag. Sehr aufschlußreich sind in dieser Hinsicht Versuche des Bienenforschers K. von Frisch. Der Forscher nahm eine Reihe (meist vier Stück) von 1 Kubikzentimeter großen Kartonkästchen, eine immer in der Nähe des Bodens befindlichen 1½ Zentimeter großen Einflugloch zu Hilfe, die immer nur teilweise mit Wohlgerüchen versehen wurden. Außerdem wurden in die Kästchen kleine mit Zuckerwasser gefüllte Näpfe gestellt, die als Nahrung dienten, nachdem die Tiere mit Honig herbeigelockt waren. Waren die Bienen an die bestehende Ordnung von Geruch, Futter und die Kästchen gewöhnt, so wurde ein Austausch vorgenommen, indem man vier noch nicht benutzte Kästchen in anderer Reihenfolge zusammenstellte. Eine Zählung der in jedes Kästchen gekommenen Bienen bewies das Vorhandensein des Duftes für das Empfinden der Bienen deutlich, da sie in dem duftenden Kästchen in weitaus größter Anzahl sich einfanden. Dann wurden plötzlich zu dem gewohnten Duft, z. B. Akazienduft, noch eine Reihe anderer wie Rose oder Lavendel gesellt, um die Unterscheidungsfähigkeit zu prüfen. Auch hier sprach das Ergebnis deutlich für das Unterscheidungsvermögen der Bienen. Noch weiter wurde die Eindrucksfähigkeit, welche die Bienen gegenüber den Blumen besitzen, dadurch kompliziert, daß Farbenwerte bei obigen Versuchen mit einbezogen wurden. Z. B. benutzte Frisch ein Kästchen mit blauer Vorderwand, Blumenduft und Futter, neben das er dann ein gelbes leeres stellte. Die auf den blauen Karton dressierten Tiere wurden dadurch in Verwirrung gebracht, daß plötzlich das gelbe das duftende war, das blaue dagegen leer blieb. Der Farbeneindruck war dementsprechend beim Anflug auch so mächtig, daß die größte Mehrzahl aus weiterer Entfernung auf die Dressurfarbe zusteuerte, durch das Ausbleiben des Geruchmerkmals dann aber stockte und unsicher sich dem gelben und dem blauen Kästchen ohne ersichtliche Bevorzugung eines der beiden näherte. Obwohl also die Farbe auf weitere Strecken wirkt, ist der Duft in seiner Mannigfaltigkeit der Farbe überlegen. Beide scheinen aber nicht den Charakter eines unmittelbaren Lockmittels zu besitzen, sondern sind nur Merkzeichen, die durch die Erinnerung an der Nahrung verknüpft werden.

Verwendung von Borax für die Bekämpfung der Fliegenvermehrung in den Ställen. Neuere Versuche, die das Landwirtschaftsministerium der Vereinigten Staaten in Arlington ausgeführt hat, zeigten, daß durch die tägliche Behandlung mit einer kleinen Menge Borax die Fliegen, wenn auch nicht getötet, so doch an ihrer Vermehrung gehindert werden können, indem dadurch die in den Mist, Kehricht usw. gelegten Eier zerstört werden. 1 kg gewöhnlicher Borax oder 1,18 kg Kalziumborat genügen für die Abtötung der in 1 cbm Pferdemist lebenden Fliegenlarven. Die zwei Stoffe werden, nach einem Referat von Malkmus in der „Deutschen Tierärztl. Wochenschrift", in der Praxis wie folgt angewandt: Man streut die erwähnten Mengen mit einem feinmaschigen Sieb auf den Miststock und begießt den letzteren unmittelbar darauf mit Wasser in der Menge von 30—40 Liter pro cbm Dünger. Es ist von Vorteil, das Bestreuen und Begießen alltäglich vorzunehmen und nicht zuzuwarten, bis der Misthaufen angewachsen ist, da das Bekämpfungsmittel auf die jüngsten Eier am kräftigsten wirkt. Das Bestreuen hat am Rande des Miststockes stärker zu geschehen als in der Mitte, da dies die wichtigste Stelle ist, wo sich die Larven am zahlreichsten ansammeln. Die Behandlungskosten belaufen sich bei einem Boraxpreise von 56 Pfg. pro kg in städtischen Pferdehaltungen auf nicht über 4 Pfg. pro Pferd und Tag. Der Gebrauch von Kupfersulfat und Zyankali als Bekämpfungsmittel für Fliegen ist des zu hohen Preises wegen in den Vereinigten Staaten sehr gering. Man hat beobachtet, daß mäßige Boraxmengen den Düngerwert des Mistes nicht beeinträchtigen; inwieweit stärkere Dosen nachteilig wirken, werden spätere Versuche zeigen.

Die Ernte des Sonnentaus. Allenthalben waren in diesem Sommer die Weißlinge so zahlreich, daß sie durch ihre Nachkommenschaft zu einer förmlichen Landplage wurden und ihre Raupen der Landwirtschaft erheblichen Schaden zugefügt haben. J. Reißner berichtet nun in der „Naturwissenschaftlich. Wochenschrift" von einem Falle, wo die Pflanze im großen Maßstabe sich die Schmetterlinge zur Nahrung einfing. Die Pflanze, um die es sich dabei handelt, ist eine unserer einheimischen Sonnentauarten (Drosea intermedia) und der Schauplatz der Beobachtung ein Moor beim Dorfe Winkel im Kreise Gifhorn. Dort war, begünstigt durch die Witterungsverhältnisse, auf einer großen Fläche der Sonnentau so üppig gediehen, daß das weithin leuchtende Rot der Wimpern seiner Blätter, an deren Spitzen Tröpfchen im Sonnenschein funkelten, eine Unmenge Schmetterlinge anlockte, vorzugsweise Weißlinge. Zunächst waren es nur einige, die sich dort einfanden, an den klebenden Tröpfchen hängen blieben und sogleich von den Tentakeln am Kopfe umklammert wurden, wobei sich das Blatt über den Kopf des Insektes krümmte, um das Opfer sicher festzuhalten und dann zu verdauen. Die Anwesenheit einiger Weißlinge war es vielleicht, die andere Artgenossen verlockte, sich an dem vermeintlichen leckeren Mahle zu beteiligen; auch sie ereilte das gleiche Schicksal, und schließlich, bereits im Anfange des Juli, war die ganze weite Sonnentaufläche von Weißlingen wie übersät — ein eigentümliches Bild für den Beschauer!

Vertilgung von Küchenschaben. Die landwirtschaftliche Hochschule in Berlin (Abteilung für Schädlingsbekämpfung, Dr. Burkhardt) veröffentlicht in der in Berlin erscheinenden Illustr. Landw. Zeitung nachstehendes Mittel. Zur Vertilgung der Küchenschaben stellen wir aus zwei Teilen Borax und einem Teil Salizylsäure eine Pulvermischung her und mischen einen Teil dieses Pulvers mit der dreifachen Menge Kartoffelbrei. Um den Brei schmackhafter zu machen, kann ihm mit Vorteil etwas Braunbier zugesetzt

werden, das die Schaben besonders lieben. Die[s] Brei geben wir in Form von kleinen Häufchen o[der] geformten Kügelchen in die Schlupfwinkel und über dorthin, wo Schaben beobachtet werden. Selbstv[er]ständlich kann dieses Mittel nur dann Erfolg hab[en] wenn gleichzeitig alle andern Nahrungsmittel so[rg]fältig entfernt werden. Nach dem Genuß des G[...] breies gehen die Schaben zugrunde. Eine Wied[er] holung des Verfahrens wird nötig sein, um das [...] geziefer restlos zu beseitigen.

Fangen lassen sich die Schaben in flachen, [...] Braunbier gefüllten Schalen (Tellern), an deren R[...] kleine Holzbrettchen gelehnt werden. Die Schal[en] kriechen an ihnen herauf und ertrinken in dem B[...]

Mit diesen genannten Bekämpfungsverfah[ren] muß Reinlichkeit und wiederholtes Verstreichen a[...] Ritzen und Schlupfwinkel Hand in Hand gehen.

Literatur.

Fritz Hoffmann und Rudolf Klos: Die Schmetterli[nge] Steiermarks. I.—IV. Teil. Graz 1914—1917.

In den „Mitteilungen des Naturwissenschaftlich[en] Vereins für Steiermark" erscheint seit 1914 die ob[en] genannte Lokalfauna, die als Separatdruck durch [...] Buchhandel, sowie durch Herrn Fritz Hoffmann [in] Wildon (Mittelsteiermark) zu beziehen ist. Bis j[etzt] erschienen Tagfalter, Schwärmer, Spinner, Eulen [und] Spanner bis Asthena Hbn.

Die Arbeit ist mit großem Fleiß und — bei ei[ner] Lokalfauna die Hauptsache — mit größter Gewiss[en]haftigkeit aufgestellt. Einteilung und Reihenfo[lge] sind die des „großen Berge", neunte von Profes[sor] Dr. Rebel verfaßte Auflage. Hinter jedem Falter [ist] die Seitenzahl dieses Buches angegeben, wodurc[h es] möglich war, alle bereits dort vermerkten Anga[ben] allgemeiner Art wegzulassen. Besonders wert[voll] ist die Hoffmann-Klossche Arbeit durch die über[aus] große Menge biologischer Notizen. Beide Verfa[sser] sind als tüchtige Sammler und Züchter und vor[züg]liche Beobachter rühmlichst bekannt und die Erge[b]nisse der Eier, Raupen, Puppen und Lebensw[eise] vieler Arten, deren Jugendzustände seither nicht o[der] nur mangelhaft bekannt waren, wird in dem Bu[ch] festgehalten. Die betreffenden Notizen in ande[ren] Werken sowie die Angaben in den früheren Lo[kal]faunen des Gebietes werden einer genauen Kr[itik] unterzogen und wenn nötig nach den Erfahrun[gen] der Verfasser oder anderer glaubwürdiger Samm[ler] berichtigt. Berücksichtigt sind dabei außer den ha[upt]sächlichsten älteren Werken und allen alten Lo[kal]faunen des Gebietes auch die neuesten Werke, z[.B.] Vorbrodt und Müller-Rutz, Die Schmetterlinge [der] Schweiz und Seitz, Großschmetterlinge der E[rde.] Referent bedauert, daß nicht die neuere Nomenkl[atur] des Seitzschen Werkes berücksichtigt wurde, wenigs[tens] in Klammern neben den alten dazugesetzt zurzeit [noch] kannteren alten Namen. Vielleicht läßt sich da[s in] dem nach Abschluß des systematischen Teils [ver]sprochenen allgemeinen Teil oder im alphabetisc[hen] Register nachholen.

Soweit sich bis jetzt beurteilen läßt, wird [das] Werk eine der besten in den letzten Jahren ersc[hie]nenen Lokalfaunen werden, und wir können Oes[ter]reich, das schon so manche gute Spezialbearbeit[ung] seiner Landesteile besitzt, darum beneiden! A[ls] Entomologen aber und den wirklichen Sammlern (n[icht] nur Käufern) der schönen Falterwelt ist die [An]schaffung des Werkes nur zu empfehlen. L. [...]

Für die Redaktion des wissenschaftlichen Teiles: Dr. F. Meyer, Saarbrücken, Bahnhofstraße 65. — Verlag der Entomologischen Zeitschrift, Internationaler Entomologischer Verein E. V., Frankfurt a. M. — Für Inserate: Geschäftsstelle der Entomologischen Zeitschrift, Töngesgasse (E. Block) — Druck von Aug. Weisbrod, Frankfurt a. M., Buchgasse 12.

Frankfurt a. M., 19. Januar 1918.   Nr. 21.   XXXI. Jahrgang.

ENTOMOLOGISCHE ZEITSCHRIFT

Central-Organ des
Internationalen Entomologischen
Vereins E. V.

mit
Fauna exotica.

Herausgegeben unter Mitwirkung hervorragender Entomologen und Naturforscher.

Abonnements: Vierteljährlich durch Post oder Buchhandel M. 3.— Jahresabonnement bei direkter Zustellung unter Kreuzband nach Deutschland und Oesterreich M. 8.—, Ausland M. 10.—. Mitglieder des Intern. Entom. Vereins zahlen jährlich M. 7.— (Ausland [ohne Oesterreich-Ungarn] M. 2.50 Portozuschlag).

Anzeigen: Insertionspreis pro dreigespaltene Petitzeile oder deren Raum 30 Pfg. Anzeigen von Naturalien-Handlungen und -Fabriken pro dreigespaltene Petitzeile oder deren Raum 20 Pfg. — Mitglieder haben in entomologischen Angelegenheiten in jedem Vereinsjahr 100 Zeilen oder deren Raum frei, die Ueberzeile kostet 10 Pfg.

Schluß der Inseraten-Annahme für die nächste Nummer am 2. Februar 1918
Dienstag, den 29. Januar, abends 7 Uhr.

Inhalt: Autoren zu ändern. Von Prof. M. Gillmer, Cöthen (Anh.). — Abnorme Raupenfärbung. Von W. Littkemeyer. — Neue paläarktische Rhopaloceren. Von H. Fruhstorfer (Genf). — Lepidopterologisches Sammelergebnis aus dem Tännen- und Pongau in Salzburgim Jahre 1915. Von Emil Hoffmann, Kleinmünchen (Ober-Oesterreich. — Kleine Mitteilungen. — Literatur. — Auskunftstelle.

Autoren zu ändern.

Von Prof. *M. Gillmer*, Cöthen (Anh.).

Um glückliche Besitzer unveröffentlichter Arten oder Abarten geneigt zu machen, diese der allgemeinen Kenntnis zuzuführen, wandte man schon in früherer Zeit das den Besitzer ehrende Verfahren der Abbildung, der Benennung nach ihm, oder der Veröffentlichung unter einem von ihm angegebenen Namen mit seiner Autorfirma an. Der letztere Kitzel ist aber von der Wissenschaft nicht beachtet, vielmehr überall der Name des Veröffentlichers an die Stelle gesetzt worden. Denn es steht ja jedem Besitzer einer unbeschriebenen Art oder Abart frei, sie selbst zu veröffentlichen. Tut er dies nicht, sondern überläßt die Veröffentlichung einem andern, so begibt er sich damit seines Autorrechts, selbst wenn der Veröffentlicher aus irgend welchen Gründen den Namen des Besitzers als Autor hinter den neuen Namen setzt.

Danach sind die in der Nr. 9 der Zeitschrift des österreichischen Entomologen-Vereins, 2. Jahrg. 1917 S. 74—77 veröffentlichten Abartnamen von Colias Myrmidone Esp., nämlich

1. ab. *caliginosa* (in den Schmetterlingen Steiermarks von Hoffmann und Klos, 1. Teil 1914, S. 214, als ab. Gartneri Skala? aufgeführt),
2. ab. *nigrovenata*,
3. ab. *Ilsae* (wenn Herr Dr. Schawerda diese Abart in den Verhandlungen der Zoologisch-botanischen Gesellschaft, Wien 1905, S. 417, nur beschrieben hat, ohne sie zu benennen, so ist trotz aller Bescheidenheit Herr Pieszczek jetzt der Autor),
4. ab. *intermedia* (wenn Herr Maurer diese Abart in den Verhandlungen der Zoologisch-botanischen Gesellschaft, Wien 1905, S. 148, nur beschrieben hat, ohne sie zu benennen, so gilt für sie dasselbe, wie für ab. Ilsae),
5. ab. *orcus*,
6. ab. *pseudo-balcanica*,

7. ab. *pseudo-Rebeli* (der Name ist entschieden anstössig),

sämtlich dem Herrn Geheimen Hofrat Pieszczek in Wien als Veröffentlicher zuzuschreiben.

Wie ich annehme, wird der Schriftleiter der Zeitschrift des österreichischen Entomologen-Vereins der gleichen Ansicht sein.

Abnorme Raupenfärbung.

Von *W. Littkemeyer*.

Mit Bezug auf den Aufsatz des Herrn Carl Finke in Mainz in Nr. 20 der Ent. Zeitschrift bemerke ich, daß ich derartig licht gefärbte populi-Raupen im Posenschen häufig gefunden habe und zwar stets auf Pappelarten, welche eine helle Blattunterseite besaßen, sodaß die Erscheinung auf eine Schutzfärbung zurückzuführen ist, zumal die geschlüpften Falter sich in nichts von denen aus normal gefärbten Raupen unterschieden. Die geringe Größe der Raupen und Puppen dürfte in der späten Jahreszeit zu suchen sein. Bei dieser Gelegenheit sei aber eine andere Frage angeschnitten: Warum besitzen ligustri-Raupen der 2. Generation eine solche starke Verbreiterung der violetten Schwanzstreifen? Mit Schutzfärbung wird man diese Erscheinung nicht erklären können, da gerade die Futterpflanze ligustrum und Syringa noch im Herbste die ursprünglich graue Farbe am längsten von allen Sträuchern behält.

Neue paläarktische Rhopaloceren.

Von *H. Fruhstorfer* (Genf).
(Schluß.)

Erebia goante homole subsec. nova.

(E. goante Obthr. Etudes 1909 pag. 319—321, Basses Alpes, Hautes Alpes.) (E. goante Heinrich, Berl. Ent. Ver. 1911, Sitzungsber. S. 16.)

Männchen leicht von *goante* zu unterscheiden durch das namentlich auf den Hfgl. verschmälerte rotbraune Band und in der Regel kleinere subapicale Ozellen der Vfgl. Weibchen androtrop — und auf den Hfgl. nur noch mit ganz unbedeutender rotbrauner Submarginalbinde — so daß es kaum noch vom Männchen zu unterscheiden ist. Die Vfgl. des Weibchens tragen nur zwei, die Hfgl. in der Regel drei Augen, was Oberthür bereits aufgefallen ist.

Die Unterseite beider Geschlechter zarter gesprenkelt als bei *goante* von Schweizer und Tyroler Fundorten — die schwarze Medianbinde distal nur selten weißlichgrau begrenzt. Patria: Digne 2 Männchen 1 Weibchen Coll. Fruhstorfer. In den Alpes Maritimes kommt eine ähnliche Form vor — mit erheblich zurückgebildeten roten Binden der Vdfgl., aber wiederum sehr deutlicher rotbrauner Zone der Hfgl.

Erebia goante Esp. von ihrem Autor von den sogenannten Talalpen bei Luzern beschrieben, kann im allgemeinen als eine der beständigsten Erebien gelten. Sie ist das, was man eine ruhige Art nennen darf. Auf Schweizer Gebiet scheinen nicht einmal Exemplare der Nord- und Südseite der Alpen zu differieren — wenn auch Männchen aus dem Val Blenio erheblich größer scheinen als solche der nördlichen Täler.

Das Material meiner Sammlung baut sich aus folgenden Dokumenten auf:

E. goante goante Esp. Maderanertal, Andermatt, Glärnisch, Val Cristallina, Engadin, Arolla, Simplon, Zermatt, Macugnaga, Fornazzatal, Val Maggia, Val Blenio, Val Mesocco, Chamonix, Pralognan. 54 Männchen 20 Weibchen. (H. Fruhstorfer leg.)

E. goante subspec. Südtirol, Ortlergebiet, Nordtirol. 4 Männchen.

E. goante montanus Prunner. Aus Piemont beschrieben. Von mir bei Courmayeur gesammelt. Etwas kleiner, dunkler, kleinaugiger als *goante* — einen Uebergang bildend zu *E. goante homole*, Fruhst. Digne, Dauphinè. (Oberthür.)

E. goante subspec. Seealpen.

Erebia afer bardines subspec. nova.

(E. afra Elwes T. E. S. 1899 pag. 349 nicht gefangen, aber Exemplare aus Semipalatinsk gesehen.) Männchen bedeutend kleiner als *afer* Esp. aus Süd-Rußland resp. der Umgebung Saratows, von wo Esper seine Type empfangen hat. Die Coloritdifferenzen sehr erheblich — unter anderem verliert sich der rotbraune Ozellenvorhof der Oberseite beider Flügel fast völlig — und die Apicalpartie der Vfgl. ist grau, statt mehr oder weniger bräunlich. Die Unterseite erscheint viel heller — Apex der Vfgl. und die gesamte Oberfläche der Hfgl. hellgrau, statt schwärzlich. Bardines präsentiert sich somit nicht allein durch ihre Kleinheit als eine hochspezialisierte Gebirgsform — *afer afer* Esp. aus der Niederung der Wolga und von Kertsch in der Krim gegenüber. Patria: Altai 2 Männchen Coll. Fruhstorfer, eine Serie in Coll. Banghaas.

Erebia afer syxuta subspec. nova.

Eine weitere Gebirgsform der *afer* — ohne jedoch zur winzigen Gestalt der *bardines* herabzusinken. Das Gesammtkolorit ist lebhafter als bei der Altairasse — mehr jenem von *dalmata* God. ähnlich und dadurch im Gegensatz zu der großen und recht dunklen Namensform *afer* aus Saratow und der Krim. *syxuta* bildet außerdem eine Transition von *afer* zu *dalmata*, was besonders bei den Weibchen auffällt. Beide Geschlechter sind aber von *dalmata* leicht zu trennen durch die ganz verschiedene Unterseite, welche in der ausgedehnten lichtgrauen Bestäubung beinahe *bardines* vom Altai erreicht und dadurch sowohl von der unterseits dunklen *dalmata* wie auch von *afra* leicht zu separieren ist. Patria: Kaukasus, Elisabethpol. 1 Männchen 2 Weibchen in Coll. Fruhstorfer, eine große Serie im Besitze von Otto Bang-Haas. *Zyxuta* leitet von *afer* zu *hyrcana* Stgr. über, — erreicht jedoch nicht die großen Ozellen der Hfgl., welche die persischen Exemplare auszeichnen.

Erebia afer fidena subspec. nova.

Eine weitere Transition, welche die Verbindung von *afer* zu *bardines* herstellt. Die Oberseite der Männchen gleicht am meisten der Altaiform, während die Weibchen der kaukasischen Rasse ähneln. Habituell steht *fidena* in der Mitte zwischen *afer* und *dalmata*, die Weibchen sind oberseits aber farbenärmer als kaukasische und dalmatische Weibchen. Die gelbe Ozellenperipherie unbedeutender, schwächer als bei *syxuta* — weshalb die Falter einen dunkleren Eindruck hervorrufen. Die Unterseite präsentiert sich noch heller als bei *syxuta* — das Weibchen zeigt geringeren gelblichen Anflug der Vdfgl. als kaukasische Weibchen und etwas mehr als solche vom Altai. Patria: Transkaspien, Arwas. 2 Männchen 1 Weibchen Coll. Fruhstorfer. Eine Serie im Besitze von Otto Bang-Haas. Herr Bang-Haas hat mir alle heute als neu eingeführten *Erebien* mit der Bemerkung übersandt, daß ich alle interessanten Formen beschreiben möge, unbeschadet um die i. l. Bezeichnungen, unter welchen sie mir zugestellt wurden. Herrn Bang-Haas gebührt für seine Liberalität der wärmste Dank. Sein Entgegenkommen steht im wohltuendsten Gegensatz zu der Handlungsweise kleiner Händler und Sammler — die mir ihre Ausbeute vorenthalten oder sie vor mir verstecken — damit ich ja keine „neue Art daraus mache", wie sie in dunkler Unkenntnis systematischer Werte meine Lokalrassen zu umschreiben belieben. Im Katalog Staudinger und Rebel liegen die geographischen Grenzen der einzelnen damals bekannten *afer*-Rassen sehr im Argen. Dem Katalog zufolge erscheint *afer* von Süd-Rußland bis Ostsibirien und im Süden in Armenien vor, daneben aber auch noch *dalmata* nicht nur in Dalmatien, sondern auch in Kurdistan. Erst Eiffinger brachte eine klare Uebersicht, während die Angaben des Katalogs zu verbessern sind durch folgende Tabelle:

E. afer afer Esp. Saratow (Esper), Krim (Fruhstorfer).

E. afer dalmata God. Dalmatien. Diese hervorragendste aller *afer*-Zweigrassen ist auf Dalmatien beschränkt. Sollte *afer* wirklich am Pontus, in Armenien und in Kurdistan occident. auftreten, wie es der Katalog registriert, so haben wir von dort mindestens drei weitere geographische Formen zu erwarten soweit sie sich nicht den einen oder anderen der heut aufgestellten Spaltzweige nähern.

E. afer syxuta Fruhst. Kaukasus.

E. afer fidena Fruhst. Transkaspien. Hierher gehören dann als nächste Verwandte die pontinische armenische und die Kurdestanrasse.

E. afer bardines Fruhst. Altai. Hierzu dann all ostasiatischen Bergformen so jene vom Tarbagatai Tura, Jssyk-Kul Sib. or. des Katalogs.

E. afer hyrcana Stdgr. Persien.

Lepidopterologisches Sammelergebnis aus dem Tännen- und Pongau in Salzburg im Jahre 1915.

Von *Emil Hoffmann*, Kleinmünchen (Ober-Oesterreich).

(Fortsetzung).

Melitaea aurinia Rott. (175) 1 Männchen 19, 1 Weibchen 19,5 mm, frisch, 13. V. Scheffau.

Melitaea dictynna Esp. (195) 3 Weibchen 20 und 21 mm, frisch, 6. VI. Kalcherau.

Argynnis selene Schiff. (204) 1 Männchen geflogen, Weg zum Hochgründeck (700 m), 12. IX.

Argynnis euphrosyne L. (208) 1 Männchen 20,5 mm, frisch, 6. V., 2 Männchen 20 und 22,5 mm, frisch, 10. V., 1 Männchen 22 mm frisch, 2 Weibchen 22,5 und 23 mm, etwas geflogen, 13. V. Strubberg (700 m), 2 Männchen 21,5 und 22 mm, 2 Weibchen 22,5 und 23 mm, frisch und etwas geflogen, 13. V. Scheffau, 2 Männchen 21 mm, frisch und geflogen, 1 Weibchen 22,5 mm, geflogen, 6. VI. Kalcherau, 1 Männchen 21 mm, etwas geflogen, 6. VI. Sulzau.

Argynnis pales Schiff. (210) 1 Männchen 20,5 mm, etwas geflogen, 1. VIII. Grünwaldalpe (1150 m), 1 Männchen 20 mm, frisch, 15. VIII. Vord. Pitschenbergalpe (1750 m).

Argynnis latonia L. (225) 1 Männchen 19,5 mm, etwas geflogen, 6. VI. Kalcherau, 1 Weibchen 22,5 mm, Weg zum Hochgründeck (700 m).

Argynnis aglaia L. (230) 1 Männchen 28,5 mm, frisch, 6. VI. Kalcherau, ich sah am selben Tage bereits mehrere Stücke fliegen.

Argynnis adippe L. (232) 1 Weibchen 29,5 mm, var. baiuvarica Spul., abgeflogen, 12. IX. oberhalb Bischofshofen (600 m).

Argynnis paphia L. (237) 1 Männchen 13 mm, 1. VIII. Sulzau, 1 Weibchen 36,5 mm, Uebergang zur ab. valesina Esp., 32,5 mm, frisch geb 12. VIII. Leitenhaus bei Abtenau, alle ziemlich frisch.

Erebia oeme Hb. (278) 1 Männchen 20,5 mm, frisch, 6. VI. Wimm (500 m). Die Hinterflügel 4 Ozellen und zwar in Zelle 2, 3, 4 u. 5, jene in 4 u. 5 sind zusammengeschlossen, in Zelle 5 ist nur ein schwarzer Punkt als Kern, während der andern kräftig weiß gekernt sind; Vorderflügel normal, unterseits sind am Hinterflügel 5 Augen vorhanden, alle weiß gekernt und zwar in den Zellen 1 c + d bis 5, auch hier ist Ozelle 4 und 5 zusammengeschlossen.

Erebia manto Esp. (275) 4 Männchen, 20 bis 21 mm, frisch bis etwas geflogen; am Vorderflügel ober- und unterseits nur in Zelle 4 und 5 gekernt. Die Binde der Hinterflügel ist in wenige Flecken aufgelöst, welche nur bei einem Stück und zwar nur oberseits in den Zellen 2, 3 und 4 gekernt ist, ein Exemplar hiervon ist etwas albinotisch; 1 Männchen 20 mm, frisch ab. ocellata Wagn. (am Vorderflügel oberseits in Zelle 1 bis 5, unterseits 3 bis 5, am Hinterflügel ober- und unterseits in Zelle 2, 3 und 4 gekernt) am Hinterflügel ist oberseits auch die Binde in Ringe aufgelöst; 1 Weibchen 22 mm, ziemlich frisch, mit sehr breiter, von den Adern durchschnittener Binde der Vorderflügel, wo sich auch in Zelle 2 ober- und unterseits ein kleiner Augenpunkt befindet, am Hinterflügel ist die Binde oberseits in kleine Fleckchen (Punkte) aufgelöst, während sie unterseits fast vollständig zusammenhängend vorhanden ist, ober- und unterseits ist die Zelle 2 und 3 mit einem Punkt versehen. 1 Weibchen 22 mm, etwas geflogen ab. ocellata Wagn., die Binde der Hinterflügel ist in

Ringe aufgelöst, unterseits jedoch fast vollständig erhalten; 1 Weibchen 21,5 mm, ziemlich frisch, von der Binde des Hinterflügels ist oberseits nur in Zelle 4 ein kleiner Fleck vorhanden, unterseits vom Kostalrande bis Ader M₃ geschlossen, in Zelle 2 und 3 nur kleine Flecke; desgl. sind die Basalflecke stärker reduziert, die Hinterflügel sind oberseits nur in Zelle 2 bis 4, unterseits in Zelle 4 gekernt, alle 1. VIII. Grünwaldalpe; 1 Weibchen 22 mm, ziemlich frisch, die Vorderflügel haben nur um die beiden Apikalaugen einen Hof, am Hinterflügel fehlt jede Spur einer Binde, unterseits ist dieselbe jedoch fast vollständig erhalten, schwarze Punkte als Kerne sind ober- wie unterseits in Zelle 2 und 3 vorhanden (Uebergang zu ab. pyrrhula Frey); 1 Weibchen 21 mm, etwas geflogen, die Binde der Hinterflügel oberseits in einzelne Flecke aufgelöst, unterseits ist sie jedoch fast vollständig, der Vorderflügel ist ober- und unterseits nur in Zelle 2, am Hinterflügel oberseits in Zelle 2 und 3 gekernt, beide (Uebergang zu ab. pyrrhula Frey) 15. VIII. Grünwaldalpe; 2 Männchen 21,5 und 22,5 mm, ziemlich frisch, Vorderflügel in Zelle 2, 4 und 5 ober- und unterseits gekernt, am Hinterflügel oberseits ungekernt, unterseits bei einem ungekernt, bei dem andern in Zelle 2 gekernt; 1 Männchen 20,5 mm, frisch, Vorderflügel wie vor gekernt, Hinterflügel ober- und unterseits in Zelle 2, 3 und 4 gekernt; 1 Männchen 21 mm, ziemlich frisch, Vorderflügel wie vor, Hinterflügel ober- und unterseits nur in Zelle 4 gekernt; 1 Männchen 21,5 mm, frisch, wie vor; 1 Männchen 19 mm, etwas geflogen, Hinterflügel in Zelle 3 und 4 gekernt; 1 Männchen 21,5 mm, etwas geflogen, Hinterflügel nur in Zelle 4 gekernt; 2 Männchen, 21 und 20,5 mm, ziemlich frisch und stärker geflogen, mit Kernen in den Zellen 2, 3 und 4 der Hinterflügel; 2 Männchen je 20 mm, frisch und ziemlich frisch, Vorderflügel oberseits augenlos, unterseits die Kerne mit freiem Auge kaum sichtbar, Hinterflügel ober- und unterseits augenlos, mehr oder weniger verdüstert und die Binden oberseits stärker reduziert, besonders am Hinterflügel fast ganz verschwunden, unterseits bei einem fast vollständig vorhanden, beim andern fast gänzlich verschwunden, ab. pyrrhula Frey; 1 Weibchen 22 mm, frisch, ober- und unterseits, die beiden Augenpunkte der Vorderflügel sind sehr groß und in die Quere gezogen, am Hinterflügel oberseits nur Zelle 4 ein kleines Bindefleckchen, unterseits die Binde und die Basalflecke reduziert, Punkt in Zelle 2, 3 und 4; 1 Weibchen 21,5 mm, frisch, Hinterflügel nur unterseits in Zelle 2 gekernt, die Binde und Basalflecke etwas blasser gelb mit weißlichen Fransen, Uebergang zu bubastis Meißn., am 1. VIII. Ofenlochrinne, 1200 m; 1 Männchen 21 mm, geflogen 1300 m; 2 Weibchen 21 und 23 mm, stärker geflogen, die Binden unterseits der Hinterflügel mehr oder weniger in Flecken aufgelöst, 1 Weibchen oberseits am Hinterflügel ganz einfarbig, Ofenlochrinne 1200 m, alle 15. VIII.   (Fortsetzung folgt.)

Kleine Mitteilungen.

Neue Untersuchungen über das Bienengift. Die Wrkung des Bienengiftes läßt sich am besten an Imkern beobachten, die ja solchen Angriffen am meisten ausgesetzt sind. Das Bienengift wirkt, wie den Ausführungen von Thiem in der „Naturwissenschaftlichen Wochenschrift" entnommen werden kann, bei den einzelnen Individuen sehr verschieden. Nach den von dem Forscher Lander unternommenen Versuchen wurden von 153 anfangs giftempfindlichen Imkern 126 nach Ablauf einer mehrjährigen Tätigkeit in diesem Berufe dem Bienengift gegenüber weniger empfindlich, 14 konnten nach einigen Jahren sogar als giftfest bezeichnet werden. 11 unter 164 Imkern erklärten, daß sie ihrer Meinung nach von Natur aus gegen das Bienengift immun seien, während 27 wiederum der Erfahrung Ausdruck gaben, ihre Giftempfindlichkeit hätte auch im Laufe der Jahre nicht im geringsten abgenommen. Im Durchschnitt erklären die Bienenzüchter, daß sie im Frühjahr jeden Jahres auf die ersten Stiche am stärksten reagieren und daß dann im Verlaufe der weiteren Monate die Größe der Reaktion immer mehr abnimmt.

Nunmehr wurden von Dold neue Untersuchungen hinsichtlich der Immunisierung gegen Bienengift vorgenommen, deren Ergebnisse in theoretisch-serologischer Hinsicht sehr interessant sind. Die frisch entleerten Gifttröpfchen, die infolge der in ihnen enthaltenen Ameisensäure sauer reagieren und im Durchschnitt ein spezifisches Gewicht von 1,1313 haben, hinterlassen beim Eintrocknen in Zimmertemperatur einen Rückstand von ungefähr 30 Prozent, der im Wasser leicht gelöst werden kann. Wichtig ist, daß die wirksame Substanz des Giftes nicht eiweißartiger Natur ist. Dold benutzte zu seinen Versuchen Kaninchen, die sich hierfür durch die starke Empfindlichkeit der Schleimhäute der Nase und Augen besonders gut eignen. Es wurden dem Kaninchen in Zwischenräumen von je 5 bis 6 Tagen je zwei Tropfen des Bienengiftes neunmal nacheinander infiziert. Dabei zeigte sich, daß im Laufe der Behandlung die Giftwirkung keinerlei Aenderungen unterworfen war. Auffallend war aber die Beobachtung, daß die schwarzen, pigmentreichen Kaninchen viel schwächer reagierten als die weißen pigmentarmen Kaninchen. Dies wird mit der größeren Resorptionsfähigkeit der für die weißen Kaninchen charakteristischen Schleimhaut für das Bienengift erklärt. Nach Ansicht Dolds müßte daher eine in dieser Hinsicht unternommene Umfrage unter den Imkern zeigen, daß pigmentärmere Personen dem Gift gegenüber besonders empfindlich sind.

Falls dies stimmt, und die Kaninchenversuche sprechen hierfür, so wäre infolge der nicht eiweißartigen Natur des Bienengiftes ein neuer Beweis für eine wichtige, in theoretisch-serologischer Hinsicht nicht genug zu beachtende Anschauung erbracht. Man war nämlich schon bisher der Ansicht, daß auf gewöhnliche chemische Gifte im Tierkörper keine Gegengifte gebildet werden können. Es wäre also erhärtet, daß die Immunisierung, ganz besonders die für Impfungen so wichtige Antikörper- und Antitoxinbildung, nur an Eiweiße oder eiweißartige Substanzen gebunden ist.

Die Aasgeier im Insektenreiche. Als die Aasgeier im Insektenreiche sind die Skorpionfliegen zu betrachten, über deren Lebensweise der Berner Entomologe Dr. R. Staeger neue interessante Mitteilungen zu machen weiß. Die gemeine Skorpionfliege, Panorpa communis, die man bei uns während des ganzen Sommers an Büschen und Sträuchern beobachten kann, gehört zur Gruppe der sogenannten „Schnabelhaften", die ihren Namen von dem schnabelartig verlängerten Kopf hat, den die Insekten dieser Gruppe besitzen. Ueber die Lebensweise der Skorpionfliegen herrschten noch mancherlei Unklarheiten, so wurde die Zahl der Eier, die das Weibchen in die Erde ablegt, sehr verschieden angegeben. Nach den Beob-

achtungen Dr. Staegers legt das Weibchen wie in den „Naturwissenschaften" berichtet wird, im Durchschnitt etwa 20 Eier in eine Erdspalte. Die jungen Larven verlassen das Ei, das an der Oberfläche eine wabenähnliche Struktur zeigt, nach acht Tagen. Der Vorgang des Ausschlüpfens wird zum ersten Male genau geschildert:

„Durch die ledergelbe dünne Eischale sieht man eine Weile vor dem Ausschlüpfen die Larve sich bewegen und hin- und herwinden. Dann gibt es an einem Eipol einen Riß, aus dem gleichzeitig ein oder zwei glashelle Tröpfchen Flüssigkeit austreten. Ihnen folgt der Kopf und hierauf ein Segment des Körpers nach dem anderen. Außerordentlich interessant ist die erste Mahlzeit, welche die kleinen Larven nach dem Ausschlüpfen genießen. Sowie sie an die Luft gelangt sind, machen sie sich nämlich sofort daran, die Eischale aufzuzehren. Diese Mahlzeit dauert ungefähr eine halbe Stunde."

Neben diesen kleineren Beobachtungen war besonders die Lösung der Frage von Wichtigkeit, ob die Larven und auch die ausgewachsenen Skorpionfliegen sich nur von toten Tieren nähren oder ob sie auch lebende Insekten überfallen und verzehren. Hierüber gingen die Meinungen bisher stets auseinander. Die jüngsten Untersuchungen jedoch ergaben, daß die Skorpionfliegen unverletzte lebende Insekten nicht anrühren. Sowie aber eine Raupe oder ein anderes Insekt derartig gequetscht oder sonstwie verletzt ist, daß die Leibesflüssigkeit hervortritt, erblicken die Skorpionfliegen in dem Tier eine willkommene Mahlzeit. Sie räumen nur mit Totem, Verletztem, Zerfallendem auf, spielen also im Insektenreiche tatsächlich die Rolle von Aasgeiern.

Literatur.

Ulmer, Georg: Aus Seen und Bächen. Verlag von Quelle & Meyer, Leipzig. Geb. Mk. 1.50.

Ein prächtiges Büchlein aus der Sammlung: Naturwissenschaftliche Bibliothek für Jugend und Volk, das der sicher schon manches Werkchen die Bücherei unserer Vereinsmitglieder ziert. Der bekannte Verfasser bespricht in dem flott geschriebenen und mit vielen Abbildungen und drei Tafeln geschmückten Buche die niedere Tierwelt unserer Gewässer. Der erste, beschreibende Teil behandelt die Mollusken, Moostierchen, Würmer, Schwämme, Polypen, Spinnen, Krebse und Insekten des Süßwassers, während im zweiten Teil die Gesamtheit der Wassertiere in bezug auf die verschiedenen Lebensbedingungen im stehenden und fließenden Gewässer geschildert wird.

Das Buch ist sehr anregend geschrieben, und es ist zu hoffen, daß bei recht vielen Lesern sich der vom Verfasser geäußerte Wunsch erfüllen wird: Daß das Studium des Buches zum Studium der Natur selbst anregen möge.

Für Entomologen muß noch bemerkt werden, daß die Insekten im Gegensatz zu den anderen Tiergruppen, über kurz behandelt wurden, da diesen Tieren von demselben Verfasser und im gleichen Verlag das Büchlein: Unsere Wasserinsekten (Bibliothek des I. E. V. Nr. 1030) gewidmet ist.   L. P.

Auskunftstelle des Int. Entomol. Vereins.

Anfrage:
Wie präpariert man Spinnen? Für gefl. Benachrichtigung im Voraus besten Dank.   A. R.

Für die Redaktion des wissenschaftlichen Teiles: Dr. F. Meyer, Saarbrücken, Bahnhofstraße 65. — Verlag der Entomologischen Zeitschrift Internationaler Entomologischer Verein E. V., Frankfurt a. M. — Für Inserate: Geschäftsstelle der Entomologischen Zeitschrift, Töngesgasse 22 (R. Block) — Druck von Aug. Weisbrod, Frankfurt a. M., Buchgasse 12.

Frankfurt a. M., 2. Februar 1918.   Nr. 22.   XXXI. Jahrgang.

ENTOMOLOGISCHE ZEITSCHRIFT

Central-Organ des Internationalen Entomologischen Vereins E. V.

mit Fauna exotica.

Herausgegeben unter Mitwirkung hervorragender Entomologen und Naturforscher.

Abonnements: Vierteljährlich durch Post oder Buchhandel M. 8.— Jahresabonnement bei direkter Zustellung unter Kreuzband nach Deutschland und Oesterreich M. 8.—, Ausland M. 10.—. Mitglieder des Intern. Entom. Vereins zahlen jährlich M. 7.— (Ausland [ohne Oesterreich-Ungarn] M. 2.50 Portozuschlag).

Anzeigen: Insertionspreis pro dreigespaltene Petitzeile oder deren Raum 30 Pfg. Anzeigen von Naturalien-Handlungen und -Fabriken pro dreigespaltene Petitzeile oder deren Raum 20 Pfg. — Mitglieder haben in entomologischen Angelegenheiten in jedem Vereinsjahr 100 Zeilen oder deren Raum frei, die Ueberzeile kostet 10 Pfg.

Schluß der Inseraten-Annahme für die nächste Nummer am 16. Februar 1918
Dienstag, den 12. Februar, abends 7 Uhr.

Inhalt: Ueber die Leuchtfähigkeit von Arctia caia L. Von A. U. E. Aue, Frankfurt a. M. — Lepidopterologisches Sammelergebnis aus dem Tännen- und Pongau in Salzburg im Jahre 1915. Von Emil Hoffmann, Kleinmünchen (Ober-Oesterreich). — Braconiden und ihre Wirte. Von Professor Dr. Rudow, Naumburg a. d. Saale. — Kleine Mitteilungen. — Literatur.

Ueber die Leuchtfähigkeit von Arctia caia L.

Von A. U. E. Aue, Frankfurt a. M.

Vor einiger Zeit brachte unsere Zeitschrift (Nr. 13, Jahrgang XXX, S. 51) unter der Ueberschrift „Ein leuchtender Schmetterling" die von dem Forscher J. Isak entdeckte und in der Naturwissenschaftlichen Wochenschrift berichtete Wahrnehmung von der auf besonderen Reiz erfolgenden Leuchtfähigkeit der Arctia caia. Da ich bisher noch nie über diese Leuchtfähigkeit gelesen hatte, obwohl ich in letzter Zeit alle möglichen Jahrgänge zahlreicher entomologischer Zeitschriften durchstudiert habe, brachte ich dieser Notiz — offen gestanden — zunächst einigen Zweifel entgegen. Hatte ich doch selbst schon viele caia gezogen und nie etwas derartiges bemerkt.

Ich hatte die Notiz denn auch schon wieder vergessen, bis ich jetzt zufällig in den Besitz von caia-Puppen kam — ich erhielt sie im Tausch von Herrn Carl Tietz in Magdeburg — und beim Schlüpfen eines Männchens eine hierher gehörige Beobachtung machte. Dies Männchen war insofern schon auffallend, als es aberrativ war. Es hatte nämlich einen gelbbraunen Kopf, etwa von der Farbe hellen Milchkaffees. Außerdem war es sehr lebhaft, schon bald nach dem Schlüpfen turnte es im Puppenkasten eifrig umher, flatterte auch mit den Flügeln, kurz, war sehr aktiv. Als ich es nun aus dem Kasten nahm, es zur Paarung zu verwenden (etwa 400 Räupchen sind aus den dieser Kopula entstammenden ca. 800 Eiern bereits geschlüpft) ließ ich es auf einen Finger klettern. Als es aber in seiner lebhaften Art gleich bis in den Rockärmel steigen wollte, hemmte ich seinen Schritt mit der anderen Hand, wobei ich naturgemäß einen gelinden Druck auf den milchkaffeefarbenen Kopf ausübte. Und da sah ich, wie rechts und links an der Brust zwei etwa linsengroße kristallhelle Tropfen erschienen, die bald, wohl etwa nach 5 Sekunden, wieder verschwanden. Es handelte sich

also hier offenbar tatsächlich um die Tropfen des Herrn J. Isak. Aber, Nacht muß es sein, wenn caia Sterne strahlen, und es war um die Mittagszeit bei hellem Sonnenschein! Jetzt erinnerte ich mich obiger Notiz und versuchte durch nach und nach gesteigerte Nasenstüber den Falter zu bewegen, nunmehr auch im Dunkeln sein Licht leuchten zu lassen, allein vergebens. Beharrlich verblieb er im Dämmerzustand und bewies von Stund an eine Renitenz, wie sie schlimmer kein Hamster gegen die Ausfuhrverbote an den Tag legen könnte. Es war fast, als wollte er mir zurufen: „Nimm du die Stunde wahr, ehe sie entschlüpft!" Weitere ausgiebige Versuche an seinen zahlreichen Mitfaltern waren ebenso vergeblich. Anscheinend ist die Fähigkeit doch nicht allgemein gleichmäßig ausgebildet.

Immerhin regt diese Beobachtung zu weiteren Versuchen an, und da ich jetzt keinen Falter mehr habe, werde ich sehen, daß ich recht viele der eben geschlüpften und noch schlüpfenden caia-Räupchen groß bekomme und von ihnen vielleicht erblich belastete Nachkommen erziehe, die von ihrer Mutter den gelben Rand der schwarzen Hinterflügelflecke, vom Vater aber den Blondkopf und die Illuminationsfähigkeit geerbt haben.

Lepidopterologisches Sammelergebnis aus dem Tännen- und Pongau in Salzburg im Jahre 1915.

Von Emil Hoffmann, Kleinmünchen (Ober-Oesterreich).

(Fortsetzung.)

Erebia pronoë Esp. (288) 1 Männchen 24 mm, frisch, der Vorderflügel besitzt in Zelle 2, 4 und 5 Augenpunkte, hiervon stehen im Punkt der Zelle 2 am rechten Flügel einige weiße, dagegen am linken einige rotbraune Schuppen, am Hinterflügel befindet sich in Zelle 2, 3 und 4 weißgekernte Augen, in Zelle 5 ist nur ein kleines braunes Fleckchen vorhanden (1400 m); 1 Männchen 24,5 mm, frisch, die Augenanlage wie das vorige, jedoch ist am Hinterflügel nur das Auge in Zelle 2 weißgekernt, (1200 m); 1 Weibchen 23,5 mm, ziemlich frisch, größere weißgekernte Augen in Zelle 2, 4 und 5, in Zelle 3 ein schwarzer Punkt, in Zelle 6 etwas von der Augenreihe nach auswärts stehender kleiner weißgekernter Punkt, unterseits fehlt die Augenzeichnung in Zelle 3, ebenso am linken Flügel in Zelle 6, der Hinterflügel ist wie das erst beschriebene Männchen gezeichnet (1200 m), alle 1. VIII. Ofenlochrinne; 1 Männchen 25,5 mm, stärker geflogen, wie das erste Männchen (1400 m); 1 Weibchen 23,5 mm, ziemlich frisch, wie vor, jedoch nur das Auge in Zelle 2 der Hinterflügel weißgekernt, unterseits fehlt das Auge in Zelle 2 der Vorderflügel gänzlich (1300 m) alle 15. VIII. Ofenlochrinne; 1 Männchen, 1 Weibchen, je 24 mm, stärker geflogen, wie das erst beschriebene Männchen 15. VIII. Grünwaldalpe.

Erebia aethiops Esp. (296) 2 Männchen 23,5 und 25 mm frisch, mit weißgekernten Augen in Zelle 2, 4 und 5, ein Stück hiervon hat auch in Zelle 3 einen schwarzen Punkt, am Hinterflügel befinden sich in Zelle 2, 3 und 4 weißgekernte Augen, in Zelle 5 nur ein braunes Fleckchen, 1. VIII. Sulzau; 2 Männchen 22,5 und 23 mm, geflogen, letzteres mit sehr breiter Binde der Vorderflügel, sonst wie die vorigen, 1. VIII. Grünwaldalpe; 1 Männchen 23 mm, geflogen, das Auge in Zelle 3 der Hinterflügel fehlt, 15. VIII. Ofenlochrinne 1600 m.

Erebia euryale Esp. (301) 1 Männchen 23 mm, geflogen (1000m), 2 Weibchen 23 und 25 mm, etwas und stärker geflogen (900 m) am Wege unterhalb der Grünwaldalpe. 1 Weibchen 23,5 mm, ziemlich frisch, Ofenlochrinne, 1200 m, alle 1. VIII. und haben am Vorderflügel in der Zelle 2, 3, 4 und 5, am Hinterflügel in der Zelle 2, 3 und 4 kaum merklich weißgekernte Augenflecke, in Zelle 5 nur ein kleiner Punkt, bei einem Weibchen fehlt ein solcher in Zelle 3 der Vorderflügel.

Pararge egeria var. egerides Stdgr. (385a) 4 Männchen 21,5 bis 22,5 mm, alle frisch, 10. u. 13. V. Strubberg, 700 m, 1 Tier hat auch in Zelle 5 der Hinterflügel ein kleines Auge, bei einem ist in Zelle 4 nur ein kleiner gelber Fleck mit einem schwarzen Pünktchen vorhanden; 1 Weibchen 22 mm, etwas geflogen, 6. VI. Kalcherau.

Pararge hiera F. (391) 1 Männchen 22 mm, dasselbe hat in Zelle 6 der Vorderflügel noch vom Apikalauge gegen die Flügelspitze zu ein ganz kleines Auge, Uebergang zu ab. ominata Krul., 6. V. Au; 2 Männchen 20,5 und 21 mm, ersteres hat das kleine Auge im Apex, Zelle 6, ebenfalls angedeutet, zeigt noch ein Anhängauge in Zelle 4, Uebergang zu ab. ominata Krul., 7. V. Arlstein; 1 Männchen 22 mm, wie das vorhergehende, außerdem fehlt in Zelle 5 der Hinterflügel das Auge gänzlich, 10. V. Strubberg 700 m; allen Tieren fehlt auch das Auge in Zelle 1c+d. Unterseits sind überall 6 Augenflecke vorhanden und zwar in den Zellen 1c+d bis 6; bei 3 Faltern ist das Auge in Zelle 1 ein Zwilling, alle Tiere frisch.

Pararge maera L. (392) 2 Männchen 24,5 und 27 mm, Uebergang zu ab. monotonia Schilde, 1 Weibchen 25 mm, 6 VI. Kalcherau, 1 Männchen 26 mm 6. VI. Sulzau; alle Tiere haben oberseits am Vorderflügel 3 Augen und zwar in Zelle 2, 3 und 4, wovon bei einem Männchen der weiße Kern in Zelle 4 fehlt, das Weibchen hat im Apex vom Apikulauge nach

außen noch ein ganz kleines Auge in Zelle 6 ober- und unterseits; 2 Männchen haben unterseits auch dieses Auge im Apex, alle Tiere frisch.

Aphantopus hyperantus L. (401) 1 Männchen 21 mm, frisch, 6. VI. Wimm, hat oberseits am Vorderflügel die beiden Augen ungeringt, am Hinterflügel sind oberseits nur die Augen in Zelle 2 und 3 vorhanden.

Epinephele jurtina L. (402) 1 Männchen 23 mm, ziemlich frisch, 14. VIII. Goldegg, 1 Männchen 24 mm, geflogen, 25. VIII. Kogleralm bei Goldegg. 2 Weibchen 24,5 und 25,5 mm, frisch und geflogen, 19. VIII., 1 Weibchen 24,5 mm, abgeflogen, 27. VIII. Goldegg.

Coenonympha satyrion Esp.[1] var. epiphilea Rbl. (433 d) 1 Männchen 16,5 mm, geflogen, unterseits ohne Apikalauge der Vorderflügel, am Hinterflügel ist das Auge in Zelle 1c+d nur durch einen Punkt ausgeprägt, 1. VIII. Ofenlochrinne (1200 m); 1 Männchen 18,5 mm, frisch, das weißgekernte Apikalauge der Vorderflügelunterseite ist deutlich ausgebildet, 15. VIII. Ofenlochrinne (1200 m); beide Tiere bestimmte mir in liebenswürdigster Weise Herr Prof. Dr. H. Rebel.   (Fortsetzung folgt.)

Braconiden und ihre Wirte.

Von Prof. Dr. *Rudow*, Naumburg a. d. Saale.

Bracon	aphidiformis Rbg.	Cecidomyia salicina mit Torymiden.
„	amoenus Rbg.	Nematus vesicator.
„	aterrimus Rbg.	Dryophanta scutellaris.
„	bellicularis Rbg.	Leiopus nebulosus.
„	brvicornis Rhd.	Dioryctria abietella. Nyelois ceratoniae. Ephestia Kühniella.
„	breviusculus Wsm.	Coccus quercus, corni.
„	caudatus Rbg.	Teras terminalis.
„	caudiger Rbg.	Tortrix carpofagella.
„	circumscriptus Wsm.	Tortrix laevigana.
„	discoideus Wsm.	Rhynchites beltuleti. Nematus viminalis, salicis. Balaninus quercus.
„	disparator Rbg.	Pissodes notatus.
„	distinctus Luc.	Trypeta cardui.
„	colpophorus Wsm.	Apionarten.
„	eccoptogastri Rbg.	Eccoptogaster rugulosus.
„	erraticus Wsm.	Gastrophysa raphani. Sesia hylaeiformis.
„	erythrostictus Mrsh.	Lipara lucens.
„	exarator Mrsh.	Aulax centaureae.
„	epithriptus Rbg.	Hormomyia capreae.
„	flavulator Rbg.	Pogonochaerus hispidus.
„	fuscipennis Wsm.	Gastrophysa raphani.
„	fulvipes Ns.	Teras terminalis.
„	gallarum Rbg.	Nematus salicis. Cecidomyia salicina.
„	Gedanus Rbg.	Saperda populnea.
„	geniculator Ns.	Bombyx auriflua, gonostigma. Tortrix avellana.
„	guttiger Wsm.	Coleophora laricinella.
„	Hartigi Rbg.	Pityogenes bidens.
„	hylesini Rbg.	Hylesinus minimus, spartii.
„	hylobii Rbg.	Pissodes pini.
„	igneus Rbg.	Pogonochaerus fascicularis.
„	immutator Ns.	Cryptorhynchus lapathi.
„	incompletus Rbg.	Pissodes notatus.
„	initiatellus Rbg.	Scloytus Geoffroyi.

[1] Ueber die Art siehe: Vorbrodt, Schmetterlinge der Schweiz, Seite 101, ferner XXVI. Jahresbericht des Wiener entom. Vereins (1915), Seite V, Prospekt VI.

Bracon iniator Fbr. Asopus luridus. Rhagium inda-
  gator.
  „ luteator Spin. Parasia carlinella. Urophora
  solstitialis.
  „ leucogaster Ziegl. Rhagium inquisitor. Hylotrypes bajulus. Sphegiden.
  „ labrator Rbg. Pissodes notatus.
  „ laevigatus Rbg. Cecidomyia rosaria. Nematus
  viminalis.
  „ lepidus Rhd. Nematus viminalis.
  „ luteus Ns. Tortrix testudinaria.
  „ mediator Ns. Trochilium crabroniformis.
  „ Middendorfii Rbg. Hylesinus piniperda, bi-
  dentatus, polygraphus.
  „ minutator Ns. Sesia hylaeiformis. Argyro-
  lepia zephyrana.
  „ minutissimus Rbg. Eccoptogaster rugulosus.
  „ nigricornis Wsm. Hyponomeuta. Tortrix.
  „ obliteratus Ns. Asopus luridus.
  „ obscurator Ns. Homeosoma sinuella. Oeso-
  phora fulvigatella.
  „ osculator Ns. Coleophora caespitella.
  „ palpeprator Rbg. Coleophora xylophagorum.
  Pissodes notatus. Pogonochaerus hispidus.
  Hylesinus piniperda. Bostrychus bidens.
  „ pectoralis Wsm. Alucita hexadactyla.
  „ planus Rbg. Hylesinus spartii.
  „ praecisus Rbg. Astinomus aedilis.
  „ pellucidus Rbg. Psyche.
  „ pumilus M. Agromyza.
  „ pusillus Rbg. Andricus testaceipes.
  „ protuberans Ns. Eccoptogaster intricatus.
  „ silesiacus Rbg. Bostrychus binodulus u. a.
  „ scutellaris Wsm. Tortrixarten.
  „ strobilorum Rbg. Tortrix strobilorum.
  „ stabilis Rbg. Hylesinus crenatus. Anobium.
  Gelechia.
  „ spathüformis Rbg. Anobium pertinax.
  „ sulcatus Curt. Ochina hederae.
  „ terebella Wsm, Gymnetron campanulae.
  „ tipulae Scop. Phytomyza.
  „ triangularis Ns. Bembecia hylaeiformis.
  „ urinator Fusc. Rhynocyllus latirostris. Urophora.
  „ undulatus Rbg. Pogonochaerus hispidus.
  „ variator Ns. Gymnetron campanulae.
  „ vitripennis Rbg. Cecidomyia salicina.
Iñaulax impostor Ns. Monohamnus sartor.
Vipio appellator Ns. Siricidae. Cerambycidae.
  „ caudiger Ns. Toxotus. Agapanthia cardui,
  asphodeli.
  „ desertor Spin. Cerambycidae.
  „ terefactor Klg. Siricidae. Cerambycidae.
Cardiochiles saltator Fbr. Hylotoma. Nematus.
Proterops nigripennis Wsm. Hylotoma berberidis. Nematus. Macrophya rustica.
Helcon aequator Ns. Pidonia lurida. Callidium variabile. Tetrobium.
  „ angustator Ns. Callidium. Clytus.
  „ annulicornis Ns. Sirex. Hylotrypes bajulus.
  „ carinator Ns. Callidium violaceum, variabile.
  „ cylindricornis Ns. Toxotus. Saperda scalaris.
  „ claviventris Wsm. Melandria caraboides.
  „ intricator Rbg. Cryptorhynchus lapathi.
  „ lineator Ns. Sesia scoliaeformis.
  „ ruspator Ns. Bombyx monacha.
  „ tardator Ns. Callidium variabile. Clytus arietis.
Spathius brevicaudis Rbg. Bostrychidae. Pissodes.
  Magdalinus.

Spathius clavatus Pz. Anobium. Balaninus quercus.
  Tortrix.
  „ curvicaudis Rbg. Buprestis.
  „ erythrocephalus Wsm. Ochina hederae.
  „ exarator L. Anobium. Ptilinus. Hylesinus
  fraxini.
  „ Radiyanus Rbg. Rhagium, Eccoptogaster.
  „ rubidus Rsi. Anobium.
  „ rugosus Rbg. Buprestis, Rhagium. Bostrychidae.
  „ sexannulatus Gr. Scolytus. Lophyrus, Lyda.
  (Fortsetzung folgt.)

Kleine Mitteilungen.

Ameisen als Raupenvertilger. In der illustrierten
Wochenschrift für deutsche Landfrauenarbeit „Land
und Frau" (Berlin SW. 11, Verlag von Paul Parey)
empfiehlt Anna Burgwedel die Ameisen als Raupenvertilger. Seit Jahren haben Kohl- und Rübenfelder
nicht so unter der Raupenplage gelitten wie in diesem
Sommer, wo ganze Felder diesen gefräßigen Tieren
zum Opfer gefallen sind. Auch bei uns hatten sie
sich eine in bester Entwicklung begriffene Wrucken-
anpflanzung ausersehen, deren völlige Vernichtung
nur eine Frage der Zeit war. Da erinnerte sich jemand, mal gelesen zu haben, daß der größte Feind
der Raupen die Waldameise sei, und in der höchsten
Not schickten wir einen Mann mit Fuhrwerk auf der
Weisung in den Wald, einen Ameisenhaufen zu holen.
Dies geschah. In Körben wurde der große Haufen
auf das Wruckenfeld befördert und jeder Korbinhalt
als kleiner Ameisenhaufen dort ausgeschüttet. Schon
am nächsten Tage, als wir voller Erwartung auf das
Feld gingen, konnte man die Ameisen, diese fleißigen
Tierchen, bei der Arbeit sehen, indem sie die Raupen
in ihren Bau schafften. Es schien eine richtige
Arbeitsteilung vorgenommen zu sein, denn wenn eine
oder zwei Ameisen eine Raupe nicht fortschaffen
konnten, waren sofort Hilfskräfte zur Hand, und zu
vier und sechs luden sie sich so eine Riesenraupe
auf, um sie unschädlich zu machen. Es war so
interessant, die Ameisen bei ihrer Arbeit, noch dazu
an einem ihnen aufgedrungenen Wohnort zu beobachten, daß jeder seine freie Zeit auf dem Wrucken-
acker zubrachte, wo man außerdem noch die freudige
Beobachtung machen konnte, daß ihre Emsigkeit von
Erfolg gekrönt war, und die Wrucken, von ihren
Vernichtern mehr und mehr befreit, sich in erfreu-
licher Weise zu erholen begannen. Einige Pessi-
misten allerdings meinten feststellen zu müssen, daß
nun die Ameisen dauernd auf diesem Stück Acker-
land sich ansiedeln würden, aber auch diese Befürchtung trat nicht ein. Als das Raupenmahl beendet war, zogen sich die Ameisen in den Wald
zurück, und heute muß man vergeblich suchen, wenn
man eines der nützlichen Tierchen finden und ihm
Dank sagen will für seine Mühe und Hilfe.

Die Eigenheiten der chinesischen Bienen. Wie der
Chinese zur Ausübung so mancher Tätigkeit zu träge
ist, so ist er auch kein Freund der Bienenzucht. Nicht
als ob er den Honig nicht liebte, aber er nimmt ihn
sozusagen als selbstverständliche Gabe der Natur entgegen, um deren Wachstum und Pflege er sich nicht
zu kümmern braucht. Merkwürdigerweise sind die
Bienen in China ebenso träge wie die Landesbewohner,
denn sie sind, so berichtet der „Neue Orient", viel
weniger angriffslustig als bei uns, so daß man sich
ihren Stöcken unbesorgt nähern kann. Die Chinesen
beherbergen ihre Bienen in irgend einem Behälter,

der ihnen gerade zur Hand kommt, sei es vor ihren Häusern, sei es im Innern, und sorgen in letzterem Falle nur dafür, daß die Tiere mittels eines hohlen Bambusrohres einen Ausweg ins Freie finden können. Eine solche Behausung schützt die Bienen vor Kälte, wie auch gegen Diebe. Im allgemeinen ist die Bienenzucht, wie gesagt, nicht sehr verbreitet; dafür gibt es aber um so mehr wilde Bienen in Bäumen, altem Gemäuer und in Gräbern, d. h. in dem Zwischenraum zwischen dem Sarg und den ihn umgebenden Steinbau. Da honigführende Blumen im allgemeinen fehlen, so ist der Bienenhonig dem europäischen oder amerikanischen gegenüber minderwertig und wird meistens nur in der Heilkunde verwertet. Nach Eintreten normaler Verhältnisse würde es sich wohl lohnen, Versuche mit verschiedenen europäischen Bienensorten anzustellen, wie man auch umgekehrt vielleicht die chinesische Biene in Europa einführen könnte. Es würde dann interessant sein, zu beobachten, ob sie sich angewöhnen wird, sich ihres Stachels zu bedienen.

Fügners Schmetterlingssammlung. Der Bestand der Sammlungen des Märkischen Museums ist von 7156 auf 7260 Nummern gestiegen. Die reichhaltige Schmetterlingssammlung des verstorbenen Hauptlehrers Fügner ist in den Besitz des Museums übergegangen. Ehemalige Schüler des verstorbenen Sammlers haben sie erworben und dem Museum geschenkt. Sie ehrten damit das Andenken ihres geliebten Lehrers. Fügner war Mitbegründer des I. E. V.

Literatur.

R. Demoll, Die Sinnesorgane der Arthropoden, ihr Bau und ihre Funktion. Vieweg, Braunschweig 1917. VI u. 243 S. gr. 8°. Preis 10 M., gebd. 12 M.

Der Stoff dieses Buches, der ja sehr umfangreich ist, ist etwas ungleichmäßig behandelt, wie der Verfasser übrigens im Vorwort selbst zugibt und zu rechtfertigen sucht. Referent hätte manches weit ausführlicher behandelt gewünscht; freilich wäre dann auch der Umfang des Buches und damit auch sein Preis gestiegen. Was der Verfasser aber bringt, ist durchweg gediegene Arbeit.

Dies gilt z. B. schon von der Einleitung, in der eine lichtvolle Darstellung der Schwierigkeiten gegeben wird, die das Außenskelett der Gliederfüßler für die Exkursionsweite der Gelenke bietet.

Die niederen Sinne sind bei der Behandlung zu kurz weggekommen, doch ist die kurze Darstellung durchweg von sehr klar gezeichneten Figuren begleitet. Auf eine Besprechung von Einzelheiten kann nicht eingegangen werden; sehr beherzigenswert ist aber, was Verfasser in dem Kapitel über Geruchsinn in einer Klammer sagt: „Forels Arbeiten lehren eindringlich genug, daß ein liebevolles und sorgfältiges Beobachten der Tiere bei ihrem normalen Treiben oft einwandfreiere Resultate zn liefern vermag als das noch so klug ausgesonnene Experiment" (wobei ich an Dofleins „Ameisenlöwe" denke).

Hierauf kommen die chordotonalen Organe an die Reihe. Die Entstehung dieser dem Insekten eigenen Sinnesorgane läßt sich nach Demoll darauf zurückführen, „daß die außerordentlich schnellen Bewegungen der Extremitäten und besonders der Flügel, deren diese Tiere fähig sind, einen Registrierapparat forderten, der eine besondere Beschaffenheit auf-

weisen mußte, um den — allen anderen Tieren gegenüber als abnorm zu bezeichnenden [im Text steht als Druckfehler „bezeichneten"] — Bedingungen gerecht zu werden." „Die Chordotonalorgane sind im Körper der Insekten außerordentlich verbreitet. Man findet sie in den Antennen, an deren Basis, in den Maxillartastern, im Mentum und in den Tastern der Unterlippe, in den Abdominalsegmenten, im Femur der Pediculiden und in den Tarsalia der Käfer und schließlich in anatomisch und physiologisch modifiziertem Zustande in den Tibien. . . . Bei manchen Larven bergen die einzelnen Segmente eine größere Anzahl . . . Stets weist ihre Anordnung darauf hin, daß sie das Tier über das Maß der Bewegungen, die die betreffenden Teile ausführen, unterrichten sollen." Die „Johnstonschen Organe" sind mehr zur Kontrolle der Lage dar, geben also statische Daten für das Tier.

Nun werden die Tympanalorgane, d. h. „Ohren" der Acridier besprochen, dann die Tibialorgane. Die Figuren dazu sind meist aus Schwabe, Beiträge zur Morphologie und Histologie der tympanalen Sinnesorgane bei den Orthopteren. Zoologica 1906. Darauf werden die statischen und dynamischen Sinnesorgane behandelt, ausführlich die der Wasserwanze Nepa. Dann kommen die Statolithen der Krebse an die Reihe.

Den Hauptteil des Buches nehmen die Augen der Gliederfüßler ein. Ich will hier wörtlich zitieren: „Bemerkenswert ist die Vielgestaltigkeit dieser Sinnesorgane. Die Ozellen der Myriopoden, die der Insektenimagines und die Stemmata der Insektenlarven bieten in ihrem Bau ein Bild, das an Buntheit nur noch von den Augen der Arachnoideen übertroffen wird. Mindestens dreimal konnte sich unabhängig voneinander ein Facettenauge entwickeln. Dabei ist für das der Insekten und Krebse ein (nicht unbedingt erwiesener) monophyletischer Ursprung angenommen. Doch besteht keine Beziehung zwischen diesem und dem der Chilognathen und ebensowenig mit dem von Lunulus. Ich vermute weiter, daß auch das Facettenauge der Strepsipteren einen eigenen Ursprung aus Larvenstemmata genommen hat." — Etwa 70 Figuren illustrieren den reichen Text.

Das Entfernungslokalisieren kommt zustande durch „Verkuppelung der Erregung der Ozellen mit denen der Facettenaugen", wie mit Scheuring angestellte Versuche des Verfassers 1912 erwiesen.

Auch dem „Farbensehen" der Insekten ist ein eigener Abschnitt gewidmet. Im Gegensatz zu Hess nimmt Demoll mit von Frisch auf grund der Experimente der letzteren an, daß wenigstens die Bienen Farben als solche unterscheiden können, nicht, wie Hess meint, total farbenblind sind. Kurz auch den Einfluß ultravioletten Lichts und die „Lichtempfindlichkeit ohne Augen" besprochen.

Besonders interessant ist der letzte Abschnitt über die Funktion des Arthropodengehirns, in dem gezeigt wird, wie unter Umständen ein Insekt seine „Instinkte" abändert und abnormen Verhältnissen anpaßt, daß es aber dabei kluge und dumme Individuen gibt usw.

Ein Literaturverzeichnis bildet den Schluß.

Die aufmerksame Lektüre des Werks kann nur dringend empfohlen werden. Auch der Preis ist für jetzige Verhältnisse als ziemlich wohlfeil zu bezeichnen. O. M.

Für die Redaktion des wissenschaftlichen Teiles: Dr. F. Meyer, Saarbrücken, Bahnhofstraße 65. — Verlag der Entomologischen Zeitschrift Internationaler Entomologischer Verein E. V., Frankfurt a. M. — Für Inserate: Geschäftsstelle der Entomologischen Zeitschrift, Töngesgasse 22 (R. Block) — Druck von Aug. Weisbrod, Frankfurt a. M., Buchgasse 12.

Frankfurt a. M., 16. Februar 1918.   Nr. 23   XXXI. Jahrgang.

ENTOMOLOGISCHE ZEITSCHRIFT

Central-Organ des Internationalen Entomologischen Vereins E. V.

mit Fauna exotica.

Herausgegeben unter Mitwirkung hervorragender Entomologen und Naturforscher.

Abonnements: Vierteljährlich durch Post oder Buchhandel M. 3.— Jahresabonnement bei direkter Zustellung unter Kreuzband nach Deutschland und Oesterreich M. 8.—, Ausland M. 10.—. Mitglieder des Intern. Entom. Vereins zahlen jährlich M. 7.— (Ausland [ohne Oesterreich-Ungarn] M. 2.50 Portozuschlag).

Anzeigen: Insertionspreis pro dreigespaltene Petitzeile oder deren Raum 30 Pfg. Anzeigen von Naturalien-Handlungen und -Fabriken pro dreigespaltene Petitzeile oder deren Raum 20 Pfg. — Mitglieder haben in entomologischen Angelegenheiten in jedem Vereinsjahr 100 Zeilen oder deren Raum frei, die Ueberzeile kostet 10 Pfg.

Schluß der Inseraten-Annahme für die nächste Nummer am 2. März 1918 Dienstag, den 26. Februar, abends 7 Uhr.

Inhalt: Anregungen zu neuen Aufgaben auf dem Gebiete der Psychidenbiologie. Von Dr. J. Seiler, Berlin-Dahlem. — Abnorme Raupenfärbung. Von Ludwig Lutz, Wiesbaden. — Berichtigung. Von F. Bandermann, Halle a. d. S. — Lepidopterologisches Sammelergebnis aus dem Tännen- und Pongau in Salzburg im Jahre 1915. Von Emil Hoffmann, Kleinmünchen (Ober-Oesterreich. — Braconiden und ihre Wirte. Von Professor Dr. Rudow, Naumburg a. d. Saale. — Literatur. — Auskunftstelle.

Anregungen zu neuen Aufgaben auf dem Gebiete der Psychidenbiologie

von Dr. *J. Seiler*, Kaiser-Wilh.-Institut für Biologie, Berlin-Dahlem.

Es mag für die Leser dieser Zeitschrift zur Abwechslung mal willkommen sein, wenn ein Nichtsystematiker — ein experimenteller Biologe — sich zum Worte meldet. Wenn sie fragen, was will der hier? so antworte ich: Anregungen geben und Anregungen von ihnen empfangen. So sonderbar es auf den ersten Blick scheinen mag, so läßt sich die Tatsache doch nicht ableugnen, daß der geistige Verkehr zwischen beiden Forschungsrichtungen — der experimentellen Biologie und der Systematik, nicht rege ist, zum Schaden der Wissenschaft und zum persönlichen Nachteil der Forscher, denn eine unerschöpfliche Quelle für Anregungen und Freuden bleibt so unausgenutzt.

Dem experimentellen Biologen ist es meist vollständig gleichgültig, an welchen Objekten er die Fragen, die ihn interessieren, zu lösen versucht. Will er die Frage der Vererbung des Geschlechtes lösen, so ist es auch in der Tat nebensächlich, ob er mit Vanessa oder Phragmatobia oder mit Wanzen oder Käfern arbeitet. Ihn interessiert nur, ob die Form für seine Zwecke günstig ist. Daraus folgt eine Vernachlässigung der Formenkenntnis; zur Beobachtung in der freien Natur fehlt die Zeit meist ganz. Der Systematiker strebt im Gegenteil darnach, möglichst viele Formen kennen zu lernen und dieselben in ein System zu bringen. Leider aber beginnt sein Interesse häufig erst, wenn die Tiere im Spiritus liegen oder an der Nadel im Kasten stecken.

Eine glückliche Mitte zwischen diesen beiden Uebeln der Leute vom Fach nehmen die Liebhaber-Naturforscher ein, die allein aus Freude an der Natur beobachten, sammeln. Die Fülle ihrer biologischen Beobachtungen und ihre Formenkenntnis setzen immer wieder in Erstaunen, und ich übertreibe nicht, wenn ich sage, daß wir einen Großteil der biologischen Kenntnisse ihnen verdanken. — An diese Naturforscher aus Freude und Begeisterung denke ich in erster Linie, wenn ich hinweise auf Lücken in unseren Kenntnissen und die Hoffnung hege, daß sie in nächster Zeit ausgefüllt werden. Ich möchte sie zu Mitarbeitern am großen Werk der Wissenschaft machen, diese Beobachter aus Freude und Begeisterung. Wie sie das werden können, will ich gleich zeigen an einem Beispiel, das mir persönlich nahe liegt. —

Ohne Uebertreibung kann man sagen, daß das zentrale Problem der modernen Biologie das Problem der Vererbung des Geschlechtes ist. Die Frage: Knabe oder Mädchen? hat von jeher die Geister mächtig beschäftigt. Was aber zu Tage gefördert wurde, waren bis in die jüngste Zeit Hypothesen und wieder Hypothesen, Fragen statt Antworten. Erst die neueste Zeit brachte etwas Licht. Der Zellforschung gelang es (wie, wäre Stoff zu einem besonderen Aufsatz), einen Mechanismus aufzudecken, der unter normalen Umständen die Geschlechtsvererbung besorgt. Es werden zweierlei Spermatozoen gebildet, solche, die Männchen bestimmen, und solche, die Weibchen bestimmen. Bei einer Tierklasse, den Schmetterlingen, sind die Verhältnisse umgekehrt; es werden zweierlei Eier gebildet, Männchen bestimmende und Weibchen bestimmende. — Durch diese Entdeckung war verständlich gemacht, warum gewöhnlich auf ein Weibchen ein Männchen kommt. Wie aber nun in all den Fällen, wo die Zahl der Weibchen oder Männchen überwiegt, oder gar nur ein Geschlecht vorkommt? Man wird vermuten, daß äußere Einflüsse das Geschlechtsverhältnis verschieben. Die Frage für den experimentellen Forscher lautet demnach: gelingt es, das Geschlecht willkürlich zu bestimmen, willkürlich einen Ueberschuß an Männchen oder Weibchen oder das Auftreten nur eines Geschlechts zu bewirken?

Nur noch in wenigen Fällen ist es bis heute gelungen, in dieser Richtung Erfolge zu erzielen. Ein entomologisches Beispiel sei herausgegriffen.

Durch Rassenkreuzung gelang es Goldschmidt (1912 bis 1917) an Lymantria dispar ✕ japonica das Geschlechtsverhältnis willkürlich festzulegen. Und zwar kann er heute, je nach Auswahl der ihm bekannten Rassen, nur Männchen erzeugen oder nur Weibchen. Selbst alle denkbaren Zwischenformen zwischen Männchen und Weibchen, Gynandromorphe, können nach Wunsch experimentell erzeugt werden.

Doch das erwähnte Beispiel ist eine vereinzelte Ausnahme. Im allgemeinen wissen wir über Geschlechtsbestimmung noch nichts. In dem eifrigen Verlangen, über diese Fragen etwas ermitteln zu können, richteten sich die Augen der Biologen immer wieder auf Tierformen mit interessanten Fortpflanzungs- und Geschlechtsverhältnissen.

(Fortsetzung folgt.)

Abnorme Raupenfärbung.
Von *Ludwig Lutz*, Wiesbaden.

Da ich das von Herrn Carl Finke, Mainz, in Nr. 20 der Entomologischen Zeitschrift angeschnittene Thema über „Abnorme Raupenfärbung", wie solche meines Wissens bis jetzt in entomologischen Fachschriften weniger behandelt worden ist, sehr belehrend und interessant gefunden habe, und da auch in Nr. 21 von Herrn W. Lüttkemeyer eine Ergänzung des betreffenden Aufsatzes durch dessen Beobachtungen stattgefunden hat, so möchte ich in nachfolgendem aus meinem entomologischen Studium etwas zur allgemeinen Kenntnis bringen, das sich an die Ausführungen der beiden genannten Herren innigst anlehnt.

Am 22. Juli 1916 entdeckte ich unter einer zirka 15 Fuß hohen, von unten auf buschig bewachsenen Silberpappel (Populus alba) Raupenkot, der nach genauer Betrachtung nur von Sm. populi stammen konnte. Da der Kot bereits ziemlich hart war, konnte ich nur annehmen, daß die betreffende Spenderin desselben schon in die Erde gegangen sei, doch Vorsicht ist beim Raupenentdecken stets empfehlenswert, und so fegte ich denn den alten Kot vorsichtig weg, und beim Nachsehen am nächsten Tage, den 23. Juli, fand ich reichlich frischen Kot an derselben Stelle wieder angesammelt, was also mit Bestimmtheit auf die Anwesenheit von einer oder mehreren Raupen schließen ließ. Alles Spähen nach oben und das vorsichtige Absuchen der unteren Pappeläste führte zu keinem Fundergebnisse, bis es mir denn doch durch Unterstützung zweier jugendlichen Entomologen-Augen gelang, die betreffende Raupe an dem vorletzten obersten Blatte der höchsten Spitze der Silberpappel zu entdecken. Ich lasse nun den Bericht meines Tagebuches wörtlich folgen, der da lautet: „Die Sm. populi-Raupe, bei der das Mimikry-Vermögen in höchst auffälliger Weise in die Erscheinung tritt, hatte die grüne Hauptfärbung mit einer vollkommen hellen silberfarbigen vertauscht, so daß dadurch die Entdeckung derselben für mich eine so schwierige war und ferner dadurch, daß sie auf der Unterseite des Blattes sitzend von diesem nicht zu unterscheiden war. Die sonstigen Zeichnungsmerkmale einer Sm. populi-Raupe waren fast gänzlich verschwunden. Am 25. Juli ging die Raupe, die ich bis dahin mit einer ihrer Futterpflanze desselben Baumes genährt hatte, in die Erde zur Verspinnung. 6. Juni 1917. Soeben schlüpft ein herrliches Riesen-Weib aus der am 22. Juli 1916 eingetragenen Silberpappel-Populi-Raupe." Soweit mein Tagebuch. Die Puppenruhe hat also fast 10½ Monate beansprucht. Der Falter repräsentiert ein schönes und mächtig großes Stück, dessen Vorderflügel-Spannung 9 cm beträgt und dessen Färbung dem silberhellen Kleide der Raupe entspricht, ganz hell, gleichend der Färbung des in meiner Sammlung befindlichen Sm. quercus-Weibchens, dessen Größe und Flügelspannung (9½ cm) es fast gleichkommt. Zu derselben Zeit wie Herr Finke, habe ich im verflossenen Herbste (27. September) Sm. populi-Raupen eingetragen, die sämtlich an niedrigen Zitterpappel-Sträuchern gefunden, eine abnorme helle Färbung, wenn auch nicht so hell wie die oben erwähnte populi-Raupe, aufwiesen. Da ich im Jahre 1917 zwei vollständige Generationen von Sm. populi beobachtet habe, so müssen diese Zitterpappel-Raupen die 3. vorjährige Generation unbedingt repräsentieren und sind in ihrer Entwickelung, zumal sie in der so späten Jahreszeit auch nur noch mangelhaftes Futter aufnehmen konnten, stark zurückgeblieben. Einige Raupen gingen dann auch bei einer Größe von nur 3½ cm bereits zur Verspinnung in die Erde und haben auch dementsprechend nur winzig kleine Puppen ergeben. Ueber das Falter-Ergebnis derselben behalte ich mir den Bericht für dieses Jahr vor.

Berichtigung.

In der Gubener Zeitschrift Nr. 46 vom 13. Februar 1908 ist folgendes zu lesen: „In den Mitteilungen des Entomologischen Vereins ‚Polyxena' in Wien, Nr. 8, Dezember 1908, beschreibt Herr Rebel eine neue Form von D. euphorbiae, bei der die schwarze Hinterflügelbinde zu einer Zickzacklinie umgewandelt ist, und nennt sie ab. ‚cuspidata'.—" In der Entomologischen Rundschau Nr. 21 vom 9. November 1912 beschreibt Herr W. Fritsch, Dondorf (Thür.) dieselbe Form als ab. „ziczac", da diese Form also 4 Jahre früher benannt wurde, so wäre der Name ziczac zu streichen. — Das aber: ♀ von V. poly chloros, welches in Nr. 22 derselben Zeitschrift eingehend beschrieben wird, ist doch nur ein über wintertes verblaßtes Exemplar; solche Tiere mi weißlich-strohgelben Flecken auf den Hinterflügel sind nicht wert, in einer wissenschaftlichen Fach presse beschrieben zu werden, wohl aber solche welche aus Zuchten erzielt werden.

F. Bandermann, Halle a. d. Saale.

Lepidopterologisches Sammelergebnis aus dem Tännen- und Pongau in Salzburg im Jahre 1915.
Von *Emil Hoffmann*, Kleinmünchen (Ober-Oesterreich).

(Fortsetzung.)

Coenonympha pamphilus L. (440) 2 Männ chen 15 und 16,5 mm, ziemlich frisch, ersteres ab obsoleta Tutt, letzteres mit verbreitertem Saum alle Flügel, 6. VI. Gries, 1 Männchen 15,5 mm, frisch 6. VI. Kalcherau, 1 Männchen 15 mm, ziemlich frisc 6. VI. Tänneck; 1 Männchen 16 mm, frisch, der Sau etwas verbreitert, 6. VI. Sulzau, die zwei letzten Tie ab. absoleta Tutt.; 2 Männchen 16 und 16,5 mm, bei ziemlich frisch, bei ersterem ist das Apikalauge b ausgebildet, 24. und 28. VIII., 1 Weibchen 17 m etwas geflogen, 27. VIII. alle Goldegg; 1 Weibch 16,5 mm, frisch, oberhalb Bihofshofen (700 n 1 Männchen 15,5 mm, etwas geflogen, Weg zu Hochgründeck (800 m), beide 12. IX.

Coenonympha typhon Rott. (443) 1 Männchen 19,5 mm, frisch, 6. VI. Kalcherau, oberseits am Vorderflügel das Auge nur in Zelle 5, am Hinterflügel die Augen in den Zellen 1 c + d, 2 und 3 geringelt, unterseits normale Zeichnung.

Erycinidae.

Nemeobius lucina L. (451) 1 Männchen 14 mm, 7. V. Wallingwinkel (900 m); 1 Männchen 14 mm, unterseits am Vorderflügel das Schwarz stärker hervortretend und erweitert, die Grundfarbe der Hinterflügel stärker schwarzbraun, 7. V. Arlstein; 1 Männchen 15 mm, 10. V., 1 Weibchen 16 mm, 13. V. Strubberg (700 m), alle frisch; 1 Weibchen 15 mm, ganz abgeflogen, 6. VI. Sulzau.

Lycaenidae.

Callophrys rubi L. (476 m), 1 Männchen 14 mm, frisch, 7. V. Wallingwinkel (900 m), ich sah dort noch ein zweites Stück fliegen.

Zephyrus betulae L. (492 m) 1 Weibchen 18 mm, etwas geflogen, 12. IX. Weg zur Hochgründeck (900 m).

Chrysophanus hippothoë L. (510 m) 4 Männchen 16,5 bis 18 mm, frisch bis geflogen, 1 Männchen 17 mm, ziemlich frisch, die Oberseite ist normal gezeichnet, ebenso die Unterseite des rechten Vorderflügels, am linken Vorderflügel sind nur die Zellflecke in normaler Form vorhanden, die Randflecke sind schwach angedeutet, die hintere Bogenreihe fehlt gänzlich, an den Hinterflügeln sind die Mittelpunkte und die innerste Punktreihe stark vergrößert, die obersten beiden Punkte mit den Punkten der äußeren Reihe konfluiert, ebenso ist der oberste Wurzelpunkt mit dem nächsten Kostalpunkt zusammengeschlossen, die Vorderflügel unterseits ohne rote Aufhellung, 1 Weibchen 17,5 mm, frisch, alle 6. VI. Gries; 2 Männchen 16,5 und 17,5 mm, frisch und etwas geflogen, 6. VI. Wimm; 1 Weibchen 16 mm, etwas geflogen, Uebergang zur var. eurybia Ochs. (oberseits ist die rote Randzeichnung vorhanden, unterseits fehlt die rote Aufhellung), 1. VIII. Ofenlochrinne (1200 m).

Chrysophanus phlaeas L. (512 m), 1 Männchen 12,5 mm, ziemlich frisch, 6. VI. Kalcherau.

Chrysophanus dorilis Hufn. (513 m) 1 Männchen 14,5 mm, etwas geflogen, 2 Weibchen, je 13,5 mm, ziemlich frisch, das Männchen und ein Weibchen Uebergang zur var. subalpina Spr., alle 15. VIII. Goldegg.

Lycaena idas L.[1]) (argyrognomon Brgstr.) 1 Männchen 13 mm, etwas geflogen, 6. VI. Tänneck.

Lycaena medon Esp.[2]) (astrache Brgstr.) (589) 1 Männchen 14,5 mm, frisch, 1. VIII. Grünwaldalpe; 1 Männchen 14 mm, geflogen, 1. VIII. Ofenlochrinne 1300 m; 1 Männchen 12,5 mm, ab. allous Hb., ziemlich frisch, 25. VIII. Goldegg.

Lycaena chiron[3]) Rott. (eumedon Esp.) (592) 1 Männchen 13,5 mm, frisch, 6. VI. Kalcherau.

Lycaena icarus Rott. (604) 1 Männchen 16,5 mm, ziemlich frisch, Kalcherau, 1 Männchen 16 mm, geflogen, Tänneck, 1 Männchen 17 mm, ziemlich frisch, 2 Weibchen je 15,5 mm, stärker geflogen, 1 Stück hiervon ab. confl. arcuata Courv., 1 Weibchen 16 mm, frisch, Sulzau, alle 6. VI.; 19 Männchen, 13,5 bis 16 mm, frisch bis ganz abgeflogen, 15. bis 27. VIII.

(darunter 15. und 27. ganz frisch, 25. ganz abgeflogen), 4 Männchen, 13 bis 15,5 mm, frisch bis abgeflogen, ab. unipuncta Courv. (ab. iphis Meig., bei einem Stück fehlt der obere, bei 3 Stücken der untere Wurzelpunkt), 15. bis 27. VIII., 10 Weibchen 14 bis 15 mm, ziemlich frisch bis abgeflogen, 15. bis 27. VIII., 1 Weibchen 14 mm, geflogen, ab. crassipuncta Courv., 25. VIII., 1 Weibchen 14,5 mm, etwas geflogen, ab. arcuata Courv. (beim rechten Unterflügel ist die Aberration nicht vollständig ausgebildet), 27. VIII., 2 Weibchen je 13,5 mm, geflogen, Uebergang zu semi-arcuata Courv., 25. und 27. VIII., 1 Weibchen 15,5 mm, geflogen, ab. arcuata-retrojuncta Courv.,[4]) 1 Weibchen 15 mm, frisch, ab. fusca Gillm., 2 Weibchen 15 und 15,5 mm, etwas geflogen, ab. angolata Tutt, 25. VIII., alle Goldegg; 2 Männchen je 15,5 mm, 1 Weibchen 14,5 mm, alle geflogen, 25. VIII., Kogleralm b. Goldegg; 2 Männchen, je 15 mm, geflogen, 1 Weibchen 14,5 mm, etwas geflogen, ab. fusca Gillm. über Bischofshofen (600 m), 1 Weibchen 14,5 mm, ziemlich frisch, Uebergang zu ab. fusca Gillm., und semi-arcuata Courv. Bischofshofen; 2 Männchen 16 und 16,5 mm, ziemlich frisch, beide ab. unipuncta Courv., 1 Weibchen 14 mm, frisch, Uebergang zu ab. Fusca Gillm., Weg zum Hochgründeck (700 m), alle 12. IX. *(Fortsetzung folgt.)*

Braconiden und ihre Wirte.
Von Prof. Dr. *Rudow*, Naumburg a. d. Saale.

(Fortsetzung.)

Spatius ferrugatus Scar. Callidium variabile.
Microdus abbreviator Rbg. Tinea leucatella. Retinia Bouoliana.
   "   *calculator* Fbr. Bostrychus. Orchesia. Tinea parasitella.
   "   *cingulator* Rbg. Tortrix laevigana, Bergmanniana.
   "   *cingulipes* Ns. Eupithecia helveticaria.
   "   *clausthalianus* Rbg. Tortrix clausthaliana, hercyniana. Depressaria. Sumasia.
   "   *dimidiator* Ns. Tetmocera ocellana. Tortrix.
   "   *lugubrator* Rbg. Coleophora.
   "   *pumilus* Rbg. Tinea laricinella.
   "   *rufipes* Rbg. Tortrix ocellana. Teras terminalis. Hadena ocellana.
   "   *tumidulus* Ns. Psyche. Phthoroblastis. Ptochenusa.
   "   *rugulosus* Ns. Bostrychus villosus.
Phylacter annulicornis Ns. Noctuapuppen.
   "   *calcarator* Wsm. Fidonia cebraria.
   "   *chlorophthalmus* Ns. Noctua. Geometrapuppen.
Rogas bicolor Spin. Ino pruni. Zygaena filipendula. Lioptilus tetradactylus.
   "   *circumscriptus* Ns. Caradrina alsines. Noctua baja. Bombyx quercus. Nemophila muscula. Tortrix. Eupithecia. Anticlea. Dictyopteryx.
   "   *cruentus* Ns. Dianthoecia cucubali.
   "   *dimidiatus* Spin. Aleiodes nigripalpis, brevicornis. Nemophila rupicola.
   "   *flavipes* Rbg. Tortrix dorsana.
   "   *geniculator* Ns. Orgyia antiqua, gonostigma. Dasychira selenitica. Tortrix. Tryphaena pronuba. Arctia caja. Porthesia chrysorhoea.

[1]) Siehe „Iris" XXVIII, Heft 3, pag. 198 resp. 199.
[2]) Siehe „Iris" XXVIII, (1914) Heft 3, pag. 205.
[3]) Siehe „Iris" XXVIII, (1914) Heft 2, pag. 174.

[4]) Siehe „Iris" XXVI, (1912) Heft 1, pag. (38), 51, Tafel 4, Fig. 14 (Ueber Zeichnungs-Aberrationen bei Lycaeniden von Prof. Dr. L. Courvoisier, Basel. Vergl. ferner Prof. Courvoisiers Genfer-Schema, Fig. 2 und 5 in dem Werke: Die Schmetterlinge der Schweiz.

Rogas limbator Rbg. Tortrix laevigana, populana.
„ *linearis* Ns. Tortrix viridana, prasinana. Noctua trapezina.
„ *modestus* Rhd. Eupithecia pimpinellaria, exiguaria, laricinaria, absynthiaria. Acidalia trilinearia.
„ *irregularis* Wsm. Hadena inanimis.
„ *nigricornis* Wsm. Colocasia solidaginis. Xylofaria rurea.
„ *obscurator* Rbg. Tinea abietella.
„ *praerogator* L. Bothryothorax salicis. Porthesia auriflua.
„ *pulchripes* Wsm. Porthesia auriflua.
„ *rugator* Rbg. Bostrychiden.
„ *rugulosus* Ns. Acronycta euphorbiae, abscondita, myniosa.
„ *tenuis* Rbg. Bombyx castrensis. Tortrix heparana.
„ *tristis* Wsm. Eupithecia pimpinellaria.
„ *testaceus* Spin. Porthesia auriflua. Plusia gamma. Leucania. Cilix glaucata. Eupithecia sobrina. Tortrix rosana.
„ *unicolor* Wsm. Leucania salicis.
Macrocentrus cingulum Rhd. Eurycreon verticalis. Orgyia antiqua.
„ *collaris* Ns. Gortyna flavago. Calocampa vetusta. Anobium.
„ *abdominalis* Fbr. Vanessa Atalanta. Hylophila prasinana. Demas coryli. Hydrania petasitis. Noctua ditrapezina. Calymnia trapezina. Spilades verticalis. Nophopteryx spissicella. Tortrix pedana, corylana, rosana, ribeana, viridana. Epichnopteryx. Depressaria. Hyponomeuta evonymella.
„ *infirmus* Ns. Cloantha polyodon. Hydraena. Eupoicoila.
„ *interstitialis* Rbg. Retinia resinana, cosmophorana.
„ *limbator* Rbg. Tachyptilia populella. Tortrix pedana.
„ *linearis* Ns. Eurycreon verticalis.
„ *marginator* Ns. Sesia formicaeformis. Dierorampha plumbana. Pedia sordidana. Depressaria angelicella. Cynegetis scatella. Cryptorhynchus lapathi.
„ *obscurator* Rbg. Dioctrya abietella.
„ *thoracicus* Ns. Tachyptilia populella. Noctua triangulum. Xylina ornithopus. Tortrix crataegana. Depressaria applanata, chaerophylli, nervosa. Bostrychiden.
Chelonus annularis Ns. Oecophora lambdella. Xysmadoma melanella.
„ *annulatus* Ns. Liopus. Pogonochaerus.
„ *armatus* Wsm. Nematus Vallisnieri. Fenusa.
„ *carbonator* Mrsh. Eupithecia.
„ *corvulus* Mrsh. Hadena. Asphondylia verbasci.
„ *decorus* Mrsh. Hyponomeuta malinella. Retinia Bouoliana.
„ *dentatus* Ns. Myelois advenella.
„ *dispar* Mrsh. Nematus. Anthomyia.
„ *elegans* Mrsh. Geometra betularia.

(Fortsetzung folgt.)

Literatur.

Bienenbuch für Anfänger. Von Pfarrer J o h a n n e s A i s c h. Mit 61 Abbildungen. Verlag von Trowitzsch & Sohn in Frankfurt a. Oder.

Wohl bei so manchem ist schon, besonders jetzt in der Kriegszeit bei der Zuckerknappheit, der Wunsch aufgestiegen, einen Bienenstand zu besitzen, der ihm nicht bloß Ersatz, sondern etwas noch Köstlicheres in ausreichender Menge liefern könnte, und ihn mag der Gedanke wieder geschreckt haben: wie fange ich das an? Nun ist ja an Literatur eingehendster Art, nach der wissenschaftlichen wie praktischen Seite hin, kein Mangel, aber gerade die Fülle des Gebotenen, die überreiche Menge des Stoffes, die in erster Linie für bereits tätige Imker berechnet ist, macht den Anfänger scheu, ihm ist ja alles noch neu, und er denkt im Stillen, wenn man das alles wissen und beobachten muß, dann ist es wohl besser, ich bleibe — vorläufig noch davon. Solchen will das Büchelchen zu Hilfe kommen, will sie das Abc lehren. Der Verfasser, ein erfahrener Imker und sorgfältiger Beobachter, weiß genau, was der Anfänger gern kennen lernen möchte und weiß nicht nur den rechten Rat zu geben, sondern auch den rechten Ton zu treffen, um die Lust und Liebe zur Imkerei anzufachen und zu beleben. Nach einer kurzen Naturgeschichte der Bienen, die natürlich jeder kennen muß, ehe er daran gehen kann; sie zu züchten, werden in geschichtlicher Aufeinanderfolge die verschiedenen Zuchtbetriebsweisen beschrieben. Es folgen dann die Kapitel über Umgang mit Bienen, wie man sich verhalten muß, um nicht zum Stechen anzureizen, über Behandlung der Völker in den verschiedenen Jahreszeiten, Verhütung von Schäden, Gewinnung und Verwertung der Produkte, Bienenweide und Bienenfeinde und Anleitung zur Anfertigung von Wohnungen und Geräten. Zum Schluß ein eigenes Kapitel: Wie fängt man's an? das darin gipfelt: fange nur an, alles andere wirst du dann schon lernen und ebenso: fange mit ganz wenigen Geräten an und lege dir erst dann weitere hinzu, wenn du sie brauchst, oder wie der Verfasser sagt: wenn die Zeit gekommen, daß man sagen kann: Die Bienen fordern sie: sie haben sie sich verdient. Das anspruchslose Werkchen wird gewiß manchen Jünger der Imkerei zuführen und auch dem bereits hierin Tätigen und Erfahrenen manchen willkommenen Wink geben; wir wünschen ihm die weiteste Verbreitung.

Auskunftstelle des Int. Entomol. Vereins.

Anfrage:

Im Juni v. Js. stöberte ich aus dem Gebüsche des Bodanrückens am Bodensee einen Spanner auf, welcher an Größe und Färbung einen fremdartigen Eindruck machte und sich später als ein Ang. prunaria-Weibchen erwies. Die Flügelspannung beträgt 56 mm. Die Grundfarbe ist auf allen Flügeln ein gleichmäßiges helles Goldgelb ohne Sprenkel. Die Mittelbinde ist 8 mm und gleichmäßig breit mit unbedeutender Einbuchtung in der Mitte und von heller weißgelblicher Farbe. Die Binde setzt sich anfangs in gleicher Breite auf die Hinterflügel fort und endet, etwas zugespitzt, kurz vor dem Saum. Der Fleck an der Spitze der Vorderflügel ist verhältnismäßig groß und von gleicher Farbe wie die Binde. Abweichend von der var. sordiata hat der Saum keine gescheckten Fransen, auch ist der Leib und Thorax hellgelb. Ist diese Varietät bereits bekannt und benannt? D i e t z e, Ueberlingen am See.

Für die Redaktion des wissenschaftlichen Teiles: Dr. F. M e y e r, Saarbrücken, Bahnhofstraße 65. — Verlag der Entomologischen Zeitschrift Internationaler Entomologischer Verein E. V., Frankfurt a. M. — Für Inserate: Geschäftsstelle der Entomologischen Zeitschrift, Töngesgasse 22 (R. B l o c k) — Druck von A u g. W e i s b r o d, Frankfurt a. M., Buchgasse 12.

Frankfurt a. M., 2. März 1918. Nr. 24. XXXI. Jahrgang.

ENTOMOLOGISCHE ZEITSCHRIFT

Central-Organ des
Internationalen Entomologischen
Vereins E. V.

mit
Fauna exotica.

Herausgegeben unter Mitwirkung hervorragender Entomologen und Naturforscher.

Abonnements: Vierteljährlich durch Post oder Buchhandel M. 3.— Jahresabonnement bei direkter Zustellung unter Kreuzband nach Deutschland und Oesterreich M. 8.—, Ausland M. 10.—. Mitglieder des Intern. Entom. Vereins zahlen jährlich M. 8.— (Ausland [ohne Oesterreich-Ungarn] M. 2.50 Portozuschlag).

Anzeigen: Insertionspreis pro dreigespaltene Petitzeile oder deren Raum 30 Pfg. Anzeigen von Naturalien-Handlungen und -Fabriken pro dreigespaltene Petitzeile oder deren Raum 20 Pfg. — Mitglieder haben in entomologischen Angelegenheiten in jedem Vereinsjahr 100 Zeilen oder deren Raum frei, die Ueberzeile kostet 10 Pfg.

Schluß der Inseraten-Annahme für die nächste Nummer am 16. März 1918
Dienstag, den 12. März, abends 7 Uhr.

Inhalt: Biologische Beobachtungen über die Käsefliege. Von Max Bachmann, München. — Anregungen zu neuen Aufgaben auf dem Gebiete der Psychidenbiologie. Von Dr. J. Seiler, Berlin-Dahlem. — Braconiden und ihre Wirte. Von Professor Dr. Rudow, Naumburg a. d. Saale. — Literatur. — Auskunftstelle.

Biologische Beobachtungen über die Käsefliege.

Von *Max Bachmann*, München.

Ende Juni v. J. entdeckte meine Frau in einem Stück Schinkenfett eine Unzahl weißer, springender Maden und viele bräunliche Puppentönnchen, die sie in den ersten Ueberraschung bis auf wenige Bestimmungsexemplare vernichtete. Wie ich später sah, waren es die Larven der bekannten Käsefliege (Piophila casei L.), von der Schiner[1]) mitteilt, daß die Fliegen selten im Freien getroffen werden, jedoch durch Zucht leicht zu erhalten sind. Aus einigen Puppen erhielt ich schon am 3. Juli frisch geschlüpfte Männchen und Weibchen und verbrachte sie zur Beobachtung in geeignete Kästchen. Solche waren mit Glasboden und Glasdeckel versehen, damit das Leben und Treiben der Tiere mit Muße kontrolliert werden konnte.

Die Käsefliege gehört zur Familie der Schwingfliegen, Sepsidae, bei denen die Flügelschüppchen meist fehlen oder schwach entwickelt sind. Unsere kleinen und großen Stubenfliegen stehen im Gegensatz dazu in der Familienreihe der Schizometopa, welche immer deutliche und in der Regel stark entwickelte Flügelschüppchen aufweisen. In Größe und Aussehen gleichen die Käsefliegen der kleinen Stuben- oder Hundstags-Blumenfliege (Homalomyia canicularis), mit denen sie gemeinsam unter den Beleuchtungskörpern an der Zimmerdecke spielen. Im allgemeinen führen aber die Käsefliegen ein mehr zurückgezogenes Dasein. Piophila casei ist kenntlich an dem glänzend schwarzen Leib und den völlig glashellen Flügeln, welche den Körper beträchtlich überragen. Auf dem Rücken, der metallisch glänzt, verlaufen drei feine, nur mit einer Lupe sichtbare Punktreihen. Die glänzend schwarze Stirn steht mit den ziegelroten Augen und dem rotgelben Untergesicht in angenehmer Farbenharmonie. Eine auffallende Zierde bildet die steife Knebelborste am Mundrand. Die

[1]) Fauna Austriaca, Wien 1862.

typische Färbung der Mittel- und Hinterbeine ist nach Schiner rotgelb, während die Vorderbeine schwarz sind mit gelben Hüften und Knien. Im Gegensatz dazu hatten die meisten Exemplare meiner Zucht gleichmäßig schwarze Beine, mit Ausnahme der Wurzeln und Spitzen der Schenkel. Die Tarsen sind gelb, die Endglieder braun. Genauer gemustert ist die Käsefliege eine hübsche, zierliche Art, die auch durch ihre muntere Beweglichkeit gefällt.

Sie klettern über den Käse, den ich als Nahrung in das Beobachtungskästchen hinterlegt hatte, tupfen auch gelegentlich mit dem Rüssel daran und laufen an den Wänden behende auf und ab. In der Ruhe sitzt das Tierchen mit senkrecht vom Körper abgespreizten Mittelbeinen da, die Vorderbeine sind nach vorn, die Hinterbeine nach hinten gerichtet. Die beiden Flügeldecken sind so eng zusammengelegt, daß sie sich beinahe überdecken. Auch beim Gehen bleiben die Mittelbeine wie Ruder abgespreizt. Der Mechanismus des Gehens ist etwas schwierig zu entziffern, da die Gangart ziemlich rasch ist. Es läßt sich aber erkennen, daß, nur die linke Körperseite betrachtet, zuerst das vordere, dann das mittlere und zuletzt das hintere Bein vom Boden abgehoben wird. Sowie das linke Vorderbein gehoben ist, folgt sogleich das rechte Vorderbein, dem alsdann die gleichseitigen folgen. Es mag sein, daß die Mechanik des Gehens in dem Sinne erfolgt, wie Doflein feststellt, daß je drei Beine gleichzeitig oder doch in schneller Folge zusammenwirken: das vordere und hintere der einen und das mittlere der anderen Seite; während die eine Dreiergruppe feststeht und den Körper trägt, greifen die Beine der anderen Gruppe nach vorne. Mit Hilfe der Momentphotographie ließe sich diese Frage zweifelsfrei lösen.

Bei schnell laufenden Tieren kann man die Bewegung der Beine kaum mehr mit den Augen verfolgen. Die Geschwindigkeit schätzte ich mittels Uhr auf 5 cm in der Sekunde. Es ist dies eine ansehnliche Leistung, da die ganze Körperlänge der asefliege nur 4—5 mm beträgt. Auf menschliche erhältnisse übertragen wäre die Leistung das Zehnche unserer Gehgeschwindigkeit, welche ungefähr × 80 cm in der Sekunde beträgt bei einer angeommenen Körpergröße von 1,60 m.

Bringen wir mehrere frisch geschlüpfte Weibchen ı das Zuchtkästchen, so geht jedes seinen eigenen /eg. Sie belästigen einander nicht und gehen, ohne otiz zu nehmen, aneinander vorüber. Nur wenn e länger beisammen sind und unbefruchtet blieben, ıst sich eine Bewegung aus, die jedenfalls einen exuellen Hintergrund hat. Sie laufen aufeinander u und breiten dabei ihre Flügel ein wenig aus, inem sie diese gleichzeitig an der Wurzel drehen, wie ine liebesbedürftige Täubin, die den Buhlen einladet.

Diese Bewegung wirkt aber für die anderen Veibchen abschreckend, da die Angefächelte meist ıas Weite sucht. Ist das Weibchen aber einmal beruchtet, so wehrt es mit derselben Flügelbewegung ede Annäherung des Männchens ab. So kann es nit dem gleichen Ausdrucksmittel anlocken, erchrecken und Angriffe abschlagen.

Dem Männchen fehlt eine solche Flügelbewegung ıelbst in der größten Aufregung vollkommen. Dagegen offenbart sich in seinem ganzen Betragen eine ıexuelle Aufgeregtheit ohne Maßen und ein zügelloser Uebermut.

Bringen wir Männchen und Weibchen zusammen, ıo erhält das Gesellschaftsleben der Tiere gleichsam ıine höhere Potenz. Ein in die Stube gefangenes Weibchen kam zu zwei Männchen in das Zuchtkästchen. Sogleich stieg eines der Männchen auf den Rücken des Weibchens und schüttelte es heftig ab. Dies geschah mit solcher Kraft, daß das Weibchen, während seine Vorder- und Hinterbeine vom Boden losgerissen wurden, sich nur mit den Mittelbeinen festkrallen konnte. Sein Körper wurde dabei sichtlich nach links und rechts gedreht. Das so brutal überfallene Weibchen krümmte geängstigt den dicken Hinterleib ein. Das Raufen dauerte einige Sekunden lang. Mitunter hingen sie in einem Knäuel zu dreien aneinander, weil auch das andere Männchen mithalf, und sie waren verbissen wie Hunde. Auseinander gekommen, ging beiderseits das Putzen und Kämmen an.

Wenn wir mit der Lupe beim Reinigen zuschauen, müssen wir die Beweglichkeit der Hinterbeine, besonders des Hüftgelenks, bewundern. Bald heben sie die Beine an die Unterseite des Leibes, um zu scheuern, bald reiben sich die Tarsen wie beim Waschen, oder es werden die Flügeldecken abgewischt und die Oberseite des Rückens gebürstet. Ja bis zur Mittelbrust können die Hinterbeine mühelos streichen, einzeln sowohl, als auch gleichzeitig und in gleichem Sinne. Wird ein Hinterbein allein gereinigt, so hilft das Mittelbein unterstützend mit, um es kräftig abzuscheuern. Beim Gehen fällt die Beweglichkeit der Hinterbeine nicht so sehr ins Gewicht, da das Schreiten nur in einem kurzen Rutschen oder Fortschieben besteht, wobei sich das Bein fast kaum vom Boden abhebt. Es ist wunderbar, daß daraus ein so rascher Lauf resultiert, wie ihn die Fliegen zeigen. Das Gelenk der Vorderbeine ist ein Kugelgelenk, denn es erlaubt ihnen, sich über den Kopf hinweg bis zu den Flügeln zurückzubiegen, so daß tatsächlich jede Stelle des Leibes den Beinen der Fliege erreichbar ist.

Auch die beiden Männchen rauften sich beim Begegnen ab. Sie fielen sich wie Hähne von vorne an und gebrauchten dabei auch die Vorderbeine,

aufeinander schlagend wie fauchende Katzen. Besondere Gegner aber sind Männchen und Weibchen. Erstere laufen, sowie dieses in Sicht kommt, mit raschen Schritten darauf zu und würgen es ab. Stets ist das Weibchen der leidtragende Teil. Manchmal überkugeln und überstürzen sich die Kämpfenden, ja die Wut der Männchen steigerte sich derart, daß sie sogar ein totes, zerquetschtes Tierchen, das schon acht Tage lang am Boden lag, angriffen und bissen, obwohl eigentlich nur mehr die Flügel vorhanden waren. (Fortsetzung folgt.)

Anregungen zu neuen Aufgaben auf dem Gebiete der Psychidenbiologie

von Dr. *J. Seiler*, Kaiser-Wilh.-Institut für Biologie, Berlin-Dahlem.

(Schluß.)

Unter den Schmetterlingen stehen da obenan die Psychiden. Manche Formen unter ihnen vermehren sich ohne Männchen, rein parthenogenetisch, so Apteroma heliax, Luffia usw., andere Arten, z. B. Solenobia triquetrella, vermehren sich teils parthenogenetisch, teils geschlechtlich. Bei wieder anderen Formen haben wir sehr abgeänderte Geschlechtsverhältnisse, ein Ueberwiegen der Weibchen meist. So viel wir nun wissen, liefern unbefruchtete Eier ausnahmslos Weibchen. So viel wir wissen, betone ich, denn offen gestanden, wissen wir beschämend wenig. Seit der klassischen Arbeit von Ottmar Hofmann „Ueber die Naturgeschichte der Psychiden" (1859) und den Angaben über experimentelle Resultate von Aug. Hartmann (Die Kleinschmetterlinge der Umgebung Münchens 1871) hat sich niemand mehr eingehend mit der äußerst interessanten Biologie dieser Tiere beschäftigt. (Abgesehen natürlich von kleineren, allerdings z. T. mustergültigen Mitteilungen, wie z. B. die von A. Nentwig-Ratibor über Psyche Stettinensis.) Warum? Reizt es die Entomologen nicht, dies Neuland zu erobern? Oder hat es nur an Anregung gefehlt? Dem soll jedenfalls nun abgeholfen werden.

Ich stelle Formen in den Vordergrund, die ich aus eigener Anschauung kenne, und die mir aus mancherlei Gründen günstig zu sein scheinen für experimentelle Zwecke. Die Psychide, an der zuerst Parthenogenese beobachtet wurde, ist

Solenobia triquetrella J. R. An den ersten sonnigen Frühlingstagen, frühestens vielleicht Anfang bis Mitte März, kriechen die ersten Raupen in ihren grauen, zirka 8—9 mm langen, vorn und hinten offenen, dreieckigen Säcken aus ihren Winterschlupfwinkeln hervor und klettern an Gartenzäunen, Lattenzäunen, Geländern, Randsteinen der Wege, Baumstämmen etc. empor, um sich anzuspinnen. Zahlreich beieinander fand ich die Tiere nirgends; dafür sind sie aber fast überall zu finden, wenn auch manchmal so leicht (gerne sende ich Entomologen, die sich für die Form interessieren und sie nicht kennen, leere Säcke, ebenso für die unten angeführten Formen). Nach dem Anspinnen des Sackes wendet sich die Raupe im Sack mit dem Kopf nach unten, nach der freien Oeffnung und verpuppt sich. Nach kurzer Zeit schlüpfen die Schmetterlinge auf originelle Art. Erst schlängelt sich die Puppe so weit aus dem Sack, daß zirka $^2/_3$ ihrer Länge frei herausragt. Immer im richtigen Moment macht die Puppe halt. Nun sprengt das Tier die Hülle, biegt sich nach dem Sack zu ein, sucht denselben zu ergreifen, zieht den Hinterleib vollends aus der Puppenhülle, streckt sich einen Momen.

aus und·beginnt unverzüglich (wenn wir die parthenogenetisch sich entwickelnde Form von S. triquetrella vor uns haben) mit der Eiablage, ohne auf die Befruchtung durch ein Männchen zu warten. Die Legeröhre wird in den Sack gesenkt und die Eier in Wolle gebettet in denselben abgelegt. Die hier in Berlin und in der Mark eingesammelten Säcke lieferten ausnahmslos Weibchen. Ob auch Männchen vorkommen? Material aus Breslau war ebenfalls rein weiblich. Diese parthenogenetischen Weibchen sind aber alle anatomisch so gebaut, daß sie befruchtet werden können. Das läßt uns nach Männchen suchen. Mancherorts in Deutschland sollen sie auch vorkommen (Freiburg, Dresden, Nürnberg, Erlangen). Hier ist die Fortpflanzung wohl eine geschlechtliche. Die Weibchen werden befruchtet und liefern wieder Weibchen und Männchen. Was entsteht, wenn wir ein parthenogenetisches Weibchen befruchten? Das Experiment ist tatsächlich schon ausgeführt von Hartmann 1868. Männchen und Weibchen wurden erwartet. Aber nur Weibchen erschienen! Das Resultat ist erklärlich, ich werde vielleicht in einem besonderen Aufsatz darauf zurückkommen; hier sei nur das eine noch betont: zweifellos gehört die parthenogenetische und die geschlechtliche Form zusammen; die erstere (gewöhnlich Sol. lichenella L. genannt) wäre eine Rasse, die zur ungeschlechtlichen Fortpflanzung übergegangen ist. Welches die Ursachen dazu sind, wissen wir nicht. Vielleicht ließe sich etwas ermitteln, wenn wir die Verbreitung der geschlechtlichen und parthenogenetischen Form genauer kennen würden. Da müssen nun neue Beobachtungen einsetzen. Werden sich sorgfältige Beobachter finden? Ich wünschte es sehr im Interesse der Wissenschaft und hoffe auch, daß die Resultate auf irgend einem Wege veröffentlicht werden. Wer Freude am Experiment hat, fände dankbare Aufgaben. Liefern parthenogenetische Weibchen ausnahmslos Weibchen? Liefern parthenogenetische Weibchen ✕ Männchen ebenfalls nur Weibchen? Was würde entstehen, wenn ein solches Bastard-Weibchen wieder befruchtet wird? Das Resultat könnte vorausgesagt werden. Aber es mag interessanter sein (vielleicht auch vorsichtiger), den Tatsachen nicht vorzugreifen. Gibt es Gegenden mit der parthenogenetischen und der geschlechtlichen Form, und unterscheiden sich hier die beiden Sorten von Weibchen in ihrem Benehmen (Beginn der Eiablage!)?

Solenobia pineti Z. kann hier massenhaft im Frühjahr, etwas später als triquetrella an Fichten angetroffen werden. Der Sack ist schwach dreikantig, schwärzlich, zirka 6—7 mm lang. Unter mehreren hunderten von Säcken, die ich einsammelte, fand sich nur ein parthenogenetisches Weibchen. Die übrigen waren geschlechtlich, d. h. legten ihre Eier nicht, ohne daß sie vorher befruchtet wurden.

Gibt es Gegenden mit parthenogenetischen S. pineti?

Talaeporia tubulosa Retz. ist hier ebenfalls nur geschlechtlich, jedenfalls vorwiegend. Männliche und weibliche Säcke sind leicht unterscheidbar; die ersteren kleiner, zirka 12—15 mm, die weiblichen etwas länger. Die Tiere sind am ehesten im Buchenwald in verschiedener Höhe an den Buchenstämmen zu finden, mit Vorliebe vielleicht am Rande von Waldlichtungen oder Seeufern. Kommt tululosa in Deutschland auch parthenogenetisch vor? Gibt es Gebiete mit beiden Formen?

So könnte ich in Fragen fortsetzen. Daß wir über die Biologie der Psychiden noch bedenklich wenig wissen, wird eindeutig gezeigt sein. Die erste und wichtigste Aufgabe wird also sein, über die Fortpflanzungsverhältnisse sorgfältige Beobachtungen von möglichst vielen Lokalitäten zu sammeln. Findet man für eine Gegend Männchen, so ist damit nicht gesagt, daß die parthenogenetische Form nicht auch vorhanden ist. Größte Vorsicht ist also geboten. Die Säcke getrennt, etwa unter kleine Glasröhrchen, zur Beobachtung aufstellen. Das Schlüpfen der Puppen erfolgt ungefähr bei Sonnenaufgang; die Weibchen von S. pineti z. B. schlüpfen in der Hauptsache zwischen 6³/₄—8 Uhr, die Männchen früher oder schon nachmittags oder abends, je nach der Witterung. Triquetrella-Weibchen schlüpfen im allgemeinen wenig früher als die von pineti; ebenso T. tubulosa usw. Die Zucht der Tiere ist nach meinen Erfahrungen einfach. Die Tiere sind sehr genügsam und anspruchslos. Als Ausgangspunkt für Experimente dürfen natürlich nur solche Gelege benützt werden, die unter strengster Kontrolle gelegt wurden. Sonst verlieren die Versuche jeden Wert. — Gerne erteile ich, so weit ich kann, jede Auskunft oder sende Material und bin selbst dankbar für jede Anregung und Hilfe.

Braconiden und ihre Wirte.

Von Prof. Dr. *Rudow*, Naumburg a. d. Saale.

(Fortsetzung.)

Chelonus erythrogaster Luc. Diaperis boleti. Mycetophagas.

„ *fenestratus* Ns. Melithreptus. Trypeta. Bostrychiden.

„ *inanitus* Mg. Nematus. Selandria. Kleine Cerambyciden.

„ *instabilis* Wsm. Syrphus, Melithreptus. Aphis ulmi.

„ *exilis* Mrsh. Cosmopteryx Lienigiella.

„ *latrunculus* Mrsh. Tortrix. Depressaria.

„ *mucconatus* Thms. Syrphuspuppen.

„ *mutabilis* Ns. Bostrychiden.

„ *Neesii* Rhd. Bostrychus villosus.

„ *oculatus* Ns. Hadena suffuruncula. Tapinostoma elemi.

„ *parcicornis* H. S. Scoparia phaeoleuca.

„ *pusio* Mrsh. Elachista atricomella, laticomella.

„ *quadridentatus* Wsm. Eudopsia nigricana. Eupithecia absynthiata. Hedya ocellana. Carpocapsa splendidana. Pandia tripunctata. Tortrix rosana, heperana. Dictyopteryx Bergmanniana. Paedisca solandriana. Opadia funebrana. Hyponomeuta padella. Laverna hellerella.

„ *risorius* Rhd. Teras terminalis.

„ *rufidens* Wsm. Arctia caja. Tortrix ribeana, xylosteana. Teteia vulgella. Gracilaria syringella. Laverna hellerella. Gelechia.

„ *rufipes* Ns. Blennocampa tenella. Emidia cribrum. Stigmonota leplasteriana. Coleophora gryphipennella. Coccyx ustomaculata. Earias chlorana. Tortrix podana. Teras holmiana. Hyponomeuta padella.

„ *similis* Ns. Fenella.

„ *sulcatus* Ns. Cecidomyia rosaria. Aphis betulae. Retinia resinana, bouoliana.

„ *Wesmaeli* Curt. Eccoptogaster Geoffroyi.

Alysia cingulata Ns. Syrphus pinastri.

Alysia fuscipennis Hal. Syrphus balteatus.
„ *gedanensis* Rbg. Saperda populnea, scalaris.
„ *incongrua* Ns. Lucilia. Sarcophaga.
„ *luciola* Hal. Ascia podagrica.
„ *manducator* Pz. Lucilia caesar. Cyrtoneura stabulans. Hydrotaea. Melithreptus. Trypeta.
„ *mandibulator* Ns. Trypeta cardui.
„ *ruficeps* Ns. Syrphus. Phytomyza.
„ *ruficornis* Ns. Agromyza.
„ *similis* Ns. Syrphus corollae.
„ *triangulator* Ns. Phytomyza.
„ *tipulae* Scop. Mycetophila.
„ *truncator* Ns. Anthomyia platyura.
„ *rufidens* Ns. Ensina sonchi.
Agathis anglica Mrsh. Depressaria nervosa. Coleophora.
„ *breviseta* Ns. Euchromia myindana. Chrosis rutilana. Cleodora tanaucetella, striatella. Paransia purpuralis.
„ *deflagrator* Ns. Eurycreon verticalis.
„ *malvacearum* Ltr. Parasia lapella.
„ *nigra* Ns. Eupoicoila rosana. Tetraneura ulmi.
„ *rufipalpis* Ns. Nanodia Hermanella.
„ *syngenesiae* Ns. Trypeta.
„ *tibialis* Ns. Hyponomeuta evonymella. Gelechia.
„ *umbellatarum* Ns. Trypeta dauci, cucubali.
Eubadizon extensor L. Earias chlorana. Retinia resinana, viridana, crataegana, diversana. Sericoris Nördlingeriana. Coccyx Mulsantiana. Phloeodes immundana. Depressaria nervosa. Psoricoptera gibbosella.
„ *orchestis* Rond. Orchestes quercus.
„ *pectoralis* Ns. Earias chlorana. Tortrix viridana.
Microdus arcuatus Rhd. Geometrapuppen.
„ *clausthalianus* Rbg. Depressaria scoperiella. Ephippiophora cirsiana. Tortrix hercyniae.
„ *cingulipes* Ns. Eupithecia helveticaria. Athalia. Allantus.
„ *conspicuus* Wsm. Eupithecia depressaria.
„ *calculator* Fbr. Pissodes notatus. Orchesia micans. Sardia boleti. Tinea parasitella. Mycetophagus quadrimaculatus.
„ *annulator* Ns. Bohrlöcher von kleinen Sphegiden in Salix und Cerasus.
„ *dimidiator* Ns. Tortrix rosana. Dictyopteryx Bergmanniana. Phloeodes tetraquetrana.
„ *lugubrator* Rbg. Coleophora.
„ *mediator* Ns. Pamena regiana.
„ *pumilus* Rbg. Coleophora lariciella.
„ *rufipes* Ns. Teras terminalis. Pardia tripunctata. Hedya ocellana. Coleophora gryphipennella.
„ *rugulosus* Ns. Bostrychus villosus. Coleophora.
„ *tumidulus* Ns. Ptochenusa inopella. Phthoroblastes acuminatora.
Phanerotoma dentatum Pz. Myelois ceratoniae. Rhodophaea advenella.
Rhytigaster irrorator Ns. Acronycta tridens, psi. Hadena pisi, alternipes, Epermenia deuciella.
Aphidius absynthii Mrsh. Asphondylia absynthii. Sphenophora absynthii.
„ *asteris* Hal. Aphis asteris, tripolifana.
„ *arundinis* Hal. Cecidomyia inclusa in Arundo.
„ *avenae* Hal. Siphonophora granaria.

Aphidius brassicae Mrsh. Siphonophora foeniculi, brassicae.
„ *cardui* Mrsh. Aphis cardui.
„ *crepidis* Hal Aphis crepidis, cichorii, lapsanae.
„ *cerasi* Hal. Aphis cerasi.
„ *chrysanthemi* Mrsh. Aphis chrysanthemi.
„ *crithmi* Mrsh. Aphis crithmi, martinsi.
„ *callipteri* Mrsh. Pallipterus quercus.
„ *dissolutus* Hal. Aphis ranunculi, heraclei.

(Fortsetzung folgt.)

Literatur.

Entomologisches Jahrbuch. 27. Jahrgang. Kalender für alle Insekten-Sammler auf das Jahr 1918. Herausgegeben von Prof. Dr. Oskar Krancher. Verlag von Frankenstein & Wagner, Leipzig 1918. Preis: gebunden 2 Mark.

Zum 27. Male stellt sich uns der kleine „Krancher", wie das Entomologische Jahrbuch in Sammlerkreisen so gern genannt wird, vor, zum 27. Male will es den Entomologen Leiter und Führer, diesmal für das Jahr 1918, sein. Auch heute hat sich das vorzüglich ausgestattete Bändchen trefflich gerüstet mit reichem, gediegenem Inhalte, mit entomologischen Beiträgen aus den verschiedensten Insektengebieten. Und wir sind überzeugt, daß niemand das Buch unbefriedigt aus der Hand legt. Da ist es diesmal vor allem der Käfersammler, dem durch die gediegenen monatlichen Sammelanweisungen gewiß hochwillkommene Winke geboten werden, nicht allein darüber, was er alles sammeln kann, sondern auch, wie und wo er dies tun soll, wie er seine Sammlung im besten Zustande erhalten kann, womit er sich für seine Sammeltouren auszurüsten hat, wie er präparieren muß und vieles andere für ihn so Notwendige und Nützliche mehr. Zahlreiche Beiträge aus den Ordnungen der Schmetterlinge, Käfer, Fliegen, Bienen, Geradflügler usw., von hervorragenden Entomologen verfaßt, bilden den weitern Inhalt, und alle diese Aufsätze sind gehaltreich und eines eingehenden Studiums wert. Dem Dr. Enslinschen Beitrage ist die trefflich ausgeführte Buntafel „merkwürdige Blattwespenlarven" beigegeben. Von Interesse sind auch die zahlreichen „wichtigen Erscheinungen auf dem entomologischen Büchermarkte" und der Beitrag „der alte Boltemade", in dem ein Sammlertyp geschildert wird, wie er leider mehr und mehr im Aussterben begriffen ist. Zahlreiche kleinere Notizen, dazu das Kalendarium 1918, Astronomisches, Inserate für Kauf und Tausch und vieles andere mehr vervollständigen das Ganze wieder zu einem netten, gediegenen Werkchen, für das der Kriegspreis von 2 Mark als recht niedrig bezeichnet werden muß.

Auskunftstelle des Int. Entomol. Vereins.

Antwort auf Anfrage in Nr. 23 betr. Ang. prunaria.

Nach der Beschreibung dürfte es sich um die ab. Spangbergi Lampa = pallidaria Prout. handeln.
M.

Wegen Raummangels kann die Fortsetzung von Hoffmann, Lepidopterologisches Sammelergebnis aus dem Tännen- und Pongau, erst in nächster Nummer erscheinen. (D. Red.)

Für die Redaktion des wissenschaftlichen Teiles: Dr. F. Meyer, Saarbrücken, Bahnhofstraße 65. — Verlag der Entomologischen Zeitschrift Internationaler Entomologischer Verein E. V., Frankfurt, a. M. — Für Inserate: Geschäftsstelle der Entomologischen Zeitschrift, Töngesgasse 22 (R. Block) — Druck von Aug. Weisbrod, Frankfurt a. M., Buchgasse 12.

Frankfurt a. M., 16. März 1918.   Nr. 25.   XXXI. Jahrgang.

ENTOMOLOGISCHE ZEITSCHRIFT

Central-Organ des
Internationalen Entomologischen
Vereins E. V.

mit
Fauna exotica.

Herausgegeben unter Mitwirkung hervorragender Entomologen und Naturforscher.

Abonnements: Vierteljährlich durch Post oder Buchhandel M. 3.— Jahresabonnement bei direkter Zustellung unter Kreuzband nach Deutschland und Oesterreich M. 8.—, Ausland M. 10.—. Mitglieder des Intern. Entom. Vereins zahlen jährlich M. 8.— (Ausland [ohne Oesterreich-Ungarn] M. 2.50 Portozuschlag).

Anzeigen: Insertionspreis pro dreigespaltene Petitzeile oder deren Raum 30 Pfg. Anzeigen von Naturalien-Handlungen und -Fabriken pro dreigespaltene Petitzeile oder deren Raum 20 Pfg. — Mitglieder haben in entomologischen Angelegenheiten in jedem Vereinsjahr 100 Zeilen oder deren Raum frei, die Ueberzeile kostet 10 Pfg.

Schluß der Inseraten-Annahme für die nächste Nummer am 30. März 1918
Dienstag, den 26. März, abends 7 Uhr.

Inhalt: Einige Kleinschmetterlings-Aberrationen. Von Franz Hauder, Linz a. d. D. — Cymatophora Or F. ab. costinigrata. Von Prof. M. Gillmer, Cöthen (Anh.). — Häufiges Vorkommen von abnormen Grundfärbungen der Raupen. Von Ch. Seydel. — Biologische Beobachtungen über die Käsefliege. Von Max Bachmann, München. — Kleine Mitteilungen. — Literatur.

Einige Kleinschmetterlings-Aberrationen.

Von *Franz Hauder*, Oberlehrer in Linz a. d. Donau.

In der Färbung bedeutend abweichende Formen, besonders albinotische und melanotische, doch auch solche in anderer Richtung sind wiederholt benannt worden, weshalb ich mich entschlossen habe, einige in meiner Sammlung befindliche, in erwähnter Hinsicht entsprechend auffällige Erscheinungen im Nachstehenden zu beschreiben und zu benennen, dabei stets bedenkend, daß unbedeutende Abweichungen nicht zu unverdienter Geltung kommen sollen.

Platyptilia gonodactyla Schiff. ab. obfuscana n. ab.

Von der lebhafter und bunter gefärbten Stammform durch eintönige Färbung abweichend, mit gleichmäßig bräunlichen Vorderflügeln ohne Spur von Rot, mit nur sehr spärlicher hellerer, nicht auffallender Bestäubung. Das lichte Fleckchen hinter dem Vorderranddreieck ist sehr deutlich, die Querlinie auf beiden Vorderzipfeln, wie auch die lichte Bestäubung vor dem Saume sehr verwischt, undeutlich, auf der Unterseite jedoch deutlich. Kopf, Palpen, Brust, Hinterflügel und Hinterleib, von dessen Gliedern nur das erste weiß beschuppt, der Rand der übrigen aber nicht aufgehellt ist, stimmen in der Färbung mit den Vorderflügeln überein. Die Fransen sind in den Endhälften nicht weiß, sondern viel trüber, und von der weißlichen Unterbrechung der dunkleren Wurzelhälfte am Innenwinkel ist kaum etwas zu merken. Ich benenne diese bräunlich-dunkle Form ab. obfuscana. Größe 25 mm Spannweite. — Fundort: Micheldorf in Oberösterreich, Juni 1891.

Acalla rufana Schiff. ab. wolfschlägeriana n. ab.

Der Gattung Acalla Meyr. wende ich seit vielen Jahren meine Vorliebe und Bemühung zu, und es ist mir gelungen, auf oberösterreichischem Boden 19

Arten und 39 Formen nachzuweisen.[1]) Einige Arten, deren Vorkommen wohl zu erwarten war, konnte ich nicht auffinden, sie sind wohl zufällig meiner Beobachtung entgangen. Herr Staatsbahnoberrevident Roman Wolfschläger hatte das Glück, zwei davon, umbrana Hb. und rufana Schiff., in der Umgebung von Linz zu konstatieren, die erste in den Auen an der Donau, die zweite in den Dießenleiten bei Urfahr, wo er am 8., 9., 10. und 11. Oktober 1916 sechs Stück durch Aufscheuchen aus Gesträuch und niederen Pflanzen erbeutete. Davon entsprechen drei der Stammform mit deutlicher Fleckenzeichnung, eins der Abart apiciana Hb. mit bräunlicher Strieme von der Wurzel bis zur Spitze des Vorderflügels, die übrigen zwei fallen durch die deutliche bräunliche Bestäubung der Vorderflügel auf, wodurch sie fast einfärbiges Aussehen haben. Bei dem einen ist die Fleckenzeichnung nicht, bei dem andern noch erkennbar.

Aehnlich verdunkelte Formen anderer Arten sind mit Namen bezeichnet worden, weshalb ich auch diese gleichmäßig verdunkelte, vorwiegend einfärbige Form nach rufana Schiff. nach Herrn R. Wolfschläger, dessen ausdauernder Sammeltätigkeit schon wertvolle Beiträge zur Kenntnis der einheimischen Mikrolepidopterenfauna zu verdanken sind, ab. wolfschlägeriana benenne.

Olethreutes lacunana Dup. ab. pallidana n. ab.

Eine von der Stammart sehr verschiedene Form mit glänzenden, hellgelblichen Vorderflügeln ohne Spur von grünlicher Färbung, mit weißlicher Aufhellung der Querbänder und mit noch helleren Hinterflügeln. Mit diesen sind die Palpen, mit jenen Kopf, Brust und Afterbusch in Färbung übereinstimmend. Ich benenne diese Form ab. pallidana. Größe 16 mm. Fundort: Linz a. d. D., Dießenleiten, Juni 1909.

[1]) Hauder, F., Beitrag zur Mikrolepidopterenfauna Oberösterreichs. Museum Francisco-Carolinum, Linz a. d. Donau (1912), Nr. 205—223.

Epiblema hepaticanum Tr. ab. tristana n. ab.

Gegenüber der Stammform durch sehr dichte schwärzliche Beschuppung der Vorderflügel ausgezeichnet, die nur im Spitzendrittel schwächer ist und die Querstreifen als bläulichen Schimmer, den bei der gewöhnlichen Form weißen Innenrandfleck und den sonst helleren Spiegel sehr schwach erscheinen lassen. Das vierte Häkchenpaar ist nicht doppelt, was übrigens auch bei normalen Stücken ein- oder beidseitig vorkommt. Die Fransen um die Flügelspitze bis gegen den Innenwinkel sind gleichmäßig trüb, an diesem etwas heller, aber nicht weißlich. Kopf, Brust, Hinterflügel und Hinterleib sind ebenfalls schwarzbraun, in fast gleichem Tone auch die Unterseite. Größe 17 mm. Ein sehr nahestehendes Stück hat die Zeichnungen etwas heller. Größe 17 mm. Fundort: Reichenstein a. d. Aist in Oberösterreich. 17. Juni 1917. Nach dem düstern Aussehen behenne ich diese Form ab. tristana. (Schluß folgt.)

Cymatophora Or F. ab. costinigrata.
Von Prof. *M. Gillmer*, Cöthen (Anh.).

In Nr. 24 der Gubener Zeitung erhebt Herr Kujau dagegen Protest, daß ich den von ihm fehlerhaft gebildeten Namen *costaenigrata* in *costinigrata* verbessert habe.

Der „Protest" des Herrn Kujau darf schon aus dem Grunde nicht ohne Widerspruch bleiben, weil sonst Unkundige glauben, ein Recht darauf zu haben, falsch gebildete Aberrationsnamen nach Belieben in die Welt zu setzen. Jeder, der auf grammatische Richtigkeit bei der Namenbildung hält, wird zugeben, daß einer Vermehrung des durch Dummheit und Unwissenheit angehäuften Unrats in der Entomologie unbedingt entgegengetreten werden muß. Die Nomenklatur in der Entomologie soll lateinisch sein, mithin wird man sich auch nach den in dieser Sprache herrschenden Regeln und nicht nach selbstgemachten oder falschen Vorbildern richten müssen.

1. Herr Kujau sagt, daß er bei der Benennung der Abart zwischen *costinigrata* und *costaenigrata* geschwankt habe. Für einen der lateinischen Sprache Mächtigen gibt es in diesem besonderen Falle kein Schwanken, er muß sich für *costinigrata* entscheiden, und die Annahme, daß bei der lateinisch unmöglichen Bildung *costaenigrata* ein ausschließliches Denken an die Costa des Vorderrandes verhindert würde, ist vollkommen irrig. Wenn diese Möglichkeit eingeschränkt werden sollte, wäre die Wahl besser auf *nigrocostata* (= schwarzrippig) gefallen. Ich denke aber, daß es ganz unnötig ist, so spitzfindige Unterschiede in die Benennung hineinzulegen; gegen irrige Auffassung des Namens schützt ja die Beschreibung der Abart.

Die Hauptsache bleibt, daß der Name in seiner Zusammensetzung den grammatischen Regeln entspricht; in zweiter Linie kommt erst, daß er bezeichnend ist.

Herr Kujau hat für seine Benennung die grammatische Richtigkeit nicht nachweisen können, mithin bleibt sie falsch und dient nur zur Vermehrung des Unrats in der Entomologie.

2. Herr Kujau hält meine Abänderung seiner falsch gebildeten Benennung *costaenigrata* in *costinigrata* für unstatthaft, weil der sogenannte „Autor" dieses Namens noch lebe, und ich mich mit ihm deswegen zuvor hätte in Verbindung setzen können. Unstatt-

haft ist die Aenderung nicht, vielleicht augenblicklich, wo man sich noch nicht ganz dazu entschlossen hat, das Messer an die Falschbildungen zu legen, nur noch etwas ungewöhnlich. Früher, als der englische Einfluß in der Entomologie noch nicht der allein maßgebende war, waren leichte Aenderungen, und um eine solche handelt es sich in dem Falle *costinigrata* nur, durchaus gestattet, und kein Namengeber hat dagegen Einspruch erhoben. Man nahm die Aenderung ruhig hin und hatte damit die Beruhigung, daß einem weder bei Lebzeiten noch nach dem Ableben gleichsam ein abschreckender Makel (ein Kainsmal) angeheftet blieb.

Damit nun eine falsche Namensbildung überhaupt nicht an Herrn Kujan hängen blieb, war ihm schon vor Drucklegung seiner Arbeit von maßgebender Seite mitgeteilt, daß der Name *costaenigrata* falsch zusammengesetzt sei und *costinigrata* lauten müsse. Herr Kujau war also gewarnt, hat aber eine Acuderung abgelehnt und sich, wie ich bereits in meiner Berichtigung vom 3. November 1917 (S. 157) erwähnt habe, auf die falschen Vorbilder *costaestrigalis* und *costaemacula* berüfen. Er war demnach unbelehrbar, so daß das ziemlich ungewöhnliche Verlangen, sich mit ihm zuvor in Verbindung zu setzen, entfiel. Er wollte die falsche Form; er wollte den Makel an seinen Namen ketten. Habeat!

3. Herr Kujau nennt infolgedessen meine Acuderung des Abartnamens eine „Anmaßung" meinerseits und legt Verwahrung dagegen ein. Ganz mit Unrecht! Es ist keine Anmaßung von mir, sondern mein volles Recht. Nachdem Herr Kujau den Abartnamen in die Welt gesetzt hat, gehört er ihm nicht mehr allein (er ist nicht mehr sein Besitzer), sondern der Allgemeinheit, und ein jeder aus dieser Allgemeinheit hat das Recht, Kritik daran zu üben und ihn zu berichtigen. Das muß Herr Kujau sich eben gefallen lassen. Diesen Umstand scheint Herr Kujau ganz aus den Augen verloren zu haben oder nicht zu kennen. Wenn er die Abart in seiner Sammlung unter dem Namen *costaenigrata* stecken haben will, so wird gewiß niemand etwas dagegen einzuwenden haben, höchstens wird ein Sprachkundiger darüber lächeln; wenn er sie aber an die Oeffentlichkeit bringt, dann muß er vor allen Dingen auf grammatische Richtigkeit des Namens halten und uns nicht zumuten, seine unrichtige Namensbildung geduldig hinzunehmen und herunterzuschlucken. So weit reicht die Macht der Nomenklatur nicht.

Mit dem Vorwurf der „Anmaßung" ist es also auch nichts, vielmehr wäre es heißen Abwehr unappetitlicher Speise! Und daher zerrinnt der ganze „Protest" wie Butter an der Sonne. Was sonst noch an Belegen angezogen wird, ist unmaßgeblich. Sapienti sat!

Häufiges Vorkommen von abnormen Grundfärbungen der Raupen.
Von *Ch. Seydel*.

Im Anschluß an den Aufsatz des Herrn Carl Fineke in Nr. 20 der Entomolog. Zeitschrift teile ich mit, daß ich im September 1914 in der Brüsseler Gegend mehrere S. populi-Raupen gefangen habe, die ebenfalls die weiße Färbung zeigten.

Die Nahrungspflanze war die sogenannte Silberpappel, deren Unterseite der Blätter fast ganz weiß erscheint; die Raupen hatten genau dieselbe Färbung, es scheint also diese Erscheinung eine Schutzfärbung zu sein.

Auf die Falterfärbung hat übrigens die Veränderung der Raupenfärbung keinen Einfluß, denn die Falter, welche im Juni 1915 schlüpften, sind von den anderen Exemplaren meiner Sammlung nicht zu unterscheiden. Auch hat diese abnorme Färbung der Raupen keinen Einfluß auf die Entwicklung der Tiere, die bei mir in normaler Größe geschlüpft sind.

Biologische Beobachtungen über die Käsefliege.

Von Max Bachmann, München.

(Fortsetzung.)

Durch Bisse wurde auch das lebende Weibchen verletzt, so daß es den Hinterfuß hinkend nachzog. Es wurde matt und fiel auf den Rücken. Trotzdem griffen es die Männchen mit gleicher Lebhaftigkeit an und schüttelten es. Durch Zuschieben eines Käsestücks brachte ich es wieder langsam auf die Beine.

Auch die Männchen bekämpften sich in sinnloser Wut. Das temperamentvollere kletterte auf den Rücken des anderen und spreizte dessen Flügel gewaltsam aus. Drohend hob das überfallene den Hinterleib aufwärts, mußte sich aber mit den Beinen ordentlich anstemmen, um Stand zu halten. Im Gegensatz zum Weibchen, das die Brutalität geduldig erträgt, setzte sich das Männchen zur Wehr und unternahm Gegenangriffe. Dabei erhielt es allerdings heftige Bisse, weil der erhitzte Gegner mit Kiefern und Beinen von oben her einhieb. Der Erfolg zeigte sich darin, daß das unterlegene Männchen nicht mehr auf der Glasseite des Kästchens gehen konnte, sondern nur langsam an der Holzwand weiterkroch. Bei einem späteren Kampf wurde es derart in die Vorderbeine gebissen, daß es diese nicht mehr ausstrecken konnte, sondern mit ihnen auf den Knieen gehen mußte, so daß nur ein kümmerliches Forthumpeln zustande kam. Bald konnte es auf keinem Bein mehr stehen und die Tarsenglieder bogen sich krumm, weil sie den Körper nicht mehr tragen konnten. Es fiel auf den Rücken, die Glieder der Beine krümmten sich wie bei Gichtkranken und nach einer Viertelstunde lag das Tier mit krampfhaft verzerrten Beinen tot am Boden.

Auch das Weibchen, das jedesmal bei Begegnung mit dem kampflustigen Männchen wenn nicht gehörig abgerauft, so doch wenigstens mit Schwung erfaßt und aus dem Weg gestoßen wurde, ermattete zusehends und ging nach kurzer Zeit ebenfalls ein.

So blieb nur das rauflustige Männchen übrig, das so hitzig war, daß es auf ein naheliegendes Puppentönnchen ebenso losstürzte, als ob es ein Nebenbuhler wäre. Als es seinen Irrtum erkannte, ließ es los und blieb wie erstarrt stehen. Da die Puppe nur in einer Entfernung von etwa 2 cm lag, so läßt dies auf ein geringes Sehvermögen für nahe, aber unbeweglich liegende Gegenstände schließen. Bewegte Gegenstände scheinen die Käsefliegen, gleich den übrigen Insekten, zu sehen. Als ich eine kleine Stubenfliege (Homalomyia) in ihr Gefängnis brachte, wurde die Käsefliege bereits in einer Entfernung von 5 m auf die langsam gehende Fliege (weil beschädigt beim Fang) aufmerksam, schlich ihr von hinten her nach, um plötzlich in nächster Entfernung durch Schlagen mit den Vorderbeinen in tätlichen Angriff überzugehen. Als sie das fremde Wesen augenblicklich erkannte — die Stubenfliege reagierte nicht darauf — warf

sie der Schrecken sprungartig einige Zentimeter zurück. Sichtlich aufgeregt hob sich dabei der Hinterleib auf- und abwärts, ein Zucken wie bei der Schwanzspitze der Katze.

Ein Vergleich der kleinen Stubenfliege mit der Käsefliege, wenn sie beide im Zuchtkästchen nebeneinander laufen, fällt zum Vorteil der letzteren aus. Zwar sind die Augen der kleinen Stubenfliege mit einem schmalen Silberstreifen eingefaßt, ein Schmuck, welcher der Käsefliege fehlt. Doch ist die ganze Bauart der Käsefliege schlank und elegant, so daß sich die kleine Stubenfliege neben ihr ausnimmt wie ein Bauerngaul neben einem Rennpferd. Während die Käsefliege stets läuft und nur selten die Flügel bewegt, ist die Stubenfliege im Gegensatz dazu ein träger Läufer, aber eifriger Flieger. Dies kommt auch im Körperbau zum Ausdruck. Die Schenkel aller Beine, besonders der hinteren, sind bei der Käsefliege mit gut sichtbaren Muskelpolstern erfüllt. Die kleine Stubenfliege sitzt lange Zeit träge an einem Ort; nur wenn die kleinere Käsefliege, die aber viel mutiger ist, einen derben Angriff macht, fliegt sie umher. Stößt dagegen die Käsefliege ihren Partner nur einigemal mit dem Kopfe an, um ihn aus dem Weg zu jagen, so bleibt die kleine Stubenfliege unbeweglich wie ein Stein, ohne sich zu wehren. Beide Fliegen lieben Süßigkeiten und tupfen gern am Kunsthonig, der ihnen als Nahrung vorgelegt ist. Dabei sieht man, daß die Flügel der kleinen Stubenfliege nicht spiegelglatt, sondern durch kräftige Adern gefaltet sind. Selbst die zwischen den Adern gelegenen Flügelflächen sind mit kleinen Runzeln versehen, welche jedenfalls die Bänderung von Metallfarben hervorrufen, die als rote, blaue, goldene, rosa oder grüne Randlinien erscheinen. Die Flügel der Käsefliege sind zarter, glashell und nur mit schwachen Adern durchfurcht. Wenn die kleine Stubenfliege auf der trockenen Glasplatte läuft und ihre Haftläppchen in Wirkung setzt, ergibt sich mitunter ein komisches Bild. Sie muß jedesmal das Bein von der Scheibe losreißen, was bei 6 Beinen, wenn sie vorwärts schreiten will, eine erhebliche Anstrengung und ein heilloses Vergrätschen der Beine zur Folge hat. Sie geht so unbeholfen, wie wir etwa auf dem Glatteis, und ist heilfroh, wenn sie wieder den Holzboden der Seitenwand erreicht hat. Auf dem Glasboden kann sie leicht und flüchtig laufen, nur nicht auf dem Glasdeckel des Kästchens. Nicht alle stellen sich so ungeschickt, sondern andere gehen tadellos wie die Käsefliegen auf der Glasdecke. Daß es reine Ungeschicklichkeit ist, zeigt die kleine Stubenfliege selbst, da sie mitunter ganz gut auf der Glasdecke laufen kann, auf einmal saugt sie sich aber wieder mit den Haftläppchen fest und kommt nicht vom Ort. Auch die Käsefliege ist manchmal nicht imstande, an der Decke zu gehen, aber nur dann, wenn sie schwach oder krank ist. Dann fällt sie zwar hilflos zu Boden, vermag aber doch ganz gut an den hölzernen Seitenwänden zu gehen. Es gehört also sichtlich eine viel größere Kraftanwendung dazu, wenn sich die Fliegen als Deckenläufer produzieren.

Nach einem hitzigen Angriff der Käsefliege auf die feige Stubenfliege konnte diese nur mehr langsam gehen. Das rechte Vorderbein vermochte sie nicht mehr gerade auszustrecken. Die Käsefliege muß spitze Waffen haben, denn wie durch Giftwirkung fiel die Stubenfliege auf die Seite. Die beiden Vorderbeine zitterten beständig und zuckten zusammen, während die übrigen Beine kraftlos, gekrümmt und bewegungslos blieben. Später legte sich die Fliege auf den Rücken und streckte die Beine in die Höhe, wobei die Tarsen gichtig verkrümmt waren und gelegentlich zuckten. Nach kurzer Zeit war die kleine Stubenfliege ein Opfer der Angriffslust ihrer Gegnerin geworden. Selbst die große Stubenfliege, ein Riese gegenüber der Käsefliege, wird von ihr mutig in die Seite gestoßen, während diese aber keine Notiz nimmt von dem frechen Zwerg.

Die heftigsten Kämpfe spielten sich ab zwischen Geschlechtsgenossen derselben Art. So sah ich manchmal wahre Hahnenkämpfe der Männchen unserer Käsefliege. Ein solcher dauerte volle 5 Minuten ohne jede Unterbrechung. Es war ein krankes Männchen mit einem Klumpfuß, entstanden durch Mißbildung der beiden letzten Tarsenglieder des rechten Hinterbeins, weshalb es dieses nur nachschleifen konnte, wodurch ein geringes Schwanken beim Laufen verursacht wurde. Die Gegner waren schon früher zusammengeprallt. Diesmal schlugen beide mit ausgestreckten Vorderbeinen aufeinander und jedes wollte die Oberhand gewinnen. Dazwischen hackte das eine mit dem Kopf kräftig zu, worauf der Gegner mit den Beinen die Abwehr besorgte. Beide saßen dabei beinahe auf dem Hinterleib und schlugen mit erhobenen Vorderbeinen wie mit Fäusten aufeinander los. Diesmal kam die Angriffslustige nicht auf den Rücken des lahmen Gegners und erhielt somit nicht den Sieg. Im Gegenteil, wenn sie aufhören wollte, eilte der in Wut geratene Gegner nach und begann von neuem den Kampf. So blieb eigentlich keiner Sieger, aber wenigstens hatte sich die Lahme so erfolgreich gewehrt, daß sich beide künftig nur mehr anfauchten und nicht mehr die Kräfte maßen, wenn sie einander begegneten. (Fortsetzung folgt.)

Kleine Mitteilungen.

Die Fünf-Milliarden-Arbeit der Insekten. Mit rund fünf Milliarden Mark im Jahre ist der wirtschaftliche Nutzen der Insekten durch die Bestäubung der Blüten zu bewerten, wie Oluffen in der „Naturwissenschaftlichen Wochenschrift" an der Hand einer Arbeit U. Berners nachweist. Zahllose Insekten bestäuben die Blüten; die wichtigste Rolle spielen dabei die Hautflügler, besonders die Bienen, weniger wichtig ist die Bestäubertätigkeit der Fliegen, Wespen, Ameisen, Käfer, Schmetterlinge usw. Der Erlanger Professor Zander hat den Nutzen, den die deutschen Bienen durch die Bestäubung von Pflanzen jährlich leisten, auf 100 bis 150 Millionen Mark eingeschätzt, und andere Bienenforscher sind zu ähnlichen Schätzungen gelangt. Ulrich Berner hat nun den wirtschaftlichen Nutzen der Insekten durch Bestäubung zu ermitteln versucht, indem er zunächst den Wert der Früchte von allen Kulturpflanzen Deutschlands feststellte, die hauptsächlich von Bienen beflogen werden. Dabei rechnet er (in Millionen Mark) für die Gesamtobsternte 160, für Raps und Rübsen 12,7, für Buchweizen 7,7, für Luzernen zur Samengewinnung 1,6, für Klee zur Samengewinnung (außer Rotklee) 16,5, für Wicken zur Körnergewinnung 34, für Milchfutter 32,4, für Klee zur Körnergewinnung 0,7, für Anis, Fenchel, Koriander, Kümmel 2,6, für alles übrige 20, und das ergibt für alle deutschen besonders durch Bienenbestäubung erzeugten Früchte eine Gesamternte von 288 Millionen Mark Wert. Eine Reihe von Kulturpflanzen, die auch im größeren Maße die Möglichkeit einer erfolgreichen Selbstbefruchtung haben, wie beispielsweise Hülsenfrüchte, sind hierbei unberücksichtigt geblieben. Bei der Fortführung der Rechnung nimmt Berner an, daß durch Bienen zwei Drittel aller Blüten befruchtet werden, bei denen überhaupt Insekten den Blütenstaub übertragen. Diese Zahl ist sicherlich recht niedrig gegriffen, denn manche Beobachter geben den Anteil der Bienen an der Bestäubung auf $^3/_4$ bis $^4/_5$ an. Um den Gesamtnutzen aller Insekten als Bestäuber zu ermitteln, rechnet Berner zunächst den Nutzen der Hummeln hinzu, die den Rotklee bestäuben. Dessen Samenertrag für Deutschland beträgt rund 26 Millionen Mark Wert. Der Gesamtnutzen der Insekten als Bestäuber stellt sich also in Deutschland auf rund 300 Millionen Mark. Setzt man für Rußland, Oesterreich-Ungarn, Frankreich und die übrigen europäischen Staaten je ebensoviel an, so ergibt sich für Europa eine Summe von 1800 Millionen Mark und wenn man für die übrigen Erdteile nur das Doppelte hinzuzählt, kommt man zu einem Gesamtnutzen der Insekten als Bestäuber, der für die ganze Erde rund fünf Milliarden Mark beträgt.

Literatur.

Calwers Käferbuch. Einführung in die Kenntnis der Käfer Europas, 6. Auflage von Cam. Schaufuß. 2 Bände mit 51 kolorierten Tafeln und zahlreichen Textfiguren. (E. Schweizerbartsche Verlagsbuchhandlung, Stuttgart 1916.)

Das bekannte und geschätzte Werk dient den Anfänger bildlich sowohl wie in kurzen verständlichen Worten auf die Hauptmerkmale aufmerksam machend in das Bestimmen der Käfer einzuführen. Es behandelt in der Einleitung eingehend Körperbau und Lebensweise sowie Fang, Zucht, Herrichten und Aufbewahren der Käfer für die Sammlung. Recht wertvoll ist eine kurze Anleitung zur Erkennung der häufigsten Ameisenarten Deutschlands, um der Wirtsameise bei myrmekophilen Coleopteren ihren Platz neben dem Käfer in der Sammlung ar zuweisen. Das in jetziger Auflage gründlich neu gestaltete sachliche Inhaltsverzeichnis ist mit Ei klärungen von Fachausdrücken versehen, um de Sammler für das verständliche Lesen von entomo logischen Arbeiten, Zeitschriften etc. zu befähiger Ganz besonders beachtenswert sind die Anregunge zur genauesten, gewissenhaften Beobachtung de Lebensweise etc. der einzelnen Coleopteren, wofü das Buch das Muster eines „Bionomischen Frage bogens" bringt, dessen Ausfüllung wohl durchau nicht leicht, viel Arbeit und Zeit erfordert, abe umso verdienstvoller für die Wissenschaft sein wirc Was sonst an Wissenswertem und Wichtigem übe Käfer bekannt geworden, sind zum mindesten Ar deutungen in dem Werk zu finden. Wer durch de „Calwer" gelernt haben wird, einen Käfer richti und genau anzusehen, wird im Laufe gründlich erwägende sorgfältig beobachtender Entomologe werden. Ma kann das Werk nur als eines der besten zur Be stimmung europäischer Käfer empfehlen.

W. Sonnemann.

Wegen Raummangels können die Fortsetzunge von „Rudow, Braconiden und ihre Wirte" und „Ho mann, Lepidopterologisches Sammelergebnis aus der Tännen- und Pongau usw." erst in nächster Numm erscheinen. (D. Red.)

Für die Redaktion des wissenschaftlichen Teiles: Dr. F. Meyer, Saarbrücken, Bahnhofstraße 65. — Internationaler Entomologischer Verein E. V., Frankfurt a. M. — Für Inserate: Geschäftsstelle der (R. Block) — Druck von Aug. Weisbrod, Frankfurt a. M., Buchg

Frankfurt a. M., 30. März 1918.   Nr. 26.   XXXI. Jahrgang.

ENTOMOLOGISCHE ZEITSCHRIFT

Central-Organ des
Internationalen Entomologischen
Vereins E. V.

mit
Fauna exotica.

Herausgegeben unter Mitwirkung hervorragender Entomologen und Naturforscher.

Abonnements: Vierteljährlich durch Post oder Buchhandel M. 3.— Jahresabonnement bei direkter Zustellung unter Kreuzband nach Deutschland und Oesterreich M. 8.—, Ausland M. 10.—. Mitglieder des Intern. Entom. Vereins zahlen jährlich M. 8.— (Ausland [ohne Oesterreich-Ungarn] M. 2.50 Portozuschlag).	**Anzeigen:** Insertionspreis pro dreigespaltene Petitzeile oder deren Raum 30 Pfg. Anzeigen von Naturalien-Handlungen und -Fabriken pro dreigespaltene Petitzeile oder deren Raum 20 Pfg. — Mitglieder haben in entomologischen Angelegenheiten in jedem Vereinsjahr 100 Zeilen oder deren Raum frei, die Ueberzeile kostet 10 Pfg.

Schluß der Inseraten-Annahme für die nächste Nummer am 13. April 1918
Dienstag, den 9. April, abends 7 Uhr.

Inhalt: Biologische Beobachtungen über die Käsefliege. Von Max Bachmann, München. — Einige Kleinschmetterlings-Aberrationen. Von Franz Hauder, Linz a. d. D. — Lepidopterologisches Sammelergebnis aus dem Tännen- und Pongau in Salzburg im Jahre 1915. Von Emil Hoffmann, Kleinmünchen (Ober-Oesterreich). — Braconiden und ihre Wirte. Von Prof. Dr. Rudow, Naumburg a. d. Saale. — Kleine Mitteilungen. — Literatur.

Biologische Beobachtungen über die Käsefliege.

Von *Max Bachmann*, München.

(Fortsetzung.)

Es ist zweifellos, daß bei den Kämpfen der Käsefliegen die Stechborste Verwendung findet, wie dies an den Folgen der Verwundung erkennbar ist. Freilich ist diese recht klein und ich konnte sie mir einer guten Lupe nur mühsam unter der Oberlippe hervorziehen. Die Oberlippe selbst könnte ja wohl auch zum Zustoßen benützt werden, doch ist sie etwas breit und wenig spitz, wie ein dicker, kurzgespitzter Pfahl. Die Farbe ist gelb und nur an der Spitze schwach gebräunt. Dagegen ist die darunter liegende Stechborste scharf gespitzt, von brauner Farbe und stark chitinisiert.

Gleichzeitig muß in die kleine Wunde auch ein Giftstoff eingeführt werden, sonst könnte die rasch erfolgende tödliche Wirkung nicht erklärt werden.

Wie die Stechborste gebraucht wird, konnte ich nicht sehen, trotz der Lupe, mit der ich die beißenden und schlagenden Männchen verfolgte. Es ließ sich feststellen, daß das angegriffene Tierchen den Rüssel nicht aus dem schützenden Kopfvorsprung herausnahm. Auch bei dem Angreifer blieben die Unterlippen unbeweglich. Freilich ist die Schnelligkeit der Stöße sehr groß und dazu sind die Objekte winzig klein, denn das größte Ausmaß des ganzen Kopfes beträgt knapp 1 mm.

Der Grund, weshalb sich die Männchen so streitbar zeigen, dürfte, wie aus einer Beobachtung hervorgeht, dem sexuellen Triebleben entspringen.

Als ich ein frischgefangenes Männchen zu einem alten ins Zuchtkästchen brachte, gab es sogleich ein Zusammentreffen, das mit einem minutenlangen Reiten des alten Männchens auf dem neuen begann. Mit der Lupe verfolgte ich, daß es sich diesmal nicht um einen Kampf, sondern um eine Gunstbezeigung handelte,

die das alte Männchen suchte. Es saß auf dem Rücken seines Geschlechtsgenossen, breitete ihm die Flügel auseinander und versuchte mit seinem gekrümmten Hinterleib die Begattung auszuführen. Dieses Bemühen dauerte fast 3 Minuten. Währenddessen blieb das andere Männchen in aller Gemütsruhe, die Beine angestemmt, an dem Platz stehen. Von der Gutmütigkeit des Beisammenseins zeigte sein Verhalten, indem er die beiden Vorderbeine behaglich rieb. Das oben sitzende Männchen war aber sehr erregt, was sich durch Schütteln seines Körpers kundgab. Erst nach vergeblichem Bemühen, da es ja zwei Männchen waren, ließ es von seinem Vorhaben ab. Später setzte beim Begegnen wieder die alte Kampfweise ein, indem das streitlustige Tierchen von vorn und von der Seite seinen Gegner angriff und dabei vor- und zurückfuhr.

Dabei gebrauchte es deutlich seine Vorderbeine zum Hiebe, während das Angegriffene die Schläge hinnahm. Dazwischen muß es wohl seine Stechwaffe gebraucht haben, denn ich sah mit der Lupe, daß während es vorher gut gehen konnte, nun sein rechtes Vorderbein nicht mehr gebrauchen konnte, es einzog, worauf sich dieses krümmte und zitterte. Durch die Angriffe verdoppelte sich die Wut des ersten Männchens, indem es auch die große Stubenfliege von Seite her anstieß, ja ihr aus größerer Entfernung nachlief und sie verfolgte. Besonders die neue, in Zuchtkästchen gebrachte Männchen konnte lange keine Ruhe finden. Es scheint, daß hier die Eifersucht gegenüber dem Nebenbuhler eine Rolle spielt.

Das Raufen der Männchen mit neuen in der Stube gefangenen Weibchen konnte ich mir anfangs nicht erklären, bis ich ein frischgeschlüpftes Weibchen, das noch unbefruchtet war, zu ihnen brachte. Im Augenblick, wo es dieses sah, ergriff ein Männchen von dem Weibchen Besitz und leitete die Begattung ein. Das Weibchen widerstrebte nicht und bald waren die beiden in copula verbunden. Die Vereinigung der Geschlechter dauerte meist 10 Minuten. Während dieser Zeit war das Weibchen völlig ruhig, hielt die Flügel etwas ausgebreitet und putzte nur gelegentlich den Staub von den Beinen. Das Männchen aber mühte sich, wie mit der Lupe zu erkennen war, damit ab, das Sperma in das Ovarium des Weibchens zu pumpen, was sich durch zusammenziehende Bewegungen des Hinterleibs zeigte. Der sexuelle Trieb des Männchens ist so ausgeprägt, daß es sich nach wenigen Minuten Pause auf ein zweites Weibchen stürzte und später auf ein drittes. Die Weibchen sind nach der copula befriedigt und wehren jeden weiteren Annäherungsversuch konsequent ab. Daher entsteht wohl der beständige Zwist zwischen Männchen und Weibchen. Dagegen ist es köstlich zu sehen, welches Verhältnis zwischen beiden erwächst, wenn sie nach der copula längere Zeit im Zuchtkästchen allein beisammen sind. Da geht das Männchen tatsächlich auf Freiersfüßen und sitzt unmittelbar, nur wenige Millimeter hinter seinem Weibchen. Macht dies einige Schritte vorwärts, so folgt das Männchen ebenso, um sogleich mit dem bekannten Abstand zu halten, falls die Erkorene stille steht. Es ist dies ein harmonisches Bild, da die Eifersuchtsszenen fehlen. Der Unterschied zwischen den Geschlechtern ist dem Beobachter nicht gerade leicht gemacht, falls er nicht schon einige Uebung besitzt. Wenn das Weibchen nicht seine Legeröhre zum größeren oder kleineren Teil hervorzieht, stimmt es in Größe und Aussehen mit dem Männchen völlig überein, welches auch seine Genitalien versteckt trägt.

Häufig zeigt aber das Weibchen seine Legeröhre, entweder nur den schwarzen, etwa 0,2 mm langen Anfangsteil oder mehr oder weniger ausgezogen, so daß es dadurch leicht kenntlich wird.

In Eintracht saugen beide am Honigberg, der ihnen als Nahrung vorgesetzt ist. An verschiedenen Stellen setzte ich einige Tröpfchen zähflüssigen Kunsthonig ab, um das Saugen mittels Lupe durch das Glasfenster zu beobachten. Für gewöhnlich beim Gehen trägt die Käsefliege den Schöpfrüssel eingezogen und nur wenn sie Saugungsbewegungen macht, reckt er ihn aus. Dann spannt sich durch das Vorstrecken die weißliche Kehlhaut aus. Beim Saugen setzt sie die Lippen auf den Gegenstand und ihre Gestalt war, von unten gesehen, wie eine Kaffeebohne mit dem dunkleren Teil der Naht, wo die beiden Hälften der Tupfscheibe zusammenstoßen. Da es an der Stelle wenig zu fressen gab, leckte sie hier, d. h. durch lebhafte Kopfbewegungen hob sie den Rüssel rasch auf und ab und setzte ihn an einen anderen Platz. Dieses Aufsetzen erfolgt nicht wie beim Fernrohr durch Ausstülpen aus der Mundhöhle, sondern gelenkig in der Richtung von der Bauchseite zur Kopfseite, so daß die Lippen wischend angreifen, ähnlich wie die Eimer der Baggermaschine. Durch diese Schwungbewegung wird besonders bei festeren Stoffen ein Zerreiben und Wegkratzen bewirkt. Das Lecken der Käsefliege hat denselben Erfolg wie die Zungenbewegung der Katze beim Schlürfen der Milch.

(Fortsetzung folgt.)

Einige Kleinschmetterlings-Aberrationen.

Von *Franz Hauder*, Oberlehrer in Linz a. d. Donau.

(Schluß.)

Epiblema tetraquetranum Hw. ab. opacana n. ab.

Einfärbig bräunliche oder bräunlichgraue Stücke mit nicht oder kaum erkennbarem Innenrandfleck und schwachem blaugrauem Schimmer an den bei der Stammform weißgrauen Stellen der Vorderflügel verdienen wegen ihres eintönigen, düsteren Kleides eine Benennung. Größe 15—17 mm. Fundort: Linz, Koglerau. Mai, Juni, an Erlen.

Epiblema tetraquetranum Hw. ab. ochreana n. ab.

Eine durch Zucht erhaltene sehr auffällige Form mit durchaus ockergelben, etwas dunkler gewellten Vorderflügeln, Aufhellung an Stelle des Innenrandfleckes und Spiegels und mit noch lichteren, auf der Oberseite fein bräunlich bestäubten, auf der Unterseite fast weißlichen Hinterflügeln benenne ich nach ihrer Färbung. Größe 14—15 mm. Fundort: Linz, Mai 1911. Raupen an Erlen.

Epiblema brunnichianum Schiff. ab. ochreana n. ab.

Die unter der Stammform nicht seltenen Stücke mit ausgesprochen ockergelber Grundfärbung der Vorderflügel mögen den Namen o c h r e a n a führen. Größe 16—19 mm. Fundort: Linz, Mai, Juni.

Cerostoma radiatellum Don. ab. nigrovittella n. ab.

Radiatellum ist bekanntlich eine sehr aberrierende Art. Eine nicht gerade seltene Form davon, hellgelb bis rostfarbig, manchmal weißlich oder dunkel bestäubt, besitzt eine dicke, schwarze Längsstrieme aus der Wurzel bis zur Spitze der Vorderflügel oder nahe davor. Ich benenne sie nach letzterem Merkmal ab. nigrovittella.

Cerostoma radiatellum Don. ab. bilineella n. ab.

Dunkle, auch solche der nigrovittella-Form angehörige Stücke sind durch zwei scharfe, weiße Längslinien auf den Vorderflügeln ausgezeichnet, die bei der genannten Abart die dicke, schwarze Längsstrieme einfassen. Ich benenne diese Form ab. bilineella.

Crambus margaritellus Hb. ab. gilveolellus n. ab.

Diese Form ist ausgezeichnet durch die gelbliche Längsstrieme, die bei der Stammform weiß ist. Größe: 20, bezw. 22 mm. Fundorte: Kirchdorf, Micheldorf in Oberösterreich, 28. Juni 1898 und 25. Juni 1900. (Siehe Hander, F., „Beitrag zur Mikrolepidopteren-Fauna Oberösterreichs", Linz, Museum Francisco-Carolinum, 1912—1914 S. 34.)

Crambus chrysonuchellus Sc. ab. lintensis n. ab.

Der Mittelschatten und die Querlinie stehen viel näher als bei der Stammform und bilden eine dunkle, in der Mitte an den Rippen aufgehellte, nach vorn verengte und unter dem Vorderrande wurzelwärts gebrochene Querbinde. Größe: 22 bezw. 23 mm. Fundort: Linz, Brunnenfeld, 6. Mai 1906 und 29. Mai 1907. Nach dem Fundort Lintia, Linz, benannt. (Siehe „Beitrag" S. 36.)

Gelechia petasitis Pfaffenzeller ab. albella n. ab.

Von der Stammform mit mehr oder weniger dunkler Bestäubung durch die rein weißen, nicht grau angeflogenen Vorderflügel unterschieden. Bei einem Stück sind die schwarzen Punkte nur mehr schwach auf dem linken Flügel zu erkennen, bei zwei andern nicht. Größe: 17 mm. Fundorte: Micheldorf, Kremsursprung, 5. Juni 1898 und 3. Juni 1899, Gradnalm, 3. Juni 1900. (Siehe „Beitrag" S. 176.)

Gelechia cytisella Tr. ab. roseella n. ab.

Unterscheidet sich von der gewöhnlichen weißen Form sofort durch die blaßrötlichen Vorderflügel. Größe: 14—15 mm. Gefangene und gezogene Exemplare. Fundorte: Steyregg in Oberösterreich, 10. Juni 1904, Linz, Süßlingberg, 15. Mai 1908, Koglerau, 13. Mai 1915. (Siehe „Beitrag" S. 178.)

Depressaria appiana F. ab. badiana n. ab.

Diese Form ist gegenüber der Stammform durch die dichte, gleichmäßige, dunkelbraune Färbung der Vorderflügel und die dunkleren Hinterflügel unterschieden. Größe: 23—24 mm. Fundorte: Linz, Brunnenfeld, 22. Oktober 1913, Trattenbach a. E., 17. Juli 1915, hier auch von K. Mitterberger gefangen. (Siehe „Beitrag" S. 200.)

Incurvaria rupella Schiff. ab. abnormella n. ab.

Ausgezeichnet durch den zu einer Querbinde bis an den Vorderrand ausgezogenen ersten Innenrandfleck. Dieser ist bei normalen Stücken auswärts gerichtet und reicht bis zur Flügelmitte, bei der Abart hat aber die Querbinde nicht diese Lage, sondern steht fast senkrecht und ist am Vorderrande nicht wie bei capella Cl. von der Wurzel weiter entfernt als am Innenrande. Für die Zugehörigkeit zu rupella Schiff. spricht vor allem die Lage der zwei Fleckchen am Vorderrande und des einen am Innenwinkel. Größe: 14 mm. Fundort: Micheldorf, Gradualm, 2. Juni 1901. (Siehe „Beitrag" S. 288.)

Incurvaria rupella Schiff. ab. reductella n. ab.

Von der gewöhnlichen Form durch sehr reduzierte Fleckenzeichnung verschieden. Der erste Vorderrandfleck fehlt gänzlich, der zweite vor der Flügelspitze ist nur ein kurzes, schmales Strichlein, der Innenwinkelfleck ist sehr klein, der Innenrandfleck in einer kaum erkennbaren Spur vorhanden. Größe: 16 mm. Fundort: Prebichl, bei Eisenerz in Steiermark, 29. Juni 1908. Ein Stück dem k. k. Naturhistorischen Hofmuseum in Wien überlassen. (Siehe „Beitrag" S. 288.)

Lepidopterologisches Sammelergebnis aus dem Tännen- und Pongau in Salzburg im Jahre 1915.

Von *Emil Hoffmann*, Kleinmünchen (Ober-Oesterreich).

(Fortsetzung).

Lycaena bellargus Rott. (613) 1 Männchen 15,5 mm, stärker geflogen, Kalcherau, 1 Männchen 16 mm, frisch, Tänneck, beide 6. VI.

Lycaena corydon Poda (614) 1 Weibchen 17 mm, frisch, 15. VIII. Sulzau.

Lycaena minima Fuessl. (635) 1 Männchen 11 mm, ziemlich frisch, 6. V. Au; 1 Männchen 11,5 mm, frisch, 7. V. Wallingwinkel (900 m); 2 Männchen 11 und 11,5 mm, frisch und etwas geflogen, 1 Weibchen 13 mm, frisch, 13. V. Scheffau.

Cyaniris argiolus L. (650) 1 Männchen 15 mm, ziemlich frisch, 1 Weibchen 14 mm, geflogen, 11. V. Scheffenbichkogel, beide Tiere nur mit zwei Wurzelpunkten der Hinterflügelrückseite.

Hesperidae.

Pamphila palaemon Pall. (653) 1 Männchen 13 mm, 2 Weibchen je 14 mm, alle frisch, 13. V. Scheffau; 1 Männchen 13 mm, ziemlich frisch, 6. VI. Kalcherau.

Augiades comma L. (670) 1 Weibchen 16 mm, ziemlich frisch, 25. VIII. Goldegg; 1 Weibchen 15 mm, abgeflogen, Weg zum Hochgründeck (800 m), 12. IX.

Augiades sylvanus Esp. (671), 1 Männchen 16 mm, frisch, 6. VI. Werfen (Gries).

Hesperia alveus Hb. (703) 2 Männchen 13 und 13,5 mm, 25. und 27. VIII., 2 Weibchen je 13 mm, 19. und 27. VIII., 1 Weibchen hat die weiße Fleckenzeichnung sehr klein, alle frisch, Goldegg; 5 Männchen, 12 bis 13 mm, frisch, 1 Weibchen, 13 mm, ziemlich frisch (900 m), 2 Männchen je 12,5 mm, etwas geflogen (800 m), bei einem Stück fehlen die weißen Punkte in Zelle 1 b und 2 in der Fleckenreihe der Vorderflügel, 1 Männchen 12,5 mm, etwas geflogen (750 m), wie das vorige Männchen aberrativ, außerdem fehlt das Strichelchen basalwärts in Zelle 1 b.

Hesperia malvae L. (709) 2 Männchen 13 und 12,5 mm, frisch und etwas geflogen, 7. V. Arlstein, 2 Männchen je 12,5 mm, etwas geflogen, 13. V. Strubberg (700 m).

Thanaos tages L. (713) 1 Männchen 14 mm, ziemlich frisch, 7. V., 1 Männchen 15 mm, etwas geflogen, 1 Weibchen 14,5 mm, frisch, 10. V. Arlstein; 1 Männchen 14 mm, ziemlich frisch, 10. V. Strubberg (700); 1 Männchen 14,5 mm, frisch, Scheffenbichkogel, 5 Männchen 14 bis 16 mm, frisch bis geflogen, 13. V. Scheffau.

Sphingidae.

Hemaris scabiosae Z. (714) 1 Männchen 20 mm, etwas geflogen, 13. V. Strubberg (700 m).

Lymantriidae.

Dasychira pudibunda L. (908) 1 Männchen 21 mm, etwas geflogen, 5. VI. Golling (elektrisches Licht.)

Lasiocampidae.

Malacosoma neustria L. (956) 1 Männchen 16 mm, etwas geflogen, 17. VII. Golling (elektrisches Licht).

Saturnidae.

Aglia tau L. (1039) 1 Männchen 30 mm. ziemlich frisch, starker Uebergang zu ab. decolor Schultz, das Tier gleicht sonst in der Zeichnungsanlage [sehr der Abbildung auf Tafel 21, Fig. 1a des Spulerschen Werkes, nur reicht die Verdüsterung des Saumes am Hinterflügel bis zum Analwinkel, 10. V., 2 Männchen, 30 und 34,5 mm, ziemlich frisch, der Querstreifen, besonders am Hinterflügel gegen den Saum zu etwas stärker beschattet, bei diesen Tieren befindet sich ein zweiter, freier, jedoch deutlicher und dabei geschwungener Querstreifen am Vorderflügel zwischen Basis und dem Augenfleck und zwar vom Vorder- bis zum Hinterrande reichend; ich beschrieb diese Form als ab. strigulata im XXVI. Jahresbericht des Wiener entom. Vereins[1], ersteres 10., letzteres 13. V.; 7 Männchen 33,5 bis 35,5 mm, frisch bis geflogen, hiervon haben 5 Stücke die Querlinie des Hinterflügels stärker beschattet, eines hat überdies den Außenrand des Vorder- und Hinterflügels stärker schwarz gesprenkelt, ebenso befinden sich darunter Uebergänge zu ab. strigulata 10. und 13. V.; 1 Männchen 33 mm, etwas geflogen, ab ferenigra Th. Mieg., der schwarze Saum der Hinterflügel ist am Außenrande von einem ganz schmalen Streifen in der Grundfarbe (ockergelb) (von der Ader R bis zum Innenwinkel) begrenzt, auch ist die ab. strigulata stärker angedeutet, 13. V., 1 Weibchen 43 mm, frisch, 13. V., alle Strubberg (700 m).

An beiden Sammeltagen 10. und 13. V. sah ich jedesmal etwa 50 Falter dieser Art fliegen, darunter wieder je 4 ferenigra-Stücke. (Dieselben sind im Fluge schon von weitem durch ihre dunkle Farbe erkennbar.) Ein Paar traf ich in halber Manneshöhe an einer Buche in Copula an, trennte dieselben und ließ das Weibchen noch 2 Stunden sitzen, es flog

[1] Seite 3.

jedoch kein weiteres Männchen mehr an, obwohl etliche ganz in der Nähe vorbeiflogen; auch traf ich schon abgeflogene Stücke an.

Am 1. VIII. traf ich in 900 m Höhe am Wege zur Pitschenbergalpe eine verletzte Raupe an, die sich bereits im Verpuppungsstadium befand.

(Fortsetzung folgt.)

Braconiden und ihre Wirte.
Von Prof. Dr. *Rudow*, Naumburg a. d. Saale.
(Fortsetzung.)

Aphidius dauci Mrsh. Aphis dauci, pastinacae, apio.
  „   *ervi* Hal. Sphenophora rosae, rubi, Aphis scabiosae.
  „   *exiguus* Hal. Aphis ranunculi.
  „   *ephippinus* Hal. Aphis rosae. Coccus corni.
  „   *eglanteriae* Hal. Aphis rosae.
  „   *euphorbiae* Mrsh. Aphis euphorbiae.
  „   *cirsii* Hal. Aphis cardui, cirsii.
  „   *graminis* Mrsh. Aphis graminum.
  „   *gregorius* Mrsh. Melanoxanthus salicis.
  „   *granarius* Mrsh. Siphonophora granaria.
  „   *infulatus* Hal. Aphis laricis.
  „   *longulus* Mrsh. Syrphidenpuppen.
  „   *lanicis* Hal. Lachnus laricis.
  „   *lonicerae* Mrsh. Sphenophora xylostei.
  „   *lychnidis* Mrsh. Aphis lychnidis.
  „   *matricariae* Hal. Aphis matricariae.
  „   *obsoletus* Wsm. Cecidomyia rosaria.
  „   *pascuorum* Mrsh. Siphonophora longipennis.
  „   *pictus* Hal. Aphis pini.
  „   *pini* Hal. Lachnus pini, quercus, laricis.
  „   *pseudoplatani* Mrsh. Drepanos cyphum acerinum.
  „   *polygoni* Mrsh. Aphis polygoni.
  „   *proteus* Mrsh. Cecidomyia rosaria. Hyponomeuta padella.
  „   *pteronorum* Mrsh. Pterocomma pilosa.
  „   *ribis* Hal. Myzus ribis.
  „   *rosae* Hal. Sphenophora rosae.
  „   *salicis* Hal. Aphis salicis.
  „   *silenis* Mrsh. Siphonophora pisi.
  „   *souchi* Mrsh. Aphis souchi, oleracea.
  „   *scabiosae* Mrsh. Aphis scabiosae.
  „   *ulmi* Mrsh. Schizoneura ulmi.
  „   *Wissmanni* Rbg. Stomaphis quercus.
  „   *urticae* Hal. Siphonophora urticae, chelidonii, malvae.
Meteorus abdominalis Ns. Cidaria fluctuata. Melanippe. Laverna conturbatella.
  „   *albitarsus* Curt. Eucosmia. Eupithecia.
  „   *albicornis* Rte. Scolytus multistriatus.
  „   *atrator* Curt. Oecoceris gyonella. Cis boleti.
  „   *bimaculatus* Wsm. Noctua, Bombyx. Geometra.
  „   *brunnipes* Rte. Cucullia argentea. Eupithecia sobrinata.
  „   *chrysophthalmus* Ns. Eucosmia certaria. Heterogenea limacodes. Odontoptera bidentata. Rhodophaea svavella.
  „   *cinctellus* Ns. Cidaria juniperata. Noctuaarten.
  „   *consors* Rte. Bryostropha domestica.
  „   *deceptor* Wsm. Chesias spartiata. Cidaria luctuata. Himera pennaria. Hadena oleracea. Odontoptera. Charadrina alsines. Anarta myrtilli, Erastria fasciana. Melanippe fluctuella. Paedisca solandriana. Pandia tripartana. Laverna contortella.

Meteorus caligatus Hal. Melitaea aurinia. Eupithecia pallidata.
  „   *filator* Hal. Bolitophaga quadrimaculata.
  „   *flavipes* Rbg. Tortrices.
  „   *formosus* Wsm. Agromyza posticata.
  „   *fragilis* Wsm. Taeniocampa stabilis. Phalera bucephala. Cucullia argentea.
  „   *gracilis* Rbg. Grapholitha roborana.
  „   *ictericus* Ns. Tmetocera ocellana. Eupithecia virgaureata. Gnophos asperaria. Cheimatobia brumata. Scopula alpinalis. Tortrix piceana. Dictyopteryx Bergmanniana.
  „   *longicaudis* Rbg. Orchesia micans.
  „   *luridus* Rte. Eupithecia venosata. Agrotis brunnea.
  „   *Neesii* Rte. Eupithecia absynthiaria.
  „   *pallidus* Ns. Noctua. Cheimatobia brumata. Chelonia aulica.
  „   *obfuscatus* Ns. Orchesia micans.
  „   *profligator* Hal. Cis boleti.
  „   *pulchricornis* Wsm. Agrotis agathina, strigula. Taeniocampa stabilis. Hibernia leucophaearia. Anisopteryx vescularia. Cheimatobia brumata. Operobia dilutata. Harpella Geofroyella. Scoparia truncilatella.
  „   *rubens* Ns. Agrotis valligera, tritici.
  „   *ruficeps* Rbg. Abraxas grossulariata. Tortrix rosana. Panthia prominea.

(Fortsetzung folgt.)

Kleine Mitteilungen.
Zur Erscheinungszeit von *Maniola evias* God. in der Schweiz.

In seiner Besprechung der Erscheinungszeit von *Maniola evias* God. in Nr. 20 der Entomologischen Zeitschrift, sagt H. Fruhstorfer: „Es ist somit erwiesen, daß auf Schweizer Boden *evias* nicht vor Ende Mai auftritt . . . ."

Diese durchaus unrichtige und auf Grund ganz ungenügender Unterlagen entstandene Meinung ist zu berichtigen. In der Ebene des Wallis und Tessin bis in 1500 m Höhe umfaßt die Flugzeit der Art den Zeitraum vom 19. April bis 20. Juli, im Gebirge fliegt sie allerdings später vom 28. Mai bis 25. Juli (zwischen 1500 und 2600 m).

Meine Daten resultieren aus Untersuchungen der Aufzeichnungen zahlreicher schweizerischer Sammler aus den Jahren 1865—1916. Arnold Wullschlegel, Angelo Ghitini und der Schreibende fingen *evias* im Rhone- und Tessintale innerhalb 18 Jahren 10 mal im April, aber regelmäßig anfangs Mai. Die Bemerkung: „Schelm Anderegg wollte Meyer-Dur zweifelsohne in April schicken", hätte Fruhstorfer sicherlich unterlassen, wenn er diesen verdienten, ehrlichen Sammler gekannt hätte. C. Vorbrodt.

Literatur.

Hans Gäfgen, Faltermärchen. Verlag von Heinrich Staadt, Wiesbaden 1916, brosch. M. 1.50.

Eine Sammlung von 12 kurzen Erzählungen über heimische Schmetterlinge, die in ihrer anspruchslosen Weise auf ein frommes Kindergemüt sicher wirkt ohne Eindruck bleiben. Die Märchen sind fließend geschrieben, die Ideen teilweise recht originell. Druck und Papier sind erstklassig, der trotzdem billige Preis empfiehlt das Büchlein als Geschenk für Kinder und Erwachsene.   L. P.

Für die Redaktion des wissenschaftlichen Teiles: Dr. F. Meyer, Saarbrücken, Bahnhofstraße 65. — Verlag der Entomologischen Zeitschrift: Internationaler Entomologischer Verein E. V., Frankfurt a. M. — Für Inserate: Geschäftsstelle der Entomologischen Zeitschrift, Töngesgasse 22 (R. Block) — Druck von Aug. Weisbrod, Frankfurt a. M., Buchgasse 12.

Lightning Source UK Ltd.
Milton Keynes UK
UKHW020212030119
334668UK00005B/345/P

9 780656 650392